职业教育建筑类专业“互联网+”创新教材

建筑CAD

主　编　陈　超
副主编　王　锐
参　编　许　玲　何　艺　黄真会

机械工业出版社

本书以 AutoCAD 2014 为基础，精心选择适合职业院校教学的项目案例为编写逻辑主线，通过任务描述→任务实施→评价反馈→能力拓展的“项目—任务”编写模式，详细讲解了 AutoCAD 2014 和天正建筑 TArch 2014 的基本操作。本书共分八个项目：AutoCAD 2014 基础知识，绘制建筑基本图形，标注，绘制建筑施工图，绘制楼梯、墙身详图，图纸的打印输出，运用天正建筑 TArch 2014 绘制建筑施工图，综合绘图。此外，书后还附有 CAD 常用命令和上机绘图专用周任务书。

为方便学生自学，本书配套教学视频，可通过扫描书中的二维码进行观看。

为方便教学，本书配有 PPT 电子课件和二维码视频源文件，凡选用本书作为授课教材的老师均可登录 www.cmpedu.com，以教师身份免费注册下载。编辑咨询电话：010-88379934，机工社职教建筑群：221010660。

本书可作为职业院校建筑施工技术、建筑工程技术、工程管理类相关专业教材，也可作为企业的初级培训用书或初学 CAD 参考资料。

图书在版编目（CIP）数据

建筑 CAD/陈超主编. —北京：机械工业出版社，2018.8（2023.8 重印）
职业教育建筑类专业“互联网+”创新教材
ISBN 978-7-111-60227-9

Ⅰ.①建… Ⅱ.①陈… Ⅲ.①建筑设计-计算机辅助设计-AutoCAD 软件-职业教育-教材 Ⅳ.①TU201.4

中国版本图书馆 CIP 数据核字（2018）第 135510 号

机械工业出版社（北京市百万庄大街 22 号 邮政编码 100037）
策划编辑：王莹莹 责任编辑：王莹莹 陈紫青 高凤春
责任校对：佟瑞鑫 封面设计：鞠 杨
责任印制：任维东
北京富博印刷有限公司印刷
2023 年 8 月第 1 版第 9 次印刷
184mm×260mm · 14 印张 · 339 千字
标准书号：ISBN 978-7-111-60227-9
定价：45.00 元

电话服务
客服电话：010-88361066
010-88379833
010-68326294

网络服务
机 工 官 网：www.cmpbook.com
机 工 官 博：weibo.com/cmp1952
金 书 网：www.golden-book.com
机工教育服务网：www.cmpedu.com

前言

AutoCAD 是我国建筑设计领域接受最早且应用最广泛的 CAD 软件，它几乎是建筑绘图的默认软件，在我国拥有广大的用户群体。

本书采用项目教学法进行设计，以任务驱动的方式安排编写内容，从绘制施工图的实际需要出发，使学生能够尽快掌握 AutoCAD 2014 和天正建筑 TArch 2014 的基本绘图命令和常用绘图技巧，以符合职业教育“以就业为导向、以能力为本位”的教学定位，为的是满足建筑类专业人才培养目标和职业能力的要求。

本书用实际工程案例编写，按照知识的应用方法及建筑行业规范要求将完整的建筑施工项目融合在任务中，同时指出绘图的基本原则、常用技巧和难点，总结出应用规律。内容由浅入深，符合学生的认知过程和学习要求。通过完成项目和任务，学生可以完整地将绘图基础知识和建筑制图技巧进行有机结合，以达到尽快掌握计算机制图方法和技巧的目标。

本书共分八个项目和附录。每一个项目包括若干个任务，每个任务按【任务描述】、【任务实施】、【评价反馈】三个模块进行安排，根据需要，有些任务还会有【能力拓展】模块。附录 A 为 CAD 常用命令，方便学生掌握 CAD 快速绘图技巧；附录 B 为上机绘图专用周任务书，方便教师安排 CAD 课程实训周。

此外，本书中精心安排了二维码教学视频，只要通过扫描二维码，即可观看教学视频，实现随时随地学习的目的，也方便学生对不明白、没掌握的知识点和绘图技巧进行反复学习。

同时，编者将二维码教学视频进行了提取，连同本书配套 PPT 课件做成了资源包，凡是选用本书作为教材的教师，可登录 www.cmpedu.com，以教师身份免费注册下载，也可拨打编辑咨询电话 010-88379934 进行索取。

本书由陈超统稿并担任主编，王锐担任副主编。具体分工为：云南建设学校陈超编写项目三、项目八，云南建设学校许玲编写项目六、项目七，德阳安装技师学院何艺编写项目一、项目二，攀枝花市建筑工程学校王锐编写项目四中的任务 4 和项目五，攀枝花市建筑工程学校黄真会编写项目四中的任务 1~任务 3。

由于编者水平有限，加之时间仓促，本书在编写过程中难免存在疏漏和不妥之处，恳请读者批评指正。

编　者

微课视频列表

序号	适用章节	二维码	名称
1	项目二任务 1		绘制圆座椅平面图视频
2	项目二任务 2		绘制五角星视频
3	项目二任务 8		绘制门平面图视频
4	项目四任务 2		绘制实验楼底层平面图视频
5	项目四任务 3		绘制实验楼正立面图视频
6	项目四任务 4		绘制实验楼剖面图视频
7	项目五任务 1		绘制楼梯详图视频
8	项目七任务 2		天正绘制住宅建筑平面图视频
9	项目七任务 3		天正绘制住宅建筑立面图视频

目　录

项目一

AutoCAD 2014 基础知识

【项目概述】

随着计算机技术的不断发展，计算机正广泛应用于各个领域。AutoCAD 2014 中文版是 Autodesk 公司推出的专门用于计算机辅助设计的软件，因其功能强大、简便易学、使用方便以及体系结构开放等特点，在计算机辅助设计界受到广泛欢迎，成为目前国内外最为大众化的 CAD 绘图软件之一，主要应用于建筑、水利水电、机械、电子、服装、气象、地理等领域，是工程技术人员必须掌握的绘图和设计工具。

任务 1　认识 AutoCAD 2014

任务描述

通过上机实践操作，了解 AutoCAD 2014 的主要功能、启动、工作界面和文件管理等的基本操作。

任务实施

AutoCAD 自开发几十年来，经历若干次升级，其计算、绘图和设计功能得到了极大的改善，成为工程设计的强大助手。本书以 AutoCAD 2014 为基础进行讲解。

AutoCAD 2014 新增了许多特性功能。一是社会化设计，即时交流社会化合作设计，可以在 AutoCAD 2014 里使用类似 QQ 的即时通信工具，图形以及图形内的图元、图块等，都可以通过网络交互的方式相互交换设计方案。二是支持 Windows 8 以及触屏操作。三是实景地图，现实场景中建模，可以将 DWG 图形与现实的实景地图结合在一起，利用 GPS 等定位方式直接定位到指定位置上去。

1. 启动与退出 AutoCAD 2014

（1）启动 AutoCAD 2014　启动 AutoCAD 2014 的方法有两种：

1）双击桌面上的 AutoCAD 2014 快捷图标。

2）打开“开始”菜单，将光标移至“程序”，在“程序”子菜单中找到“Autodesk”，其子菜单显示 AutoCAD 2014 快捷图标，单击即可打开，如图 1-1 所示。

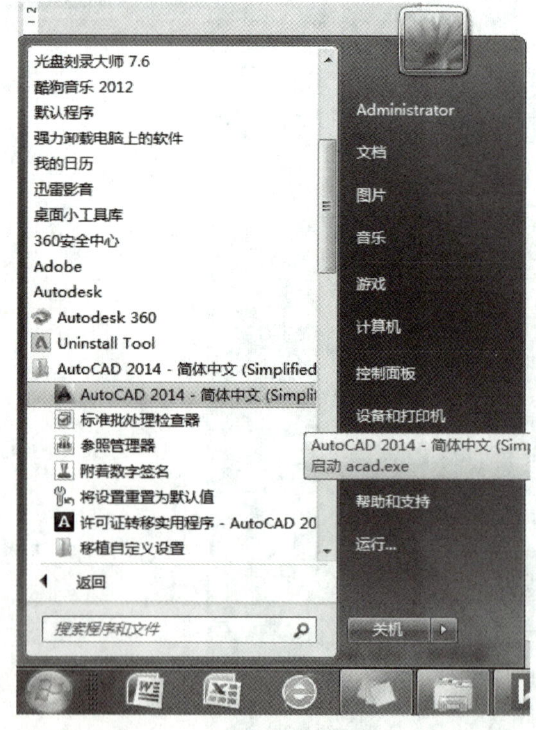

图　1-1

（2）退出 AutoCAD 2014　退出 AutoCAD

2014 的方法有三种：

1）单击 AutoCAD 2014 界面右上角的“退出”按钮（ X ）。

2）单击“文件”菜单→“退出”按钮。

3）单击标题栏中的 AutoCAD 2014 图标，弹出快捷菜单，单击“关闭”退出。

在关闭 AutoCAD 2014 之前，应保存用户绘制的图形，若用户未保存图形，则在关闭程序后，屏幕上会出现一个如图 1-2 所示的对话框，用以确定用户是否保存所绘制的图形。若保存图形，单击“是”按钮，并输入图形的文件名；若不保存，单击“否”按钮，退出 AutoCAD 2014。

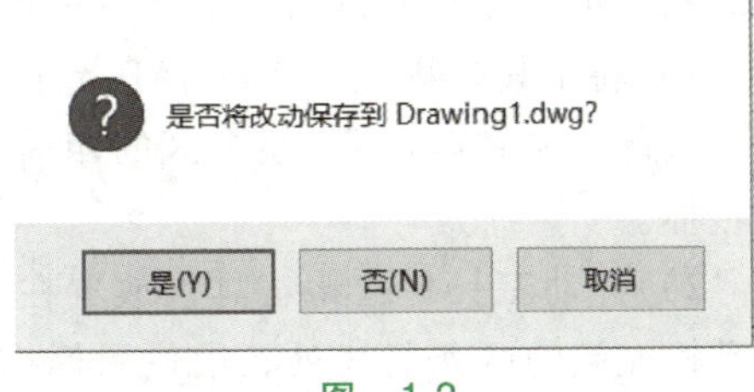

图　1-2

2. AutoCAD 2014 的界面组成

双击桌面的 AutoCAD 2014 快捷图标，启动 AutoCAD 2014，显示 AutoCAD 2014 的界面，如图 1-3 所示。AutoCAD 2014 的经典绘图界面由标题栏、菜单栏、工具栏、命令区、绘图区、状态栏等组成。

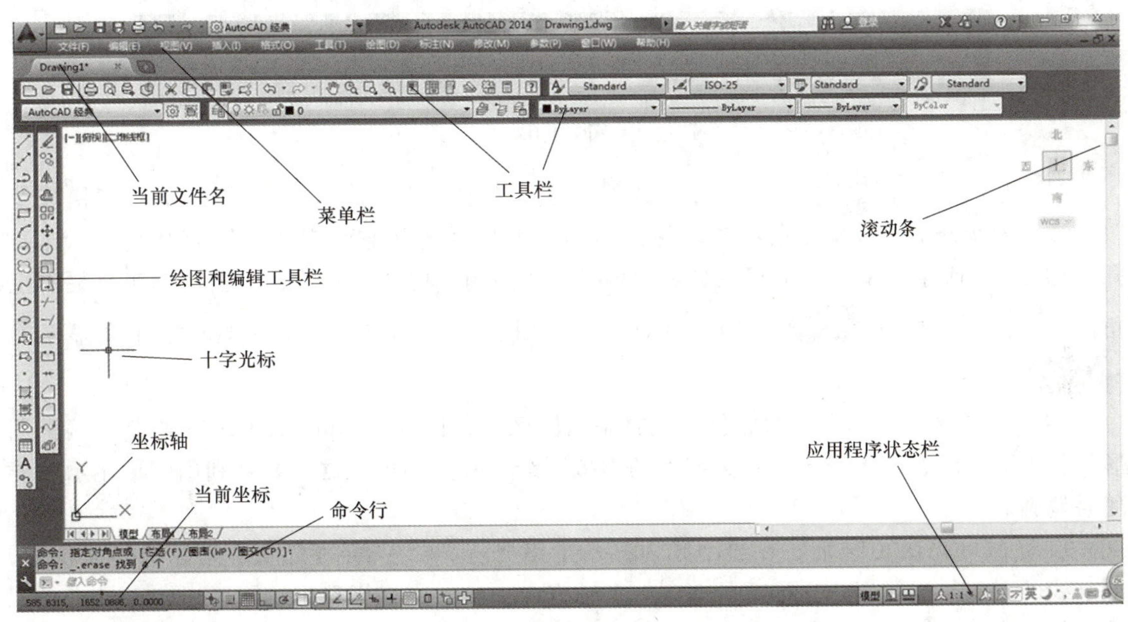

图　1-3

（1）标题栏　标题栏位于 AutoCAD 2014 绘图界面的最上方，由软件名称和当前文件名称组成，单击软件名称前面的图标，在图标下方出现菜单，该菜单可以控制 AutoCAD 2014 绘图界面的大小，也可选择退出 AutoCAD 2014。在菜单栏上方白色区域中出现的是当前文件的文件名，默认文件名为“Drawing1”，扩展名为“. dwg”，如图 1-4 所示，此为 AutoCAD 2014 打开后的窗口标题。

图　1-4

（2）菜单栏　菜单栏位于标题栏下面，由 12 个菜单组成，每个菜单下都有相应的下拉菜单。使用时，单击菜单名称，打开下拉菜单，选择用户执行的命令，再单击。

（3）工具栏　工具栏又称工具行，它是一组图标型工具的集合，工具栏中的工具为用户提供了另一种调用命令的快捷执行方式，建议优先采用此方式调用命令。

AutoCAD 的大部分工具栏在默认设置中是关闭的，可根据需要方便地调出或关闭工具栏。用户可对工具栏进行以下几种操作：

1）将工具栏固定：AutoCAD 允许用户设置固定工具栏（将工具栏固定在绘图区的顶部、底部或左右两边），绘图区的四周边界是固定工具栏的位置，在此位置上的工具栏不显示名称。

2）浮动工具栏：将工具栏放置在绘图区内而能自由移动。操作方法：将鼠标指向固定工具栏左端的两条竖线处，按住鼠标拖拽到绘图区中松开即可，浮动工具栏上部左侧显示工具栏名称。如图 1-5 所示，此为两个工具栏，可见每一个工具栏的左边有两条竖线（鼠标可移动至此位置，按住左键不放可移动此工具栏）。

图　1-5

3）打开或关闭工具栏：将光标放在屏幕上已有任意工具上右击，即弹出右键快捷菜单，该右键快捷菜单列出了所有工具栏的名称。工具栏名称前面有"√"符号，表示已打开，如图 1-6 所示。单击该工具栏名称即可打开或关闭相应的工具栏；单击浮动工具栏右上角的"关闭"按钮（×）即可关闭浮动工具栏，如图 1-5 所示，工具栏右上角显示有"×"。

（4）绘图区　屏幕中央的黑色区域就是绘图区，绘图区是 AutoCAD 2014 绘制、编辑图形的长方形区域，它相当于一张无穷大的虚拟图纸，其大小可根据需要并利用图形显示功能随时调整。

启动 AutoCAD 2014 后，在绘图区内显示十字光标，十字线的交点为光标的当前位置，十字线的方向与当前用户坐标系的 X 轴、Y 轴方向一致。当光标移出绘图区指向工具栏、菜单栏等时，光标显示为箭头形式。

（5）命令窗口　在绘图区的下面是命令窗口，它是用户和 AutoCAD 2014 系统进行交互对话的窗口，默认为 3 行。它由底部的命令行和历史命令行组成。命令行的行数可由用户设定，方法是将光标移至该窗口的上边边框处，鼠标指针变为上、下箭头时，上下拖拽即可。

用户可以通过<Ctrl+9>组合键快速实现隐藏或显示命令窗口操作。

（6）状态行　状态行又称状态栏，位于屏幕底部。默认情况下，有两个区域：左端是坐标显示区，实时显示绘图窗口中光标位置的 X、Y、Z 轴坐标值；右侧依次是"推断约束""捕捉""栅格""正交""极轴""对象捕捉""三维对象捕捉""对象追踪""DUCS""DYN""线宽""显示/隐藏透明度""快捷特性""选择循环""注释监视器"

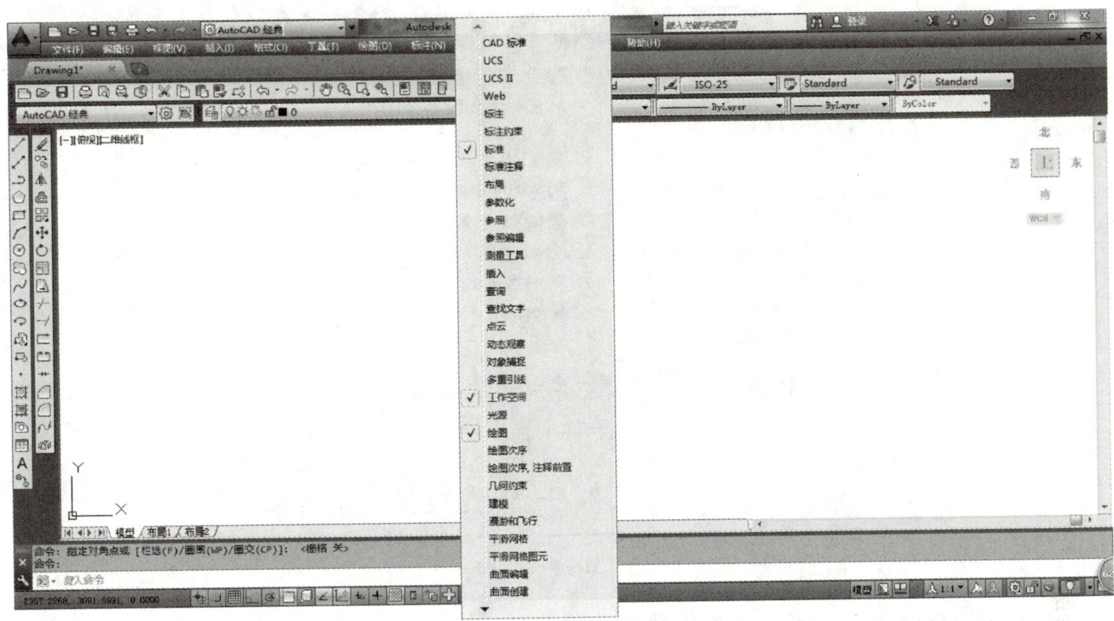

图　1-6

等 15 个辅助绘图工具的命令按钮。单击任意一个命令按钮即可打开和关闭相应的辅助绘图工具。

（7）目标捕捉　目标捕捉是一个十分有用的工具，其作用是将十字光标强制性地准确定位在已存在的实体特定点或特定位置上。

1）目标捕捉方式。共有 13 种目标捕捉方式，以下介绍其中常用的 8 种：

① 端点（END）：捕捉一条线段的两个端点。

② 交点（INT）：捕捉两条相交对象的交点。

③ 中点（MID）：捕捉对象的中间点。

④ 圆心点（CEN）：捕捉一个圆、弧或圆环的圆心。

⑤ 节点（NOD）：捕捉对象分成多段后的节点。

⑥ 象限点（QUA）：捕捉圆、弧或圆环在整个圆周上的四分点。

⑦ 平行点（PAR）：捕捉一点，使已知点与该点的连线与一条已知直线平行。

⑧ 延伸线捕捉（APP）：用来捕捉一已知直线延长线上的点，即在该延长线选择合适的点。

2）设置目标捕捉功能。两种目标捕捉方式如下：

① 临时目标捕捉。这种方式的启动有两种途径：一种是在命令行输入捕捉类别的前 3 个字母；另一种是鼠标移动选择的对象：按<Ctrl>+鼠标右击。其中，临时捕捉方式只能对当前选择方式有效。

② 自动目标捕捉方式：设置为自动捕捉功能后，绘图中将一直保持目标捕捉状态，直到取消该功能为止。

单击“工具”→“草图设置”→“对象捕捉”，如图 1-7 所示。

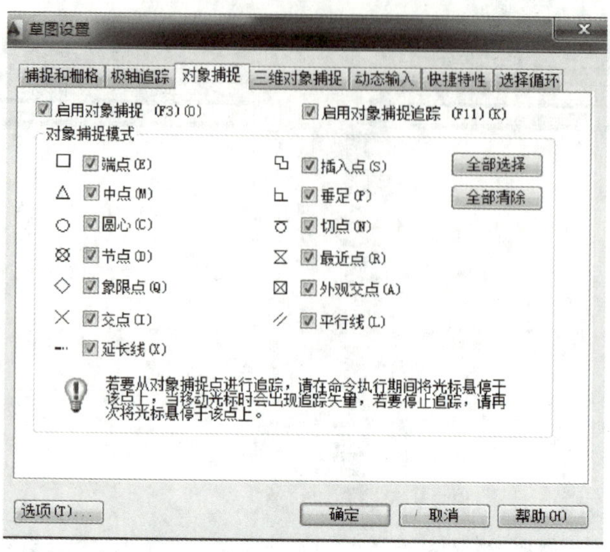

图 1-7

在 AutoCAD 绘图中，可以精确地捕捉到对象的中点、端点和相关的属性点。如图 1-8 所示，在绘制图形时可以方便快速捕捉到对象的关键点。

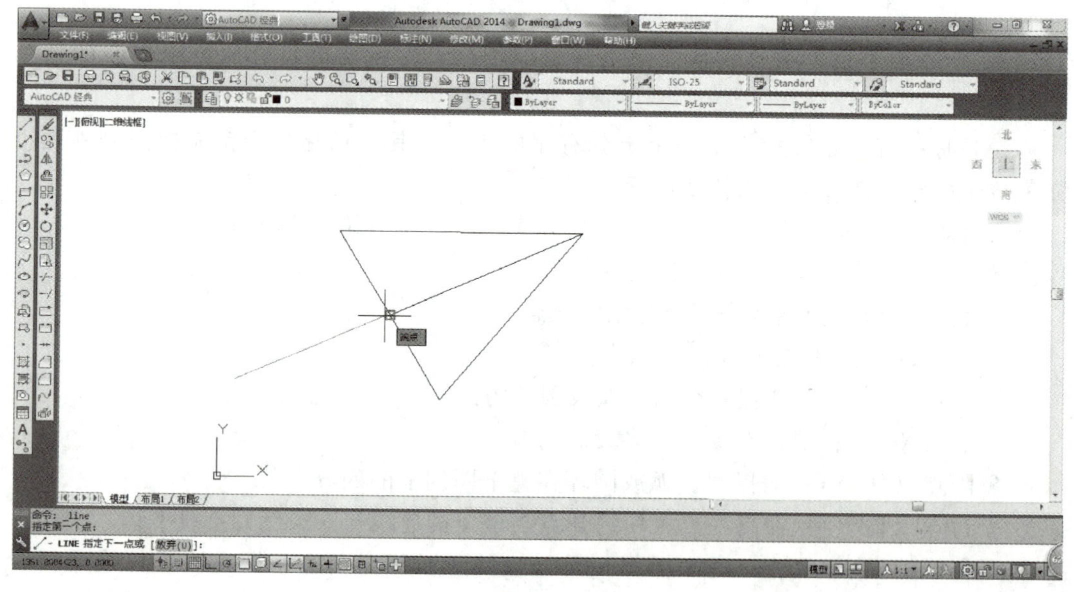

图 1-8

（8）功能键的使用 <F1>键：启动 AutoCAD 2014 的在线“帮助”对话框，即执行“HELP”命令；<F2>键：打开或关闭 AutoCAD 2014 的文本窗口；<F3>键：对象捕捉设置切换；<F4>键：数字化仪设置切换；<F5>键：设置当前的等轴平面；<F6>键：坐标显示方式转换；<F7>键：打开或关闭栅格；<F8>键：打开或关闭正交方式；<F9>键：打开或关闭捕捉方式；<F10>键：打开或关闭极轴捕捉方式；<F11>键：打开或关闭对象捕捉跟踪。

3. 文件管理

启动 AutoCAD 2014 后，是绘制新图形，还是打开已有的图形文件、保存图形文件，以及打开或保存图形的路径是什么，这都要求用户能够根据自己的需要正确、有效地对图形文件进行操作与管理。以下介绍图形文件的管理，即对图形文件进行新建、打开、浏览、存储等操作。

（1）新建图形文件

1）功能：“新建”命令用于建立一个新的图形文件，以便开始一个新的绘图作业。

2）命令：

① 工具栏：。

② 菜单栏：“文件”→“新建”。

③ 命令行：NEW。

3）命令说明：执行“新建”命令后，AutoCAD 会打开“选择样板”对话框，在文件类型下拉列表框中有 3 种格式的图形样板，分别是后缀名为“. dwt”“. dwg”“. dws”的图形样板。“ * . dwt”文件是标准的样板文件，“ * . dwg”文件是普通的样板文件，“ * . dws”文件是包含标准图层、标注样式、线型、文字样式的样板文件。

（2）打开图形文件

1）功能：“打开”命令用于打开一个已存在的图形文件，以便查看或编辑处理。

2）命令：

① 工具栏：。

② 菜单栏：“文件”→“打开”。

③ 命令行：OPEN。

3）命令说明：执行“打开”命令后，AutoCAD 会打开如“文件类型”下拉列表框，双击文件列表中的文件名（文件类型为“. dwg”），或输入文件名（不需要后缀），然后单击“打开”按钮，即可打开一个图形。

（3）存储图形文件

1）功能：“保存”命令用来将图形文件保存到磁盘中，防止数据丢失。

2）命令：

① 工具栏：。

② 菜单栏：“文件”→“保存”。

③ 命令行：SAVE。

3）命令说明：执行“保存”命令后，系统会将当前图形直接以原文件名存盘而不给出任何提示；如果当前图形文件是以 AutoCAD 默认图名“Drawing1”或“Drawing2”命名新文件，则会弹出“图形另存为”对话框，利用此对话框，可以选择路径、文件类型和输入新文件名。

4. AutoCAD 2014 的基本操作

AutoCAD 2014 是一个标准的 Windows 程序，Windows 许多标准的操作方式也适用于 AutoCAD 2014。但作为图形设计软件，它和其他的 Windows 软件也有很大的区别，在操作上也就有它自己一些特殊的地方。下面介绍 AutoCAD 的基本操作方法。

（1）命令输入方式　AutoCAD 绘图需要输入必要的命令和参数。常用的命令输入方式包括菜单输入法、工具栏按钮输入法和在命令窗口直接输入命令法 3 种。

一个命令有多种输入方法，菜单输入法不需要记住命令名称，但操作繁琐，适合输入不熟悉的命令；工具栏按钮输入法直观迅速，但受显示屏幕限制，不能将所有的工具栏都排列到屏幕上，适于输入最常用的命令；在命令窗口直接输入命令法迅速快捷，但要求熟记命令名称，适于输入常用的命令和菜单中不易选取的命令。在实际操作中，往往是将 3 种方式结合起来使用。

（2）命令的重复、中断、撤销与重做

1）重复调用命令。AutoCAD 可以重复调用刚使用过的命令，而无须重新选择该命令。重复调用刚执行过的命令的方法有：按回车键或空格键；在绘图区右击鼠标，在右键菜单中选择需要重复的命令。

2）命令的中断。在命令执行过程中，要中断当前命令的运行，可以按键盘上的 <Esc>键。

3）命令的撤销。AutoCAD 可以记录所有执行过的命令和所做的修改。如果要改变修改，可以撤销上一个或前几个操作，直至返回图形打开时的状态。要撤销最近执行的命令有以下几种方法：

命令：UNDO。

菜单：“编辑（E）”→“放弃（U）”。

按钮：工具栏中的 。

快捷键：<Ctrl+Z>。

4）命令的重做。要恢复上一步撤销操作，可以使用以下任何一种方法：

命令：REDO。

菜单：“编辑（E）”→“重做（R）”。

按钮：工具栏中的 。

快捷键：<Ctrl+Y>。

注意：REDO 命令只能恢复最后一次执行 UNDO 命令所撤销的操作。要恢复某一操作，必须在执行 UNDO 命令后立即执行 REDO 命令才能恢复。同时要慎重使用 UNDO 命令，否则会带来无可挽回的后果。

（3）坐标系统及点坐标的输入

1）坐标系统：坐标系统的作用是在绘图时确定图形对象的位置和方向。AutoCAD 有一个固定的世界坐标系（WCS）和一个活动的用户坐标系（UCS）。在默认情况下，绘图区左下角有一个用户坐标系（UCS）图标。要取消坐标系图标的显示，可以用以下两种方法关闭该图标：

在命令行输入 UCSICON，回车；再输入 OFF，回车。

选择下拉菜单“视图（V）”→“显示（L）”→“UCS 图标（U）”→“开（O）”。

2）点坐标：点坐标的常用表示方法有以下几种：

① 绝对直角坐标：绝对直角坐标是相对于世界坐标系原点的直角坐标。输入点的 X 轴、Y 轴坐标值，分别为该点从原点开始计算的沿 X 轴和 Y 轴方向的位移，沿 X 轴向右及沿 Y 轴

向上的位移分别为正值，反之则为负值，表示为“x，y”，x 坐标和 y 坐标之间用半角英文状态的逗号（,）隔开。

② 绝对极坐标：绝对极坐标是相对于世界坐标系原点的极坐标。通过输入点到当前坐标系原点的长度及该点与原点连线和 X 轴之间的夹角来指定点的位置，距离与角度之间用“<”符号分隔。表示为“距离<角度”。

③ 相对直角坐标：相对直角坐标是相对于上一个输入点的直角坐标。相对直角坐标是指用输入点和上一个输入点之间的水平距离和垂直距离来表示这个输入点相对于上一个输入点的直角坐标，表示为“@x，y”。

④ 相对极坐标：相对极坐标是相对于上一个输入点的极坐标。相对极坐标是指用输入点和上一个输入点之间的距离和两点之间连线与水平方向的夹角来表示这个输入点相对于上一个输入点的极坐标，表示为“@距离<角度”。

评价反馈

对“认识 AutoCAD2014”操作的评价见表 1-1。

表 1-1 对“认识 AutoCAD 2014”操作的评价

序号	检测项目	评价任务及权重	自评	小组互评	教师评价
1	AutoCAD 2014 的基本操作	文件操作及软件认识(15 分)			
2	AutoCAD 2014 的界面认识	界面认识和工具栏功能认识(30 分)			
3	坐标认识和应用	坐标系认识和坐标应用(40 分)			
4	工作纪律和态度	团队协作能力差、不爱护仪器设备和环境，酌情扣 10~15 分(15 分)			
任务总评		优□ 良□ 中□ 合格□ 不合格□			

任务 2 设置绘图环境

任务描述

通过上机实践操作，设置图形界限、单位、图线、颜色及线宽和图层。

任务实施

在 AutoCAD 2014 中可根据要求，自由设置图形的界限大小、单位、图线、颜色、线宽和图层，从而用户可以简便、快速地绘制出完整的工程图，不但提高所绘图形的表达能力和可读性，还可以管理和控制好绘图资源，避免重复的绘制工作，节省绘图时间，提高绘图效率。

1. 绘图单位与图形界限设置

利用 AutoCAD 绘制工程图时，一般要根据所画图形的实际情况来确定长度、角度的类型与精度，设置图形界限。

（1）绘图单位与精度设置

1）功能：确定长度、角度的类型与精度。

2）命令：

① 菜单栏：“格式”→“单位（U）”。

② 命令行：UNITS。

3）命令说明：执行命令后，弹出“图形单位”对话框，如图 1-9a 所示，对于大多数用户来说，长度类型选择默认的小数形式（即十进制单位），其精度根据需要确定，一般小数点后取 3 位；在角度选项组选择“十进制度数”类型，小数点后取 2 位；单击“方向（D）...”按钮，弹出“方向控制”对话框，如图 1-9b 所示。一般默认图中所示的默认状态，默认设置为 0°，即 X 轴正方向为正东，逆时针为正。

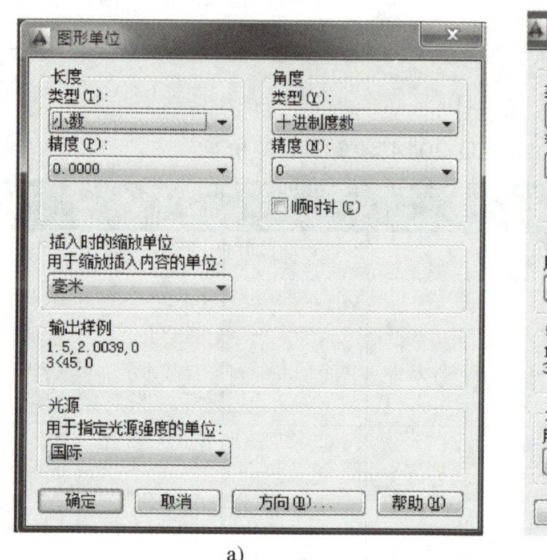

a)

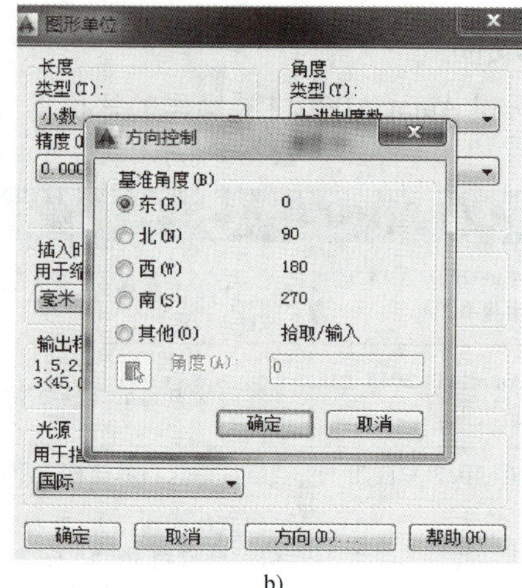

b)

图 1-9

（2）设置图形界限

1）功能：确定绘图界限，相当于选择图幅。

2）命令：

① 菜单栏：“格式”→“图形界限”。

② 命令行：LIMITS。

3）命令说明：以选择 60m×50m 的绘图界限为例说明如下：

输入并执行命令：

指定左下角点或［开（ON）/关（OFF）］<0.0000，0.0000>：（回车，接受默认值）

指定右上角点或［开（ON）/关（OFF）］：60000，50000（输入右上角坐标）

AutoCAD 默认的图形界限为 420mm×297mm，即 A3 幅面。

在“指定左下角点或［开（ON）/关（OFF）］<0.0000，0.0000>：”信息提示行中，“开（ON）/关（OFF）”是指将绘图界限检查功能打开与关闭，当输入 ON 时，AutoCAD 把用户的绘图范围限制在图形界限内，用户在此图形界限外画图时，系统会在命令行给出“＊＊超出图形界限”提示，用户将不能在图形界限外画图。AutoCAD 默认选项为“关

(OFF)”，一般情况下，不要打开图形界限开关，如图 1-10 所示。

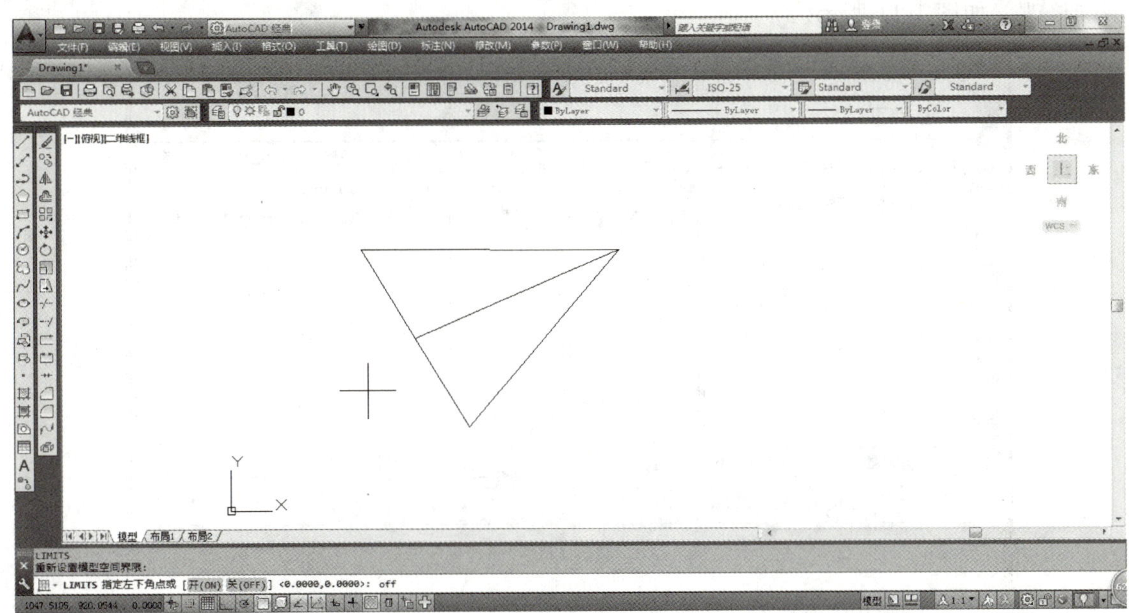

图 1-10

2. 对象特性设置

每个图形对象都是由一组数据来定义的，定义图形对象的数据称为对象特性，对象特性可以分为两类：一类是对象的几何特性，用于确定对象的几何形状，如直线的端点和中点、圆的圆心和半径等；另一类是对象的显示特性，如颜色、线型、线宽、线型比例及对象所在的图层等。这部分主要介绍图层、线型、线型比例、线宽、颜色等显示特性的设置方法。

（1）图层设置、管理与图层状态控制　“图层”是一个比较抽象的概念，因为在传统的手工绘图中，每幅图只有一张图纸，各种图线、文字和标注都在这张纸上，但在 AutoCAD 绘图中，为了管理和控制复杂的图形、提高绘图效率，引入了“图层”的概念。利用图层，可以将不同种类和用途的对象分别置于不同的层上，从而实现对同类对象的有效管理。

“图层”就像一张没有厚度的透明图纸，可以在每个图层上分别绘制不同的对象，最后再将这些透明的图纸叠加起来，就得到了最终的复杂图形。在图形中，用户可以对每一个“图层”进行单独控制，提高设计和绘图的质量与效率。

1）图层的设置与管理。在 AutoCAD 中，图层的设置与管理包括创建和删除图层，更改图层名称，设置图层的颜色、线型和线宽，更换当前图层，控制图层的打开/关闭、解冻/冻结、解锁/锁定以及是否输出等内容。

① 功能：对图层进行设置和管理。

② 命令：

“对象特性”工具栏：。

菜单栏：“格式”→“图层”。

命令行：LAYER（LA）。

③ 命令说明：执行命令后，会弹出如图 1-11 所示的“图层特性管理器”窗口。在图层

信息窗口中有一个名称为“0”的图层，它是 AutoCAD 提供的一个默认图层，该图层的名称不能修改，如图 1-11 所示。

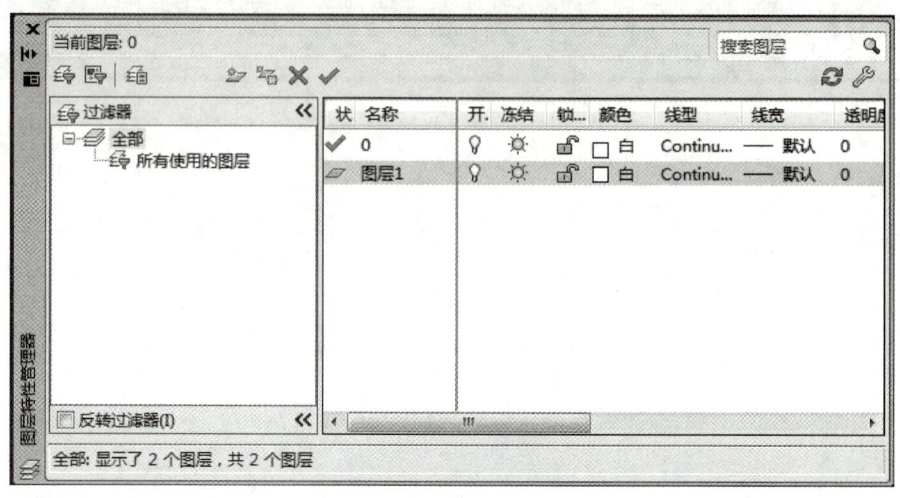

图 1-11

a. 创建一个新图层。在 AutoCAD 中，用户可以根据需要建立无限多个图层。

单击“图层特性管理器”窗口中的“新建”按钮，在列表中出现一个名称为“图层 1”的新图层，再单击“新建”按钮，则又增加一个新图层，名称为“图层 2”，可依次增加下去。新图层的默认特性为：白色（7 号颜色）、Continuous（连续）线型、默认线宽；如果在创建新图层时，图层显示窗口中存在一个选定图层，则新图层将沿用选定图层的特性。用户可接受这些默认值，也可以设置为其他值，并可随时对这些特性进行修改。

b. 修改图层名称。在增加新图层后，用户可紧接着输入新图层名，或者回车接受默认名称。图层创建后也可以随时修改图层的名称。图层名称最长可用 255 个字母或 127 个汉字，图层名称中不能有“*”“!”等通配符和空格，也不能重名。用户在为图层命名时，最好能体现图层的特色，图层名一般宜根据图层的功能或内容来命名。

c. 修改图层的颜色。单击图层的“颜色”标识，调出如图 1-12 所示的“选择颜色”对话框，选择一种颜色作为该图层的颜色，完成图层颜色的设置。

d. 修改图层的线型。单击图层的线型标识“Continuous”，调出如图 1-12 所示的“选择线型”对话框。

e. 修改图层的线宽。线宽的设置将影响该图层上图线的显示和打印宽度。单击图层的默认线宽标识，调出“线宽”对话框。选择某一线宽，然后单击“确定”按钮，线宽设置结束。

f. 更换“当前图层”。在一幅图的若干图层中，用户每次只能在其中一个图层上进行绘制或编辑等操作，此图层称为当前图层（又称为“当前层”）。根据绘图的需要，要在哪个图层上绘图，就必须将其设置为“当前层”，如图 1-12 所示。

2）图层的控制。设置图层的一个重要目的就是分类控制图层上的对象，提高绘图效率。AutoCAD 提供了打开/关闭、解冻/冻结、解锁/锁定、不打印/打印等状态开关，每个开关由功能相反的两个状态组成，用于图层管理。新建的图层默认状态是“打开”“解冻”

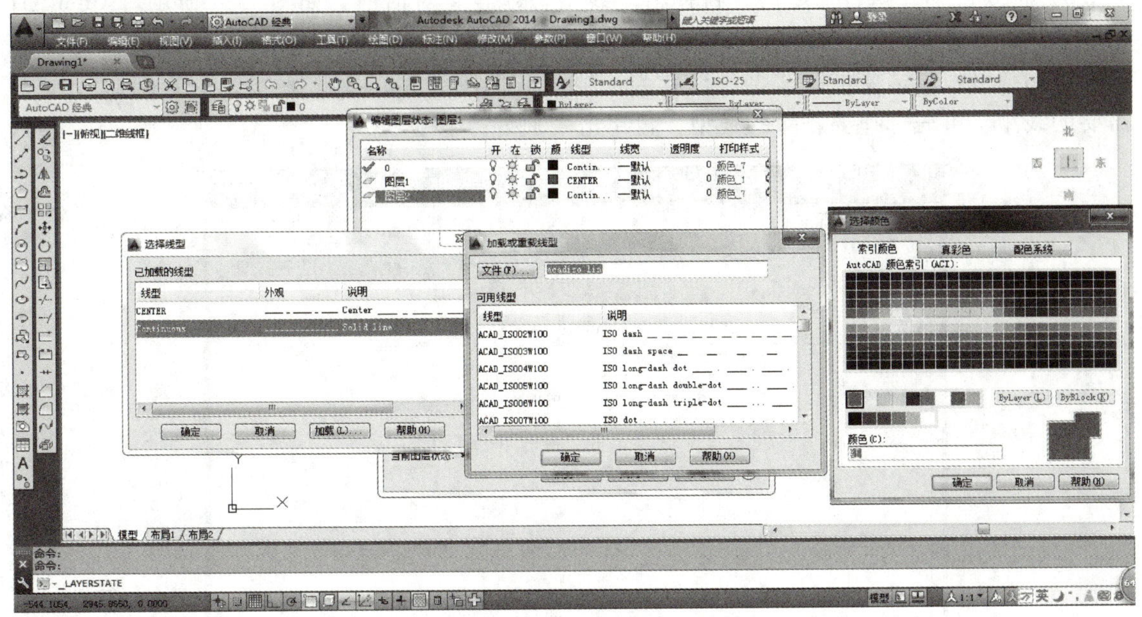

图 1-12

“解锁”“可打印”，如图 1-13 所示。

状	名称	开	冻结	锁定	颜色	线型	线宽	透明度	打印...	打.	新.	说明
	0				白	Continuo...	默认	0	Color_7			
	图层1				红	CENTER	0.05 ...	0	Color_1			
	图层2				白	Continuo...	0.05 ...	0	Color_7			

图 1-13

打开/关闭。该选项控制图层的可见性。当前绘图处于“打开”状态时，本图层的对象能在绘图窗口中显示出来，并且可以被打印输出。当图层处于“关闭”状态时，该图层上的对象不能在屏幕上显示也不能打印输出。重新生成图形时，图层上的对象仍参与重新生成。

解冻/冻结。与“打开/关闭”开关一样，可以控制图层的可见性与是否打印。冻结某图层时，该层上的对象不能在屏幕上显示，也不能由绘图设备输出。与关闭的区别在于重新生成时，冻结上的图层不参与重新生成。

解锁/锁定。本开关控制图层的可编辑性。当图层处于“锁定”状态时，图层中的对象仍然可以显示，但不能对处于该图层中的对象进行选择和编辑操作。

打印/不打印。图层设置为不打印，则该图层上的对象可看到但不能打印出图。

（2）设置线型

1）功能：对线型进行设置和管理，以满足制图标准的要求。

2）命令：

①“特性”工具栏：“线型特性窗口”→“其他…”。

② 菜单栏：“格式”→“线型”。

③ 命令行：LINETYPE。

3）命令说明：执行命令后，将弹出“线型管理器”对话框，如图 1-14 所示。AutoCAD 中默认线型为 ByLayer（随层），另外还有 ByBlock（随块）和 Continuous（实线）方式可供选择。用户可根据需要加载线型、设置当前线型和删除线型，要删除“线型管理器”中不需要的线型，可先选择要删除的线型，再单击“删除”按钮。

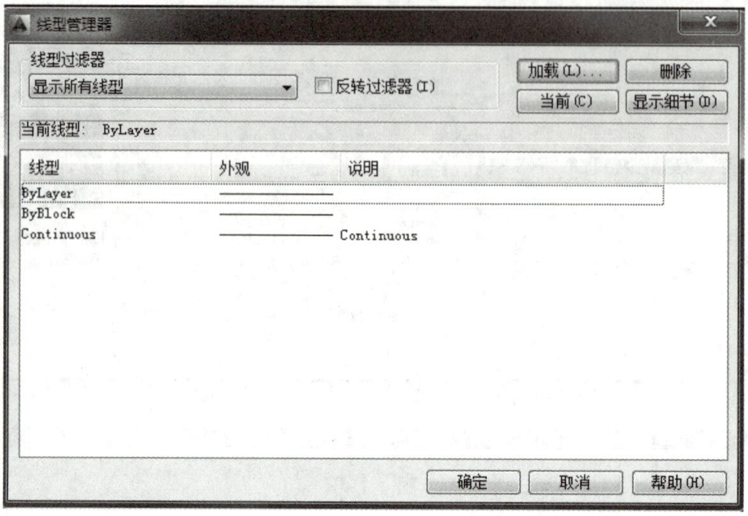

图 1-14

（3）设置线型比例

1）功能：对线型进行设置和管理，以满足制图标准的要求。

2）命令：

① 菜单栏：“格式”→“线型”。

② 命令行：LTSCALE（全局线型比例）、CELTSCALE（当前线型比例）。

3）命令说明：运行菜单栏中的“格式”→“线型”后，会弹出对话框，如图 1-14 所示，单击“显示细节”按钮，可在“全局比例因子”和“当前对象缩放比例”文本框中设置相应线型比例即可。

线型比例用于控制非连续线型单位距离上重复短线、间隔等元素的数目，其值越小，短线、间隔等元素的尺寸就越小，单位距离上短线、间隔等元素的数目就越多；反之，则短线、间隔等元素的尺寸就越大，单位距离上短线、间隔等元素的数目就越少。

（4）设置线宽

1）功能：设定图线的线宽，以满足制图标准的要求。

2）命令：

① 菜单栏：“格式”→“线宽”。

② 命令行：LWEIGHT 或 LINEWEIGHT。

3）命令说明：执行命令后，会弹出“线宽设置”对话框，如图 1-15 所示。当线宽设置为“0mm”时，其线宽在屏幕上显示为一个像素宽，打印输出时，系统以所用绘图设备的最细线宽输出。利用状态行上的“线宽”按钮也可方便地控制线宽显示与否。选中“显示线宽”复选框则在屏幕上显示其线宽，再单击“显示线宽”复选框则在屏幕上不显示其线宽，如图 1-15 所示。

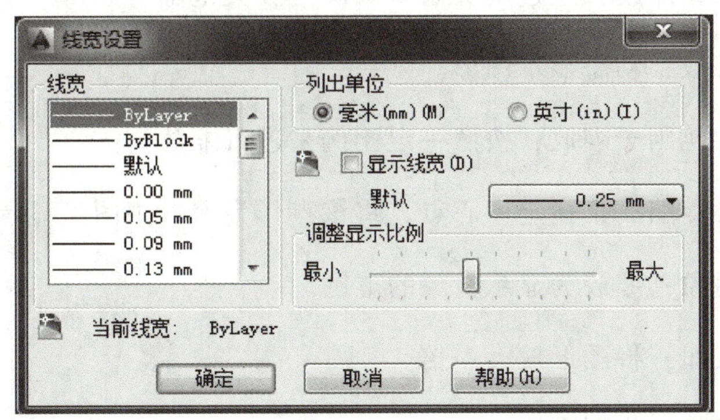

图　1-15

(5) 设置颜色

1) 命令：

① 菜单栏："格式" → "颜色"。

② 命令行：COLOR。

2) 命令说明：执行命令后，即弹出如图 1-16 所示的"选择颜色"对话框。该对话框包括两个调色板，大的调色板显示编号 10~249 号的颜色。第二个调色板显示编号 1~9 号的颜色。用户可以从中单击选择需要的一种颜色作为当前颜色，如图 1-16 所示。

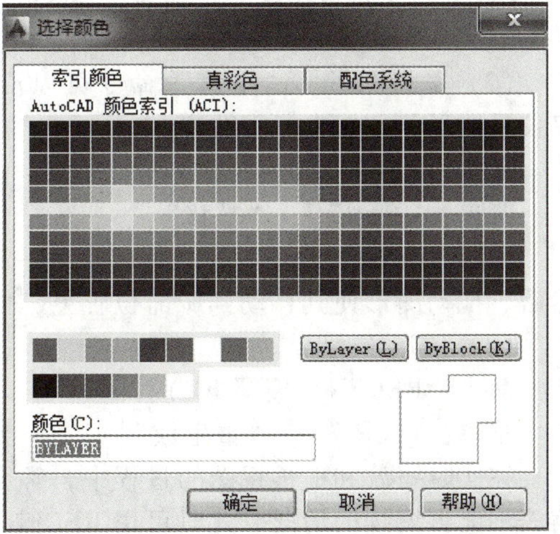

图　1-16

3. 视图的缩放与移动

在 AutoCAD 中，图形在屏幕上的显示可以根据需要进行放大或缩小。图形显示窗口的大小是由计算机显示屏决定的，它具有固定的物理边界。为了绘制复杂的图形，用户需要经常在屏幕上移动图形以观察图形的不同部分，或对局部放大以便仔细观察。在 AutoCAD 中提供了一组实用的 ZOOM 命令，用于改变图形在屏幕上显示的大小、位置和区域。

(1) 视图缩放　缩放命令的功能如同相机变焦镜头，它能放大或缩小在当前视窗中观察对象的视觉尺寸，而其实实际尺寸保持不变。放大一个对象的视觉尺寸，能将图形中某一个较小、复杂的区域放大为整个窗口范围，便于对局部进行更仔细的观察和绘制；而缩小其视觉尺寸，能将较大范围内的对象显示于视窗中，便于整体观察。在 AutoCAD 中，ZOOM 命令是几个缩放命令的组合，选择各缩放命令有以下几种方法：

命令：ZOOM（简写 Z）。

菜单："视图" → "缩放"

按钮：鼠标移动到工具栏中的第三个图标时，按住左键不放，将展开更多功能按钮，各图标功能如下：

指定窗口缩放：通过定义窗口来确定放大范围。

动态缩放：动态显示图形。

指定比例因子缩放：按照一定比例来进行缩放。

按中心点缩放：指定中心点，将该点作为窗口中图形显示的中心。

缩放对象：缩放为显示对象的范围。

放大按钮：将图形放大一倍。

缩小按钮：将图形缩小一倍。

全部缩放：在当前视窗显示整个图形。

范围缩放：将图形在视窗内最大限度地显示出来。

(2) 平移图形 “平移”命令可以沿任意方向移动图形，而图形的放大率保持不变，仅仅是图形的位置发生了改变。

命令：PAN（简写 P）。

菜单：“视图” → “平移”。

激活“平移”命令后，光标将变成一只小手状。按住鼠标左键将光标锁定在当前位置，然后，拖动图形使其移动到所需位置上，松开左键将停止平移。

(3) 图形重生成

命令：RECEN（简写 RE）。

菜单：“视图” → “重生成”

在实时缩放和平移视图的过程中，常会碰到图形显示精度不足的情形，或是平移、实时缩放不能再继续的情况，此时可用 RECEN 命令，重生成图形，解决上述问题。

评价反馈

对“设置绘图环境”操作的评价见表 1-2。

表 1-2 对“设置绘图环境”操作的评价

序号	检测项目	评价任务及权重	自评	小组互评	教师评价
1	AutoCAD 2014 绘图环境设置	单位设置、图形界限设置(15 分)			
2	AutoCAD 2014 对象特性设置	图层的概念、图层新建和图层的功能设置(40 分)			
3	线型设置	线型、比例、线宽、颜色的设置(20 分)			
4	视图控制	AutoCAD 中视图的操作控制(15 分)			
5	工作纪律和态度	团队协作能力差、不爱护仪器设备和环境，酌情扣 5~10 分(10 分)			
任务总评		优□ 良□ 中□ 合格□ 不合格□			

项目二
绘制建筑基本图形

【项目概述】

以给定的任务绘制圆座椅平面图，五角星图形，A3 图框，洗手池平面图，沙发平面图，坐便器平面图，基础大样图，门平面图，建筑平面墙体、窗和楼梯平面图等建筑基本图形，让读者尽快掌握 AutoCAD 基本绘图命令和编辑命令的使用方法，分析图形特征，分解建筑制图中常见问题的处理，选用合适的绘图命令、编辑命令，知道所学的命令“有什么用”“用在哪里”“怎么用”。

任务 1　绘制圆座椅平面图

任务描述

通过上机实践操作，绘制圆座椅平面图（其中大圆半径 80mm，小圆半径 20mm），如图 2-1 所示。

任务实施

圆是常见图形构成的基础，在建筑图中圆也是最为常见的，很多形状的设计构件都是圆组成的。同样，在一个图形中有很多个同一属性的圆，这些有规则的圆，我们就可以采用阵列来完成，特别是在建筑图绘制方面，就可以用“阵列”命令快速完成各类有关联图形的绘制。下面我们就来介绍一下“圆”和“阵列”命令的使用方法和技巧。

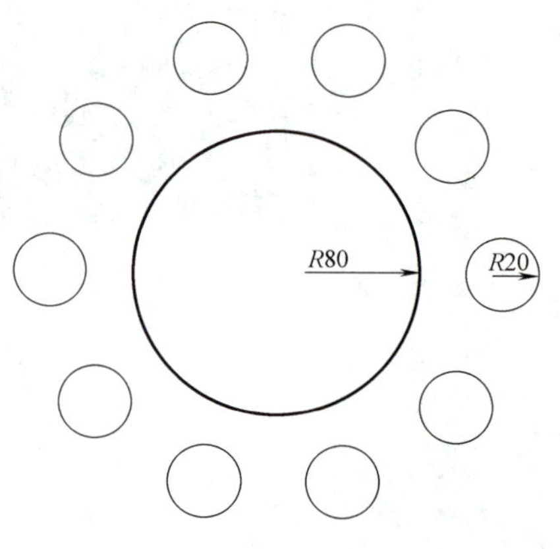

图　2-1

绘制圆座椅平面图视频

1. 圆

(1) 调用“圆”命令的方式

1) 在菜单栏中单击 绘图(D) → 圆(C)，如图 2-2 所示。

2) 单击“绘图”工具栏中的按钮。

3) 命令行中执行 CIRCLE (C) 命令。

4) 执行命令后，AutoCAD 提示：

指定圆的圆心或［三点 (3P)/两点 (2P)/切点、切点、半径 (T)］：900，600（输入大圆的圆心后回车）

指定圆的半径或［直径 (D)］：80（输入大圆半径后回车）

绘制结果如图 2-3 所示。

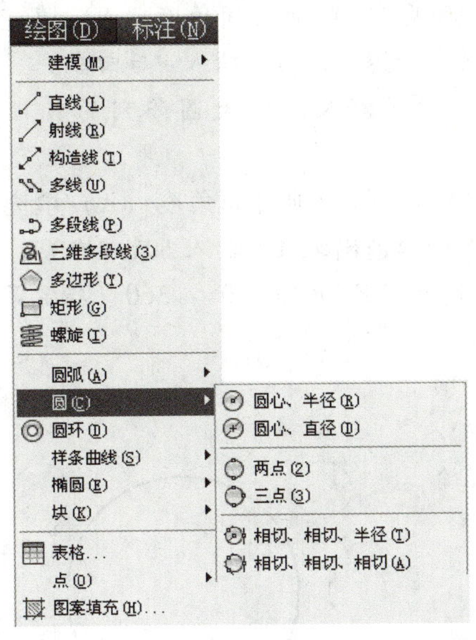

图　2-2

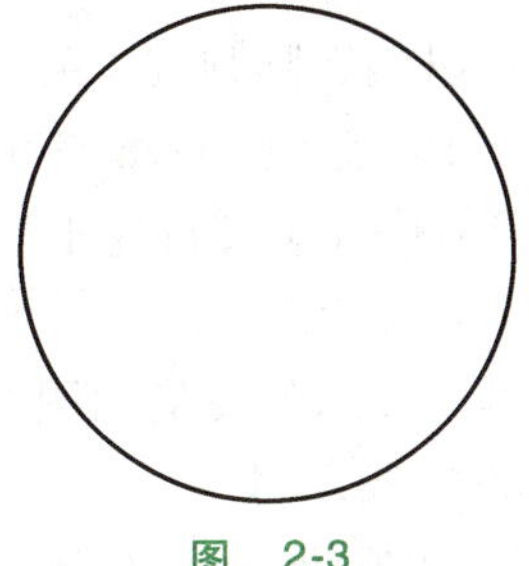

图　2-3

指定圆的圆心或［三点（3P）/两点（2P）/相切、相切、半径（T）］：1020，600（输入其中一个小圆的圆心后回车）

指定圆的半径或［直径（D）］<80.0000>：20（输入小圆的半径后回车）

绘制结果如图 2-4 所示。

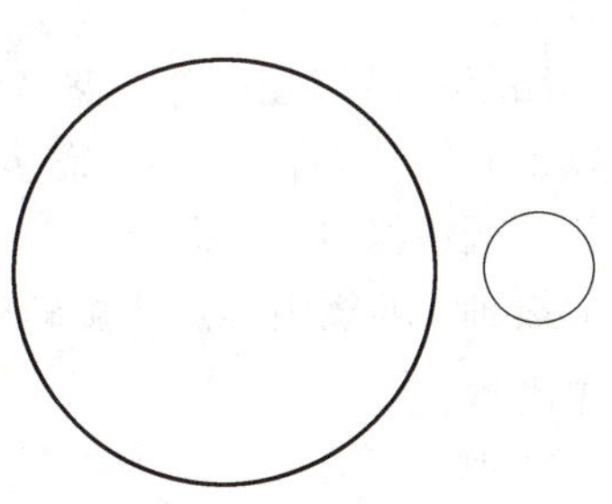

图　2-4

（2）其他选项说明

1）圆心：基于圆心和直径（或半径）绘制圆。

2）三点（3P）：基于圆周上的三点绘制圆。

3）两点（2P）：基于圆直径上的两个端点绘制圆。

4）相切、相切、半径（T）：基于指定半径和两个相切对象绘制圆。

2. 阵列

（1）调用“阵列”命令的方式

1）在菜单栏中单击 修改(M) → 阵列 ，如图 2-5 所示。

2）单击“修改”工具栏中的按钮。

3）命令行中执行 ARRAY（AR）命令。

4）执行命令后，AutoCAD 提示：

选择对象：找到 1 个（选择小圆后回车）

选择对象：

类型 = 极轴　关联 = 是

指定阵列的中心点或［基点（B）/旋转轴（A）］：（使用对象捕捉的方法捕捉到大圆的圆心作为阵列的中心点）

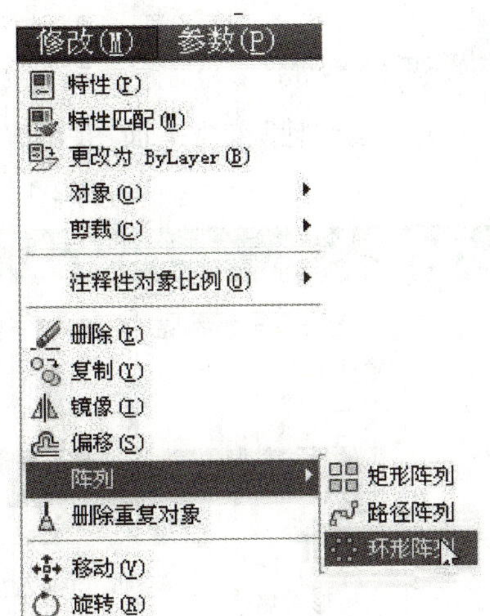

图　2-5

选择夹点以编辑阵列或［关联（AS）/基点（B）/项目（I）/项目间角度（A）/填充角度（F）/行（ROW）/层（L）/旋转项目（ROT）/退出（X）］<退出>：i（输入 i 后回车）

输入阵列中的项目数或［表达式（E）］<6>：10（输入围绕大圆阵列的数目后回车）

选择夹点以编辑阵列或［关联（AS）/基点（B）/项目（I）/项目间角度（A）/填充角度（F）/行（ROW）/层（L）/旋转项目（ROT）/退出（X）］<退出>：f（输入 f 后回车）

指定填充角度（+=逆时针、-=顺时针）或［表达式（EX）］<360>：360（指定第一个圆和最后一个圆之间的角度为 360 度）

选择夹点以编辑阵列或［关联（AS）/基点（B）/项目（I）/项目间角度（A）/填充角度（F）/行（ROW）/层（L）/旋转项目（ROT）/退出（X）］<退出>：X（输入 X 按回车进行确认）

此时屏幕上显示的图形如图 2-6 所示。

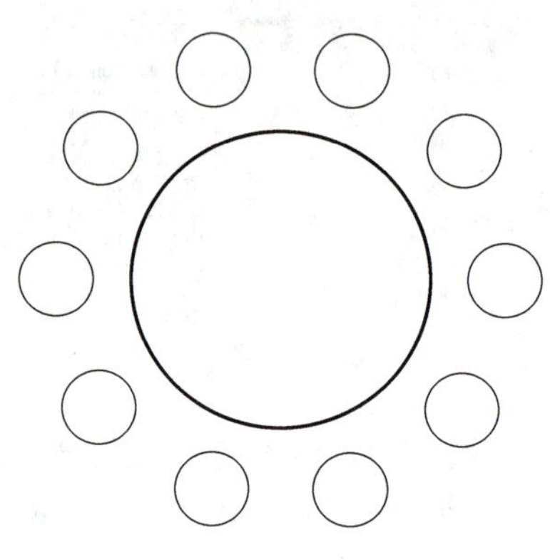

图 2-6

（2）阵列方式说明

矩形：将对象副本分布到行、列和标高的任意组合。

路径：沿路径或部分路径均匀分布对象副本，路径可以是直线、多段线、三维多段线、样条曲线、螺旋、圆弧、圆或椭圆。

极轴：围绕中心点或旋转轴在环形阵列中均匀分布对象副本。

特别提示：

1）可以指定圆心、半径、直径、圆周上的点和其他对象上的点的不同组合来创建圆，创建圆的默认方法是指定圆心和半径。

2）在本项目中，将小圆围绕大圆进行阵列，阵列类型既可以选择极轴（PO）方式，又可以选择路径（PA）方式，两者都可以完成项目绘制。

评价反馈

对“绘制圆座椅平面图”操作的评价见表 2-1。

表 2-1　对“绘制圆座椅平面图”操作的评价

序号	检测项目	评价任务及权重	自评	小组互评	教师评价
1	图形绘制的完整性	图形绘制是否完整，缺少 1 项扣 5 分（30 分）			
2	图形绘制的准确性	图形绘制是否准确，1 项不准确扣 5 分（30 分）			
3	图形布局	图形布局不美观，酌情扣 2～5 分（10 分）			

（续）

序号	检测项目	评价任务及权重	自评	小组互评	教师评价
4	完成时间	规定时间内没完成每超过 10 分钟，扣 2 分（10 分）			
5	工作纪律和态度	团队协作能力差、不爱护仪器设备和环境，酌情扣 10~20 分（20 分）			
任务总评		优□　良□　中□　合格□　不合格□			

能力拓展

应用“圆”和“阵列”命令绘制图 2-7 所示的图形。

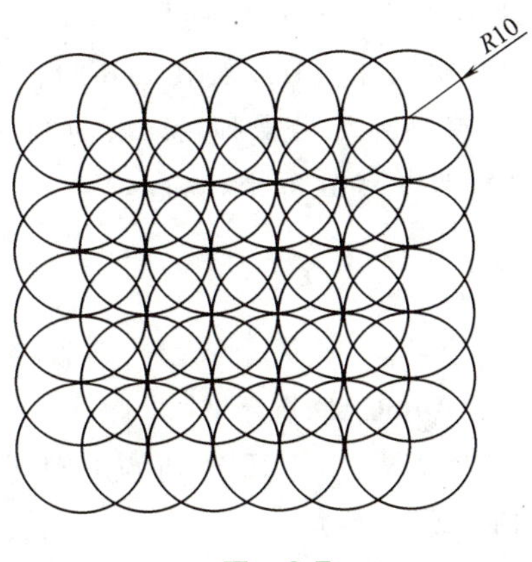

图　2-7

任务 2　绘制五角星图形

任务描述

通过上机实践操作，通过应用相关绘图命令，绘制长、宽各为 70mm 的矩形和五角星，如图 2-8 所示。掌握矩形、直线、修剪的命令及调用方法，绝对直角坐标、相对直角坐标、

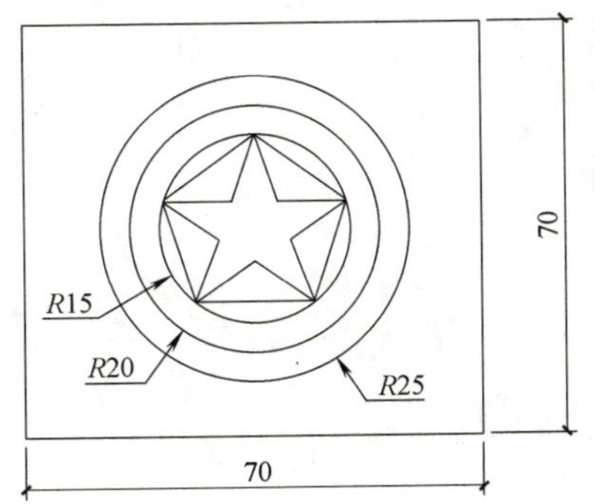

图　2-8

绘制五角星视频

极坐标的输入方式和相关的使用方法与技巧。

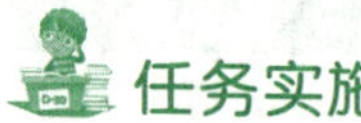

任务实施

1. 矩形

（1）调用“矩形”命令的方式

1）在菜单栏中单击 绘图(D) → 矩形(G)，如图 2-9 所示。

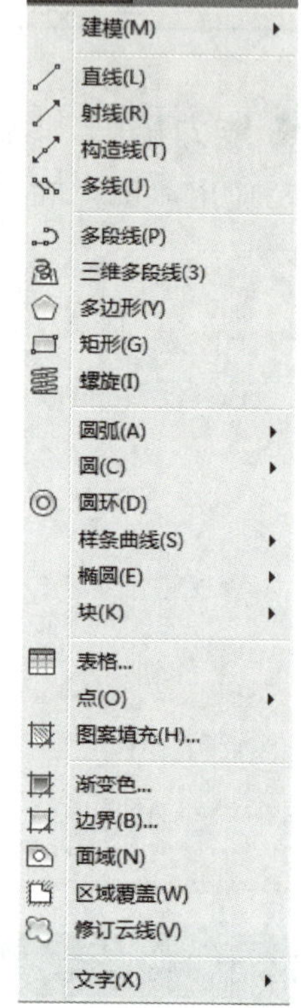

图 2-9

2）单击“绘图”工具栏中的按钮 。

3）命令行中执行 RECTANG 命令。

（2）操作说明　执行命令后，AutoCAD 提示：

指定第一个角点或［倒角（C）/标高（E）/圆角（F）/厚度（T）/宽度（W）］：100，100（输入矩形左下角坐标后回车）

指定另一个角点或［面积（A）/尺寸（D）/旋转（R）］：170，170（输入矩形右上角坐标后回车，此坐标为绝对坐标输入；也可以用另一种输入方式为：@70，70，此坐标为相对直角坐标输入）

绘制结果如图 2-10 所示。

2. 圆

（1）调用“圆”命令

（2）操作说明　执行命令后，AutoCAD 提示：

指定圆的圆心或［三点（3P）/两点（2P）/切点、切点、半径（T）］：135，135（输入大圆的圆心后回车）

指定圆的半径或［直径（D）］：15（输入小圆半径后回车）

绘制结果如图 2-11 所示。

3. 多边形

（1）调用“多边形”命令的方式

1）在菜单栏中单击 绘图(D) → 多边形(Y)。

图 2-10

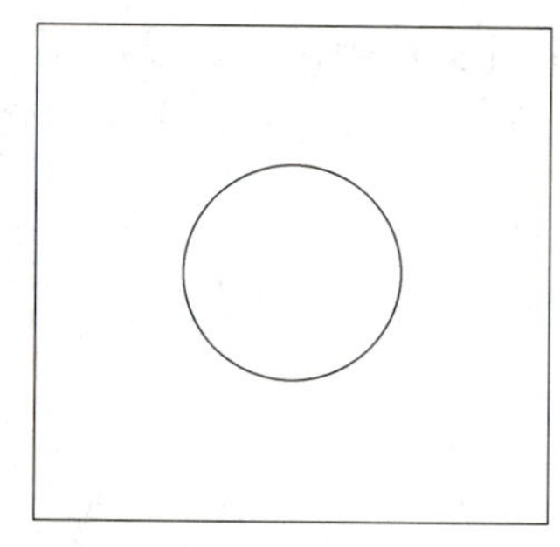

图 2-11

2）单击“绘图”工具栏中的按钮 。

3）命令行中执行 POLYGON 命令。

（2）操作说明　执行命令后，AutoCAD 提示：

输入侧面数<4>：5（输入多边形边数后回车）

POLYGON 指定多边形的中心点或［边（E）］：（鼠标单击圆的中心点）

输入选项［内接于圆（I）/外切于圆（C）］<I>：i（选择多边形方式后回车）

指定圆的半径：（移动鼠标到圆的上象限点并单击）

绘制结果如图 2-12 所示。

4. 直线

（1）调用“直线”命令的方式

1）在菜单栏中单击 绘图(D) → 直线(L)。

2）单击“绘图”工具栏中的按钮。

3）命令行中执行 LINE 命令。

（2）操作说明　执行命令后，AutoCAD 提示：

指定第一点：（分别给五边形的内角做连接线，然后回车）

绘制结果如图 2-13 所示。

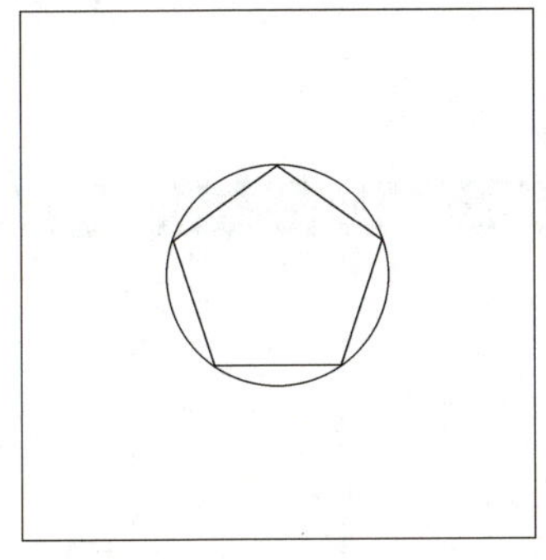

图 2-12

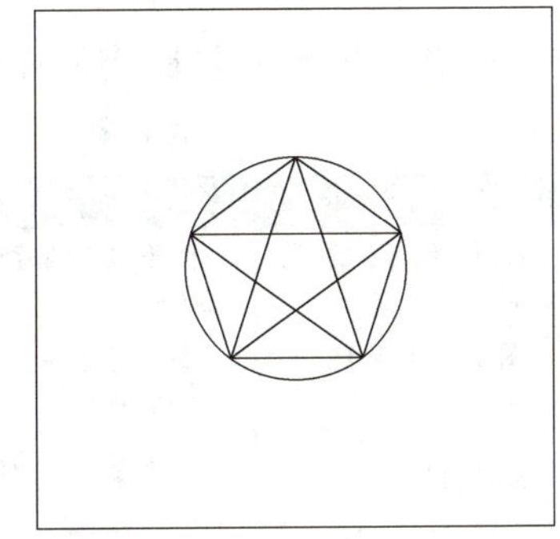

图　2-13

5. 修剪

（1）调用“修剪”命令的方式

1）在菜单栏中单击：修改(M) → 修剪(T)。

2）单击“修改”工具栏中的按钮。

3）命令行中执行 TRIM 命令。

（2）操作说明　执行命令后，AutoCAD 提示：

选择对象或 <全部选择>：（全部选择，然后回车）

TRIM［栏选（F）窗交（C）投影（P）边（E）删除（R）放弃（U）］：（直接单击不要的线段）

绘制结果如图 2-14 所示。

6. 重复圆

执行“圆”命令后，AutoCAD 提示：

指定圆的圆心或［三点（3P）两点（2P）切点、切点、半径（T）］：135，135（输入大圆的圆心后回车）

指定圆的半径或［直径（D）］：20（输入小圆半径后回车）

重复执行“圆”命令，相同操作再输入圆半径 25。

绘制结果如图 2-15 所示。

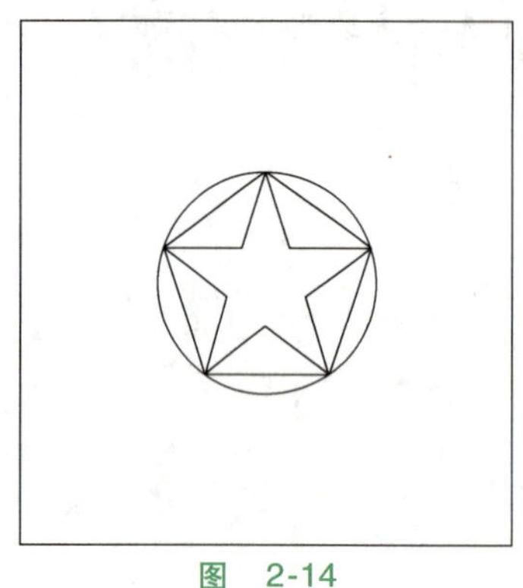
图 2-14

图 2-15

评价反馈

对“绘制五角星图形”操作的评价见表 2-2。

表 2-2 对“绘制五角星图形”操作的评价

序号	检测项目	评价任务及权重	自评	小组互评	教师评价
1	图形绘制的完整性	图形绘制是否完整，缺少 1 项扣 5 分(30 分)			
2	图形绘制的准确性	图形绘制是否准确，1 项不准确扣 5 分(30 分)			
3	图形布局	图形布局不美观，酌情扣 2~5 分(10 分)			
4	完成时间	规定时间内没完成每超过 10 分钟，扣 2 分(10 分)			
5	工作纪律和态度	团队协作能力差、不爱护仪器设备和环境，酌情扣 10~20 分(20 分)			
任务总评		优□　良□　中□　合格□　不合格□			

能力拓展

应用“圆”命令、“多边形”命令绘制图 2-16 所示的图形。

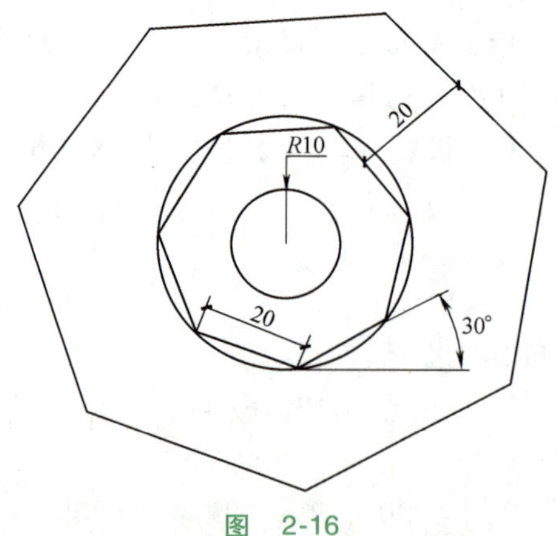

图 2-16

任务 3　绘制 A3 图框

任务描述

通过上机实践操作，绘制 A3 图框，如图 2-17 所示。掌握“矩形”命令、“直线”命令的使用方法和技巧。

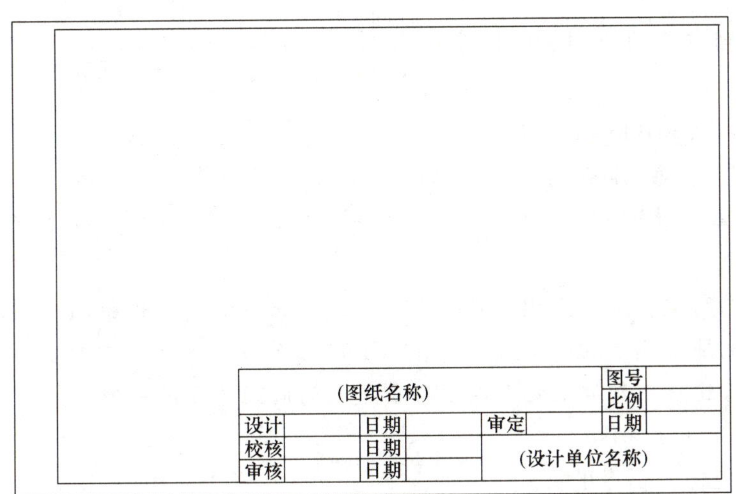

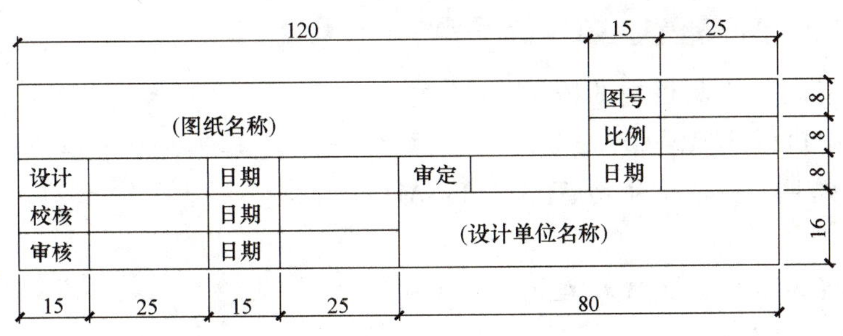

图　2-17

任务实施

绘制图框是图形绘制结束后出图的基本要求，是对图形的说明和存档的要求。图框中文字和方框大小都有一定比例，需按照比例完成绘制。

1. 矩形

(1) 调用“矩形”命令

(2) 操作说明　执行命令后，AutoCAD 提示

指定第一个角点或［倒角（C）标高（E）圆角（F）厚度（T）宽度（W）］：（指定第一个角点，然后回车）

指定另一个角点或［面积（A）尺寸（D）旋转（R）］：@420，297（输入数据后回车）

绘制结果如图 2-18 所示。

图 2-18

2. 偏移

（1）调用“偏移”命令的方式

1）在菜单栏中单击：修改(M) → 偏移(S)。

2）单击“修改”工具栏中的按钮 偏移(S)。

3）命令行中执行 OFFSET 命令。

（2）操作说明　执行命令后，AutoCAD 提示：

指定偏移距离或［通过（T）删除（E）图层（L）］<通过>：5（输入数据后回车）

选择要偏移的对象，或［退出（E）放弃（U）］<退出>：（选择刚绘制的矩形）

指定要偏移的那一侧上的点，或［退出（E）多个（M）放弃（U）］<退出>：（在矩形内部指定一点。这样，在原来矩形内偏移出一新的间距为 5 的矩形）

3. 拉伸

（1）调用“拉伸”命令的方式

1）在菜单栏中单击 修改(M) → 拉伸(H)。

2）单击“修改”工具栏中的按钮 拉伸(H)。

3）命令行中执行 STRETCH 命令。

（2）操作说明　执行命令后，AutoCAD 提示：

选择对象：（用窗交方式选择在内的那个矩形的左端部，然后回车）

指定基点或［位移（D）］<位移>：（指定一点后回车）

指定第二个点或<使用第一个点作为位移>：20（激活正交模式，把光标向右移动一段距离，输入数据后回车）

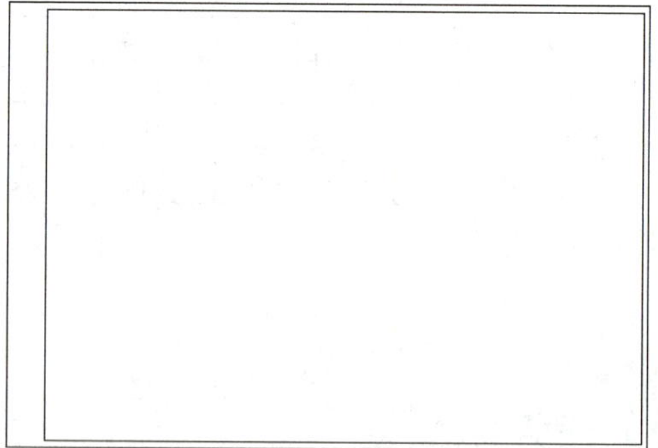

图 2-19

绘制结果如图 2-19 所示。

4. 矩形

（1）调用“矩形”命令

（2）操作说明　执行命令后，AutoCAD 提示：

指定第一个角点或［倒角（C）标高（E）圆角（F）厚度（T）宽度（W）］：（指定内矩形的右下角点，鼠标单击）

指定另一个角点或［面积（A）尺寸（D）旋转（R）］：@－160，40（输入数据后回车）

绘制结果如图 2-20 所示。

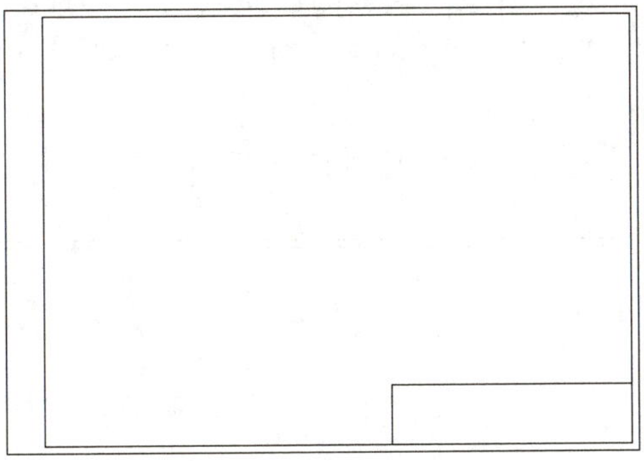

图　2-20

5. 分解

（1）调用“分解”命令的方式

1）在菜单栏中单击 修改(M) → 分解(X)。

2）单击“修改”工具栏中的按钮。

3）命令行中执行 EXPLODE 命令。

（2）操作说明　执行命令后，AutoCAD 提示：

选择对象：（选择小矩形，然后回车）

6. 定数等分

（1）调用“定数等分”命令的方式

1）在菜单栏中单击：绘图(D) → 点(O) → 定数等分(D)。

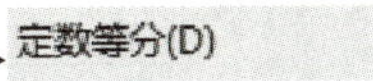

2）命令行中执行 DIVIDE 命令。

（2）操作说明　执行命令后，AutoCAD 提示：

选择要定数等分的对象：（选择小矩形左边线段，然后回车）

输入线段数目或［块（B）］：5（输入段数并回车）

7. 直线

（1）调用“直线”命令

（2）操作说明　执行命令后，AutoCAD 提示：

指定第一点：（分别在等分线点上向右画水平直线，回车）。

重复“直线”命令。绘制结果如图 2-21 所示。

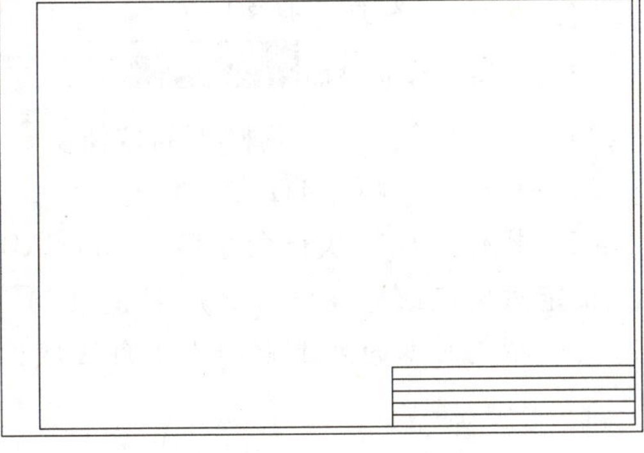

图　2-21

8. 偏移

（1）调用“偏移”命令

（2）操作说明　执行命令后，AutoCAD 提示：

指定偏移距离或［通过（T）删除（E）图层（L）］：15（输入偏移距离并回车）

选择要偏移的对象，或［退出（E）放弃（U）］<退出>：（选择刚等分的线段后回车）

指定要偏移的那一侧上的点，或［退出（E）多个（M）放弃（U）］<退出>：（在右侧单击并回车）

重复执行“偏移”命令分别对新生成的对象再偏移 25、15、25、15、25、15。

绘制结果如图 2-22 所示。

9. 修剪

（1）调用“修剪”命令

（2）操作说明　执行命令后，AutoCAD 提示：

选择对象或 <全部选择>：（全部选择，然后回车）

TRIM［栏选（F）窗交（C）投影（P）边（E）删除（R）放弃（U）］：（直接单击不要的线段）

绘制结果如图 2-23 所示。

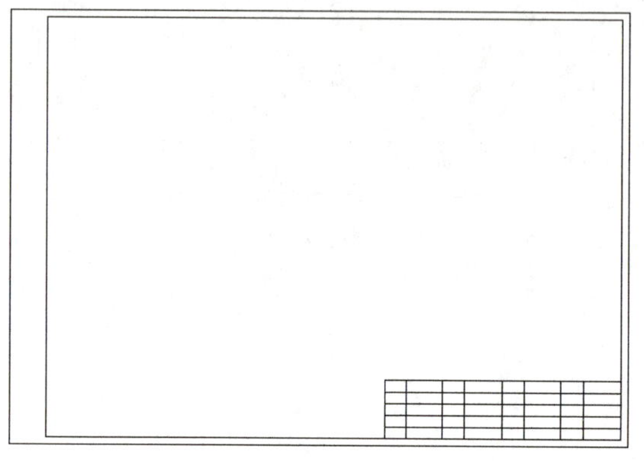

图　2-22

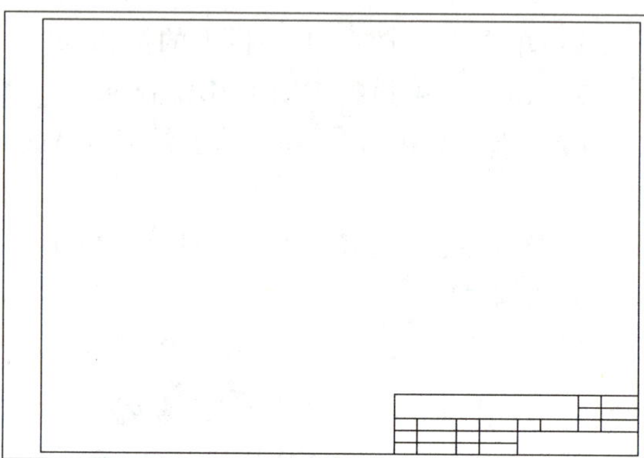

图　2-23

10. 文字标注

（1）调用“文字”命令的方式

1）在菜单栏中单击 绘图(D) → 文字(X)。

2）单击“绘图”工具栏中的按钮 A。

3）命令行中执行 MTEXT 命令。

（2）操作说明　执行命令后，AutoCAD 提示：

指定对角点或［高度（H）对正（J）行距（L）旋转（R）样式（S）宽度（W）栏（C）］：（指定文本的左上角和右下角区域，弹出对话框，如图 2-24 所示）

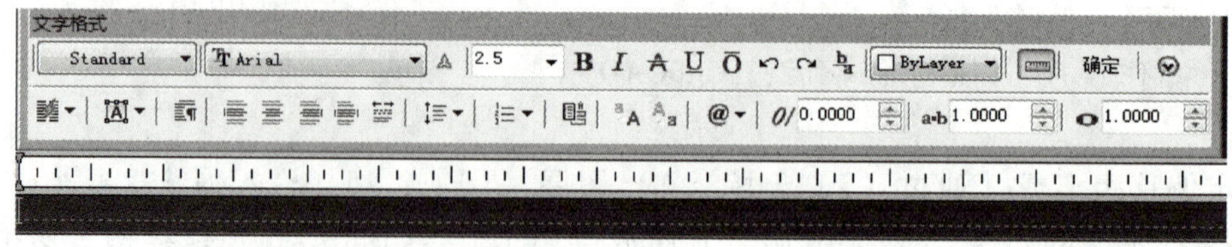

图　2-24

将文字输入完后单击“确定”按钮即可。

重复执行此命令即可完成所有文字的输入。最后效果如图 2-25 所示。

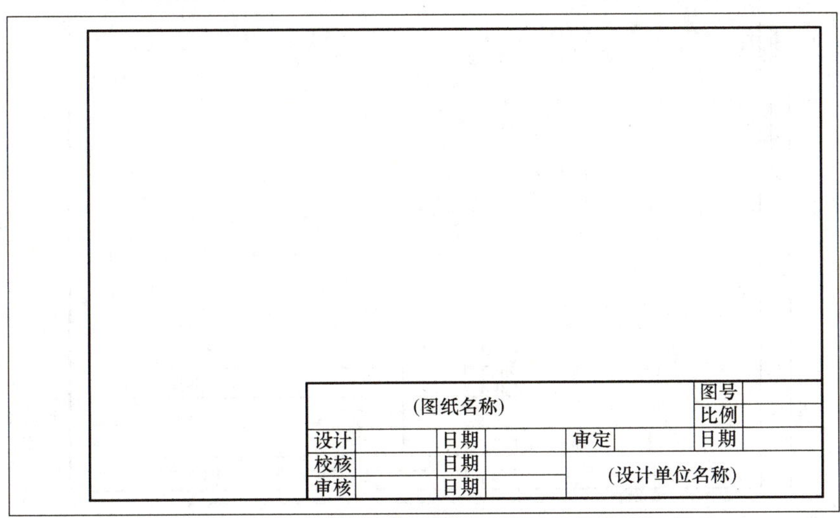

图　2-25

评价反馈

对“绘制 A3 图框”操作的评价见表 2-3。

表 2-3　对“绘制 A3 图框”操作的评价

序号	检测项目	评价任务及权重	自评	小组互评	教师评价
1	图形绘制的完整性	图形绘制是否完整,缺少 1 项扣 5 分(30 分)			
2	图形绘制的准确性	图形绘制是否准确,1 项不准确扣 5 分(30 分)			
3	图形布局	图形布局不美观,酌情扣 2~5 分(10 分)			
4	完成时间	规定时间内没完成每超过 10 分钟,扣 2 分(10 分)			
5	工作纪律和态度	团队协作能力差、不爱护仪器设备和环境,酌情扣 10~20 分(20 分)			
任务总评		优□　良□　中□　合格□　不合格□			

能力拓展

应用“矩形”“修剪”和“文字”等命令绘制图 2-26 所示的图形。

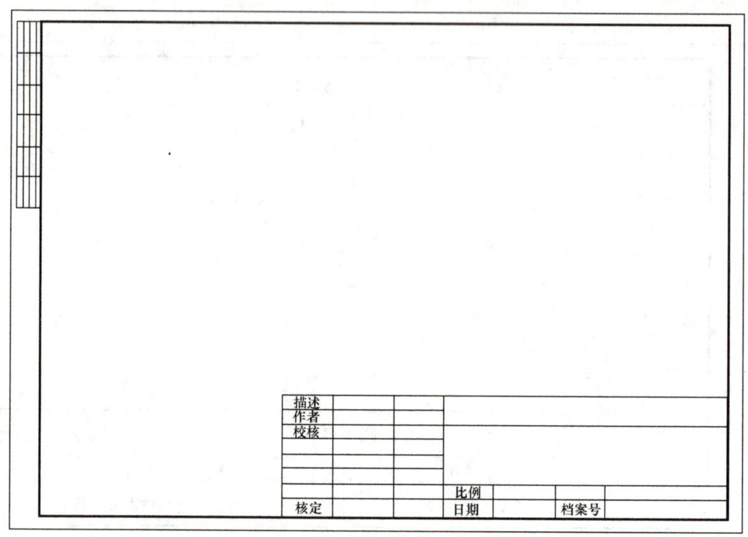

图 2-26

任务 4 绘制洗手池平面图

任务描述

通过上机实践操作，绘制洗手池平面图，如图 2-27 所示。掌握“椭圆” “椭圆弧”“圆”“矩形”等命令的使用方法和技巧。

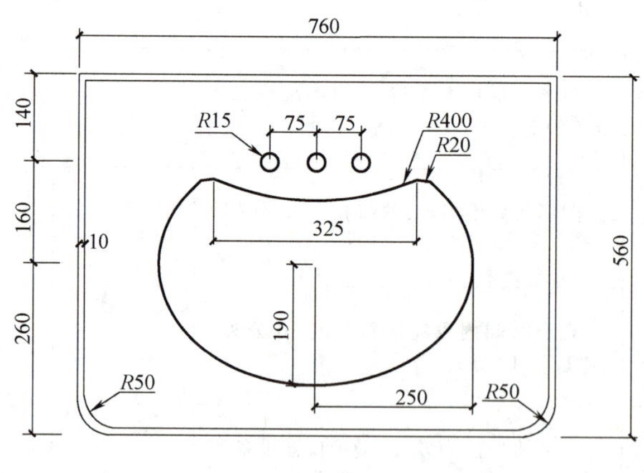

图 2-27

任务实施

1. 矩形

（1）调用“矩形”命令

(2) 操作说明　执行命令后，AutoCAD 提示：

指定第一个角点或［倒角（C）标高（E）圆角（F）厚度（T）宽度（W）]：100，100（输入坐标后回车）

指定另一个角点或［面积（A）尺寸（D）旋转（R）］：@ 760，560（输入数据后回车）

绘制结果如图 2-28 所示。

2. 偏移

(1) 调用“偏移”命令

(2) 操作说明　执行命令后，AutoCAD 提示：

指定偏移距离或［通过（T）删除（E）图层（L）］<通过>：10（输入数据后回车）

选择要偏移的对象，或［退出（E）放弃（U）］<退出>：（选择刚绘制的矩形）

指定要偏移的那一侧上的点，或［退出（E）多个（M）放弃（U）］<退出>：（在矩形范围内部指定一点。这样，在原来矩形内偏移出一新的间距为 10 的矩形）

绘制结果如图 2-29 所示。

图 2-28

图　2-29

3. 圆角

(1) 调用“圆角”命令的方式

1）在菜单栏中单击 修改(M) → 圆角(F)。

2）单击“修改”工具栏中的按钮。

3）命令行中执行 FILLET 命令。

(2) 操作说明　执行命令后，AutoCAD 提示：

选择第一个对象［放弃（U）多段线（P）半径（R）修剪（T）多个（M）]：R（选择设置半径后回车）

指定圆角半径 < 0.0000 >：20（输入半径后回车）

选择第一个对象或［放弃（U）多段线（P）半径（R）修剪（T）多个（M）]：（分别选择两个矩形的下面两个角进行倒圆角处理）

图　2-30

修改结果如图 2-30 所示。

4. 椭圆

（1）调用“椭圆”命令的方式

1）在菜单栏中单击 绘图(D) → 椭圆(E) 。

2）单击“绘图”工具栏中的按钮 。

3）命令行中执行 ELLIPSE 命令。

（2）操作说明　执行命令后，AutoCAD 提示：

指定椭圆的轴端点或［圆弧（A）中心点（C）］：C（选择以中心点方式绘图后回车）

指定椭圆的中心点：480，380（输入中心点坐标）

指定轴的端点：190（要求鼠标垂直向下输入距离后回车）

指定另一轴的端点：250（输入另一半轴长后回车）

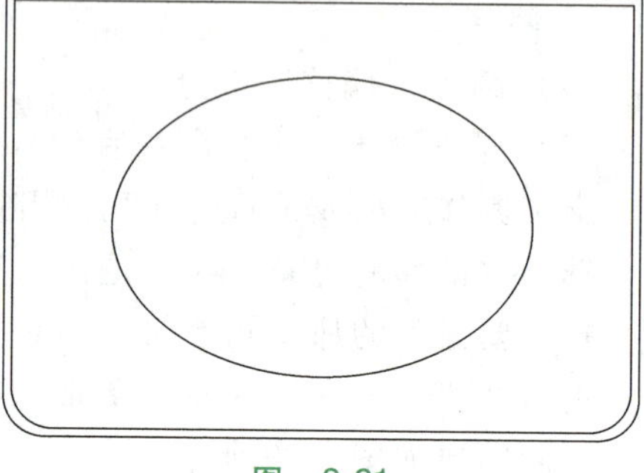

图　2-31

绘制结果如图 2-31 所示。

5. 直线

（1）调用“直线”命令

（2）操作说明　执行命令后，AutoCAD 提示：

指定第一点：（从椭圆的中心点向椭圆的上象限点连线，然后回车）

6. 偏移

（1）调用“偏移”命令

（2）操作说明　执行命令后，AutoCAD 提示：

指定偏移距离或［通过（T）删除（E）图层（L）］：162.5（输入偏移距离并回车）

选择要偏移的对象，或［退出（E）放弃（U）］<退出>：（选择直线）

指定要偏移的那一侧上的点，或［退出（E）多个（M）放弃（U）］<退出>：（在左侧单击并回车）

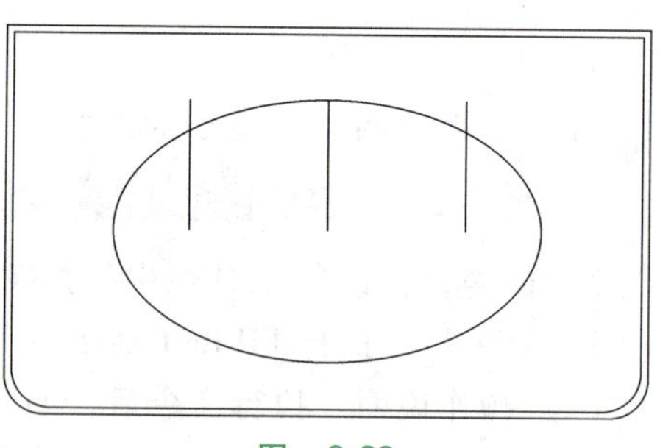

图　2-32

重复执行“偏移”命令向右侧偏移直线。

绘制结果如图 2-32 所示。

7. 圆弧

（1）调用“圆弧”命令的方式

1）在菜单栏中单击 绘图(D) → 圆弧(A) → 起点、端点、半径(R) 。

2）单击“绘图”工具栏中的按钮 。

3）命令行中执行 ARC 命令。

（2）操作说明　执行命令后，AutoCAD 提示：

指定圆弧的起点或［圆心（C）］：（单击左边直线与椭圆交点）

指定圆弧的端点：（单击右边直线与椭圆交点）

指定圆弧的圆心或［角度（A）方向（D）半径（R）］：400（输入半径后回车）

8. 修剪

（1）调用“修剪”命令

（2）操作说明　执行命令后，AutoCAD 提示：

选择对象或 <全部选择>：（全部选择，然后回车）

TRIM［栏选（F）窗交（C）投影（P）边（E）删除（R）放弃（U）］：（直接单击不要的线段）

绘制结果如图 2-33 所示。

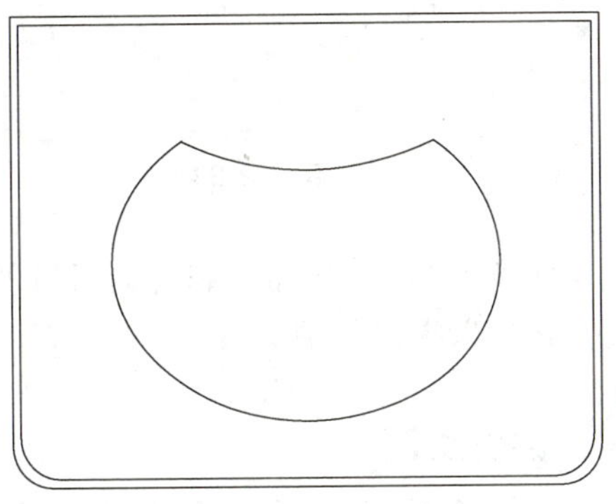

图　2-33

9. 圆

（1）调用“圆”命令

（2）操作说明　执行命令后，AutoCAD 提示：

指定圆的圆心或［三点（3P）两点（2P）切点、切点、半径（T）］：480，380（输入小圆的圆心后回车）

指定圆的半径或［直径（D）］：15（输入大圆半径后回车）

10. 复制

（1）调用“复制”命令的方式

1）在菜单栏中单击 修改(M) → 复制(Y)。

2）单击“修改”工具栏中的按钮。

3）命令行中执行 COPY 命令。

（2）操作说明　执行命令后，AutoCAD 提示：

指定基点或［位移（D）模式（O）］<位移>：（鼠标单击小圆圆心后回车）

指定第二点或［陈列（A）］：75（鼠标水平向左输入数据后回车）

重复命令向右复制小圆，绘制结果如图 2-34 所示。

11. 移动

（1）调用“移动”命令的方式

1）在菜单栏中单击 修改(M) → 移动(V)。

2）单击“修改”工具栏中的按钮。

3）命令行中执行 MOVE 命令。

（2）操作说明　执行命令后，AutoCAD 提示：

选择对象：（分别单击三个小圆后回车）

指定基点或［位移（D）］<位移>：（单击小圆圆心）

指定第二点或<使用第一个点作为位移>：160（鼠标垂直向上输入数据后回车）

绘制结果如图 2-35 所示。

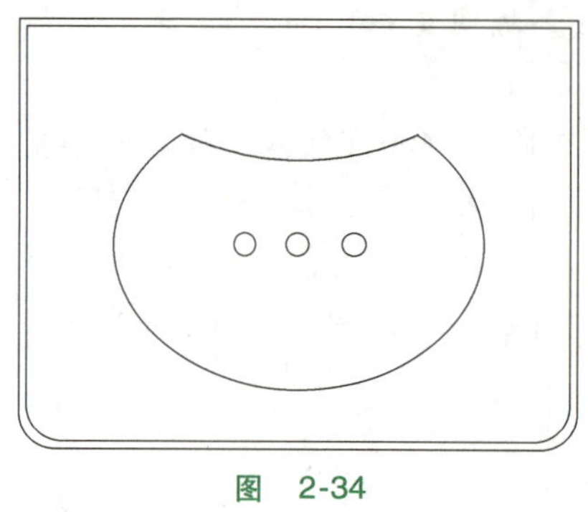

图 2-34

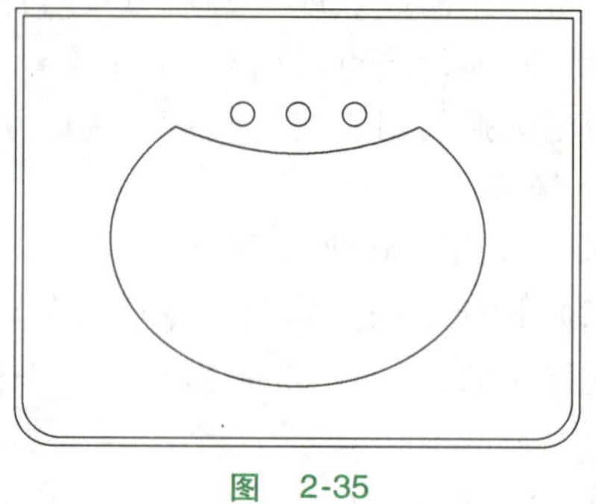

图 2-35

注意："复制"命令和前面所讲的"阵列"命令都能快速产生属性一致的对象，读者需灵活运用以提高绘图速度。

评价反馈

对"绘制洗手池平面图"操作的评价见表 2-24。

表 2-4 对"绘制洗手池平面图"操作的评价

序号	检测项目	评价任务及权重	自评	小组互评	教师评价
1	图形绘制的完整性	图形绘制是否完整，缺少 1 项扣 5 分(30 分)			
2	图形绘制的准确性	图形绘制是否准确，1 项不准确扣 5 分(30 分)			
3	图形布局	图形布局不美观，酌情扣 2～5 分(10 分)			
4	完成时间	规定时间内没完成每超过 10 分钟，扣 2 分(10 分)			
5	工作纪律和态度	团队协作能力差、不爱护仪器设备和环境，酌情扣 10～20 分(20 分)			
任务总评		优□　良□　中□　合格□　不合格□			

能力拓展

应用"椭圆"命令、"移动"命令绘制图 2-36 所示的图形。

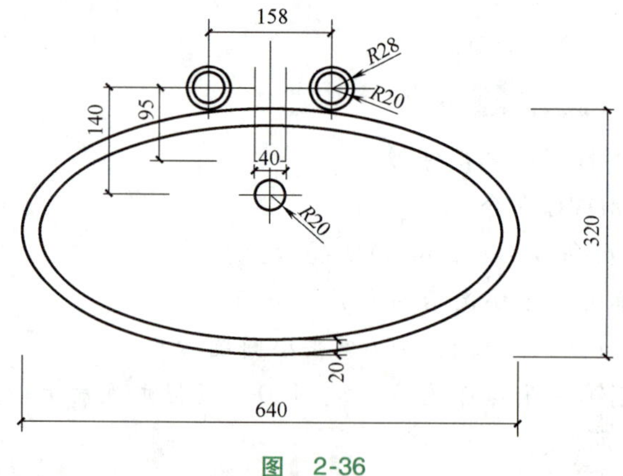

图 2-36

任务 5　绘制沙发平面图

任务描述

通过上机实践操作，绘制沙发平面图，如图 2-37 所示。掌握“圆角”“复制”等命令的使用方法和技巧。

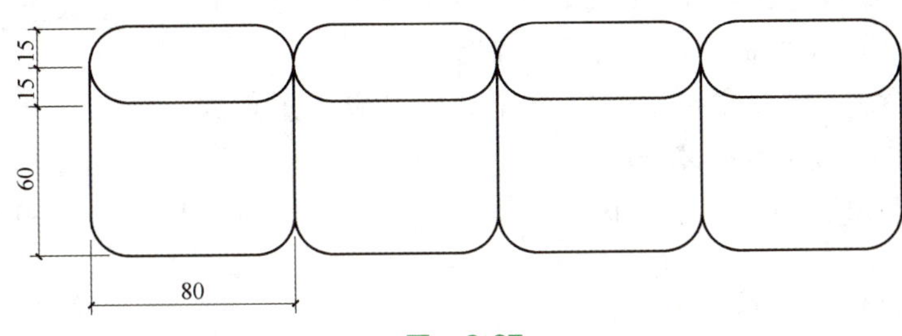

图　2-37

任务实施

1. 矩形

(1) 调用“矩形”命令

(2) 操作说明　执行命令后，AutoCAD 提示：

指定第一个角点或［倒角（C）标高（E）圆角（F）厚度（T）宽度（W）]：100，100（输入坐标后回车）

指定另一个角点或［面积（A）尺寸（D）旋转（R)]：@80，75（输入数据后回车）

绘制结果如图 2-38 所示。

2. 重复执行“矩形”命令

执行命令后，AutoCAD 提示：

指定第一个角点或［倒角（C）标高（E）圆角（F）厚度（T）宽度（W)]：100，160（输入坐标后回车）

指定另一个角点或［面积（A）尺寸（D）旋转（R)］：@80，30（输入数据后回车）

绘制结果如图 2-39 所示。

图　2-38

图 2-39

3. 圆角

（1）调用“圆角”命令

（2）操作说明　执行命令后，AutoCAD 提示：

选择第一个对象或［放弃（U）多段线（P）半径（R）修剪（T）多个（M）］：R（选择半径设置后回车）

指定圆角半径<0.0000>：15（输入圆角半径后回车）

选择第一个对象或［放弃（U）多段线（P）半径（R）修剪（T）多个（M）］：（单击要倒圆角的一条边）

选择第二个对象，或按住<Shift>键选择对象以应用角点或［半径（R）］：（单击倒圆角的另一要边）

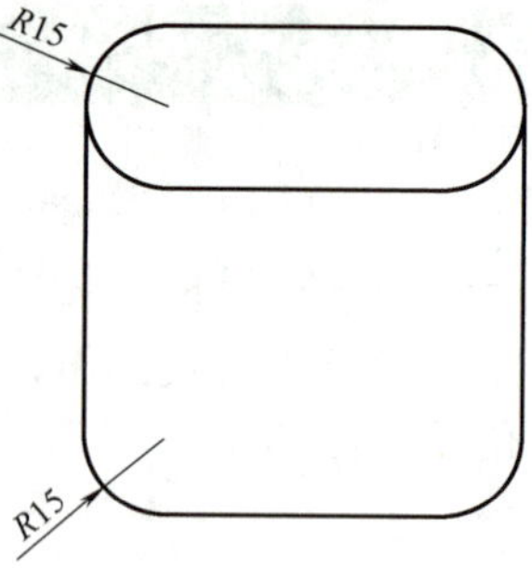

图　2-40

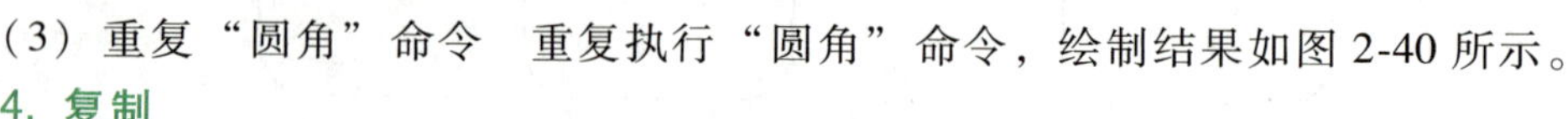

（3）重复“圆角”命令　重复执行“圆角”命令，绘制结果如图 2-40 所示。

4. 复制

（1）调用“复制”命令

（2）操作说明　执行命令后，AutoCAD 提示：

选择第一个对象：（框选所有图形）

指定基点或［位移（D）模式（O）］<位移>：（鼠标单击图形下方任一点）

指定第二点或［阵列（A）］<使用第一个点作为位移>：（鼠标水平向右分别输入 80 后回车、160 回车、240 回车）

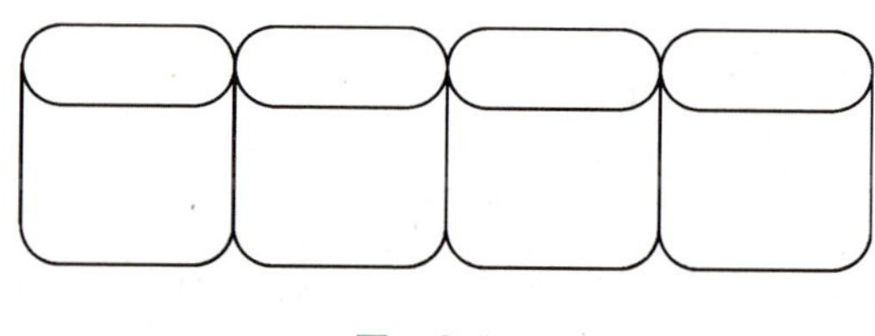

图　2-41

绘制结果如图 2-41 所示。

注意：沙发平面图有很多种类型，本节是以较简单的图形来引导读者熟悉其绘制方法。

评价反馈

对“绘制沙发平面图”操作的评价见表 2-5。

表 2-5　对“绘制沙发平面图”操作的评价

序号	检测项目	评价任务及权重	自评	小组互评	教师评价
1	图形绘制的完整性	图形绘制是否完整，缺少 1 项扣 5 分（30 分）			
2	图形绘制的准确性	图形绘制是否准确，1 项不准确扣 5 分（30 分）			
3	图形布局	图形布局不美观，酌情扣 2～5 分（10 分）			
4	完成时间	规定时间内没完成每超过 10 分钟，扣 2 分（10 分）			
5	工作纪律和态度	团队协作能力差、不爱护仪器设备和环境，酌情扣 10～20 分（20 分）			
任务总评		优□　良□　中□　合格□　不合格□			

能力拓展

应用“矩形”“圆角”“直线”命令绘制图2-42所示的图形。

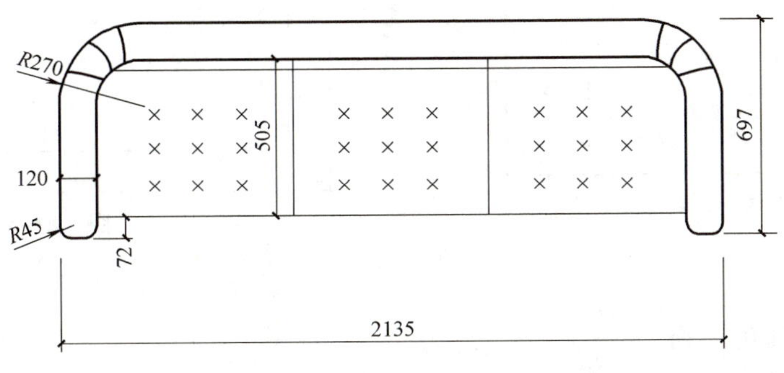

图　2-42

任务6　绘制坐便器平面图

任务描述

通过上机实践操作，绘制坐便器平面图，如图2-43所示。掌握“偏移”“移动”“圆弧”等命令的使用方法和技巧。

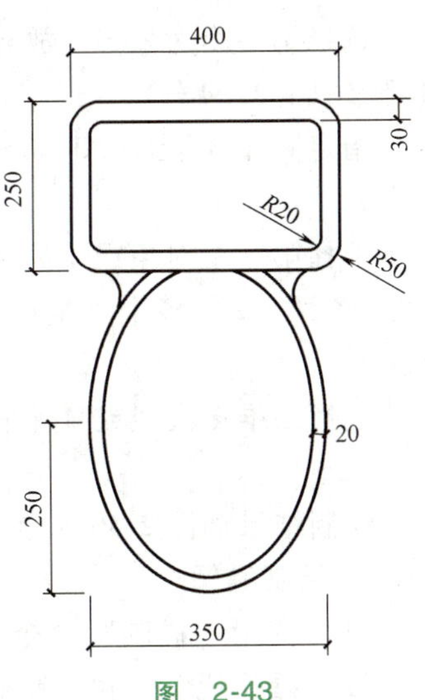

图　2-43

任务实施

1. 矩形

（1）调用“矩形”命令

（2）操作说明　执行命令后，AutoCAD提示：

指定第一个角点或［倒角（C）标高（E）圆角（F）厚度（T）宽度（W）］：100，100（输入坐标后回车）

指定另一个角点或［面积（A）尺寸（D）旋转（R）］：@400，250（输入数据后回车）

绘制结果如图2-44所示。

2. 偏移

（1）调用“偏移”命令。

（2）操作说明　执行命令后，AutoCAD提示：

指定偏移距离或［通过（T）删除（E）图层（L）］<0.000>：30（输入偏移距离后回车）

选择要偏移的对象，或［退出（E）放弃（U）］<退出>：（选择矩形）

指定要偏移的那一侧上的点，或［退出（E）多个（M）放弃（U）］<退出>：（鼠标移至矩形内部单击后回车结束命令）

绘制结果如图2-45所示。

图 2-44

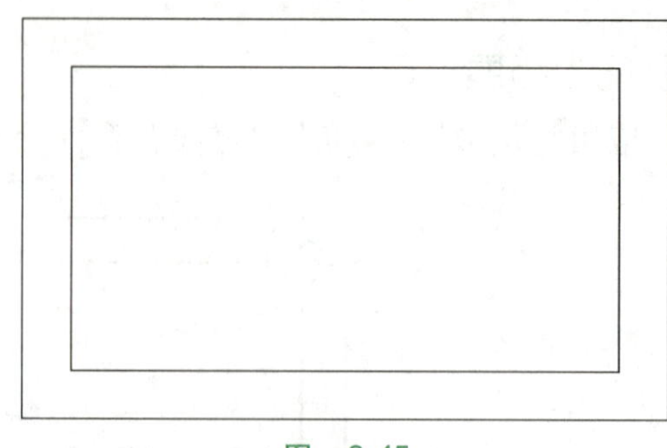

图 2-45

3. 圆角

（1）调用“圆角”命令

（2）操作说明　执行命令后，AutoCAD 提示：

选择第一个对象或［放弃（U）多段线（P）半径（R）修剪（T）多个（M）］：R（选择半径设置后回车）

指定圆角半径<0.0000>：50（输入圆角半径后回车）

选择第一个对象或［放弃（U）多段线（P）半径（R）修剪（T）多个（M）］：P（选择多段线选择后回车）

选择二维多段线或［半径（R）］：（鼠标移至并单击外矩形）

（3）重复执行“圆角”命令

选择第一个对象或［放弃（U）多段线（P）半径（R）修剪（T）多个（M）］：R（选择半径设置后回车）

指定圆角半径<0.0000>：20（输入圆角半径后回车）

选择第一个对象或［放弃（U）多段线（P）半径（R）修剪（T）多个（M）］：P（选择多段线选择后回车）

选择二维多段线或［半径（R）］：（鼠标移至并单击内矩形）

图 2-46

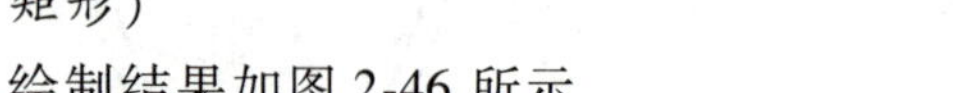

绘制结果如图 2-46 所示。

4. 绘制椭圆

（1）调用“椭圆”命令

（2）操作说明　执行命令后，AutoCAD 提示：

指定椭圆的轴端点或［圆弧（A）中心点（C）］：（指定椭圆轴的左端点，鼠标任一点单击后水平向右）

指定轴的另一个端点：350（输入轴长度后回车）

指定另一条半轴长度或［旋转（R）］：250（输入半轴长度后回车结束命令）

5. 偏移

（1）调用“偏移”命令

（2）操作说明　执行命令后，AutoCAD 提示：

指定偏移距离或［通过（T）删除（E）图层（L）］<0.000>：20（选择偏移距离后回车）

选择要偏移的对象，或［退出（E）放弃（U）］<退出>：（选择椭圆）

指定要偏移的那一侧上的点，或［退出（E）多个（M）放弃（U）］<退出>：（鼠标移至椭圆内部单击后回车结束命令）

绘制结果如图 2-47 所示。

6. 移动

（1）调用“移动”命令

（2）操作说明　执行命令后，AutoCAD 提示：

选择对象：（选择上图中的两个矩形，选择完后回车）

指定基点或［位移（D）模式（O）］<位移>：（鼠标单击内矩形下边上的中点）

指定第二点或<使用第一个点作为位移>：（鼠标移动到外椭圆的上象限点单击）

绘制结果如图 2-48 所示。

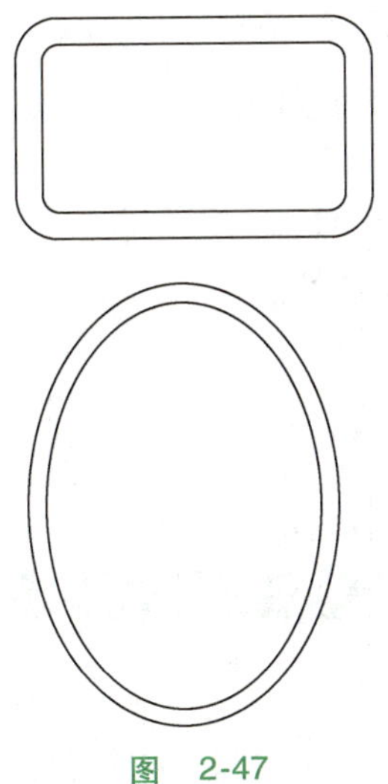

图　2-47

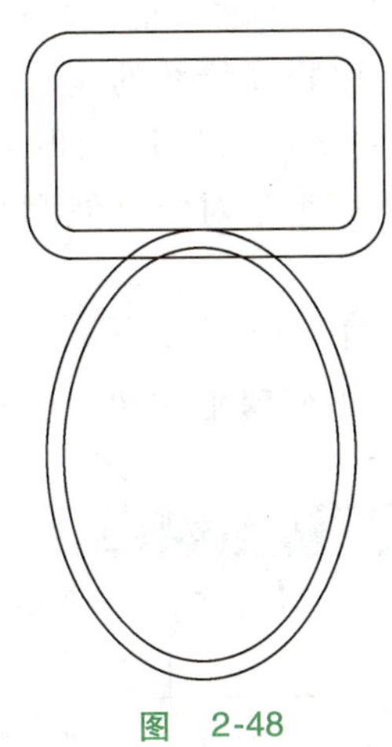

图　2-48

7. 修剪

（1）调用“修剪”命令

（2）操作说明　执行命令后，AutoCAD 提示：

选择对象或 <全部选择>：（回车，直接回车表示选择全部对象）

TRIM［栏选（F）窗交（C）投影（P）边（E）删除（R）放弃（U）］：（直接单击不要的线段）

绘制结果如图 2-49 所示。

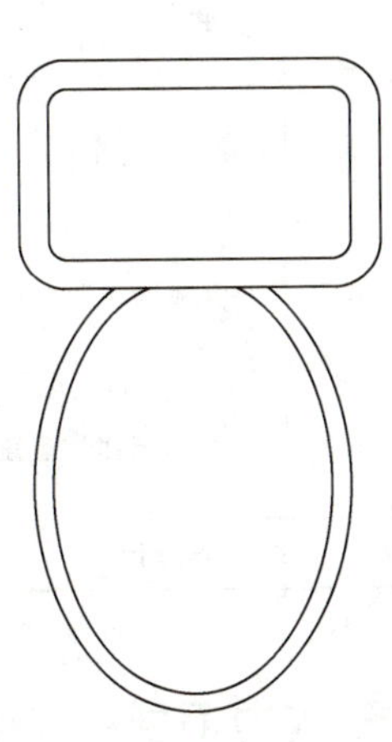

图　2-49

8. 绘制圆弧

（1）调用“圆弧”命令

（2）操作说明　执行命令后，AutoCAD 提示：

指定圆弧的起点或［圆点（C）］：（根据图形单击左圆弧的上端点，单击后回车）

指定圆弧形的第二个点或［圆点（C）端点（E）］：（单击指定圆弧的中间点）

指定圆弧的端点：（单击圆弧的下面端点）

9. 镜像

（1）调用“镜像”命令的方式

1）在菜单栏中单击 修改(M) → 镜像(I)。

2）单击“修改”工具栏中的按钮。

3）命令行中执行 MIRROR 命令。

（2）操作说明　执行命令后，AutoCAD 提示：

选择对象：（单击刚画好的圆弧，选择完后回车）

指定镜像线的第一点：（单击矩形的上边中点）

指定镜像线的第二点：（单击矩形的下边中点）

要删除源对象吗？［是(Y)否(N)］<N>：(直接回车)

绘制结果如图 2-50 所示。

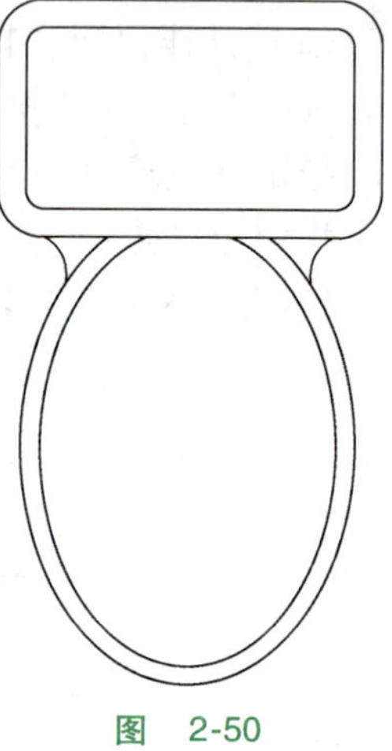

图　2-50

注意：

1）本任务将熟悉“椭圆”“偏移”“移动”等命令的操作方法和使用技巧，以提高绘图的速度和准确性。

2）镜像对象时可以删除原对象，其“镜像”命令与“复制”命令同样是会产生新对象，但两个命令所产生的对象是有区别的。

评价反馈

对“绘制坐便器平面图”操作的评价见表 2-6。

表 2-6　对“绘制坐便器平面图”操作的评价

序号	检测项目	评价任务及权重	自评	小组互评	教师评价
1	图形绘制的完整性	图形绘制是否完整，缺少 1 项扣 5 分(30 分)			
2	图形绘制的准确性	图形绘制是否准确，1 项不准确扣 5 分(30 分)			
3	图形布局	图形布局不美观，酌情扣 2～5 分(10 分)			
4	完成时间	规定时间内没完成每超过 10 分钟，扣 2 分(10 分)			
5	工作纪律和态度	团队协作能力差、不爱护仪器设备和环境，酌情扣 10～20 分(20 分)			
任务总评		优□　良□　中□　合格□　不合格□			

能力拓展

应用“椭圆”“偏移”“圆弧”命令绘制图 2-51 所示的圆形。

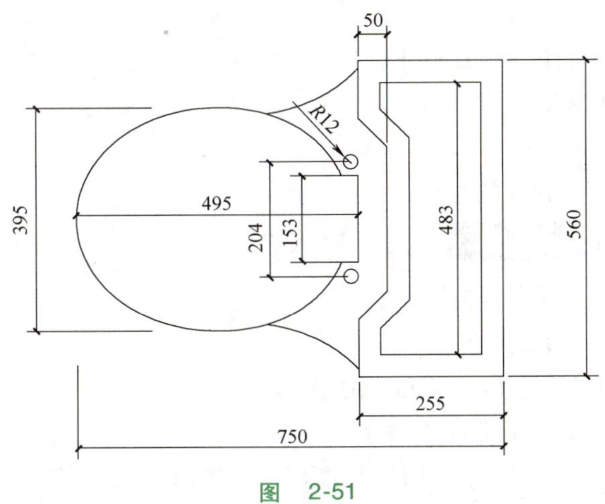

图　2-51

任务7　绘制基础大样图

任务描述

通过上机实践操作，绘制基础大样图，如图 2-52 所示。掌握“多段线”“图案填充”等命令的使用方法。

任务实施

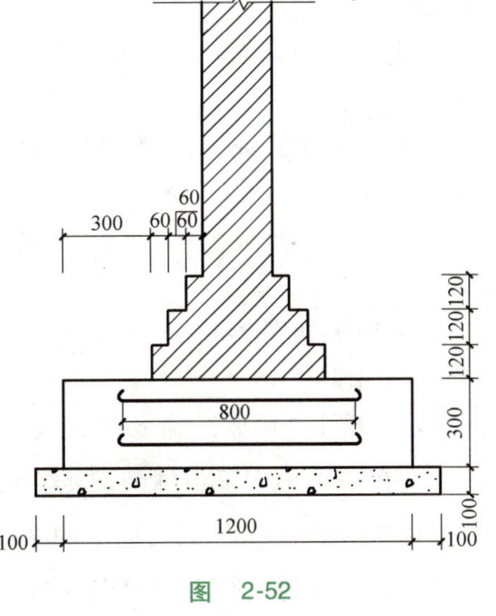

图　2-52

1. 设置图形界限

（1）调用“图形界限”命令

（2）操作说明　执行命令后，AutoCAD 提示：

指定左下角点或［开（ON）/关（OFF）］<0.0000,0.0000>:（直接回车）

指定右上角点：3000，4000（输入坐标数据后回车）

2. 范围缩放

单击工具栏上的按钮，进行范围缩放。

3. 矩形

（1）调用“矩形”命令

（2）操作说明　执行命令后，AutoCAD 提示：

指定第一个角点或［倒角（C）标高（E）圆

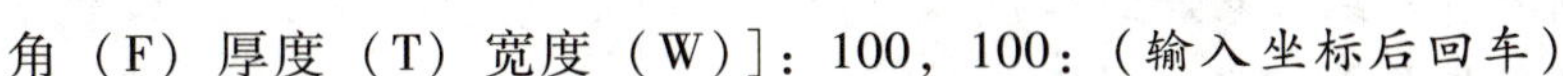
角（F）厚度（T）宽度（W）］：100，100：（输入坐标后回车）

指定另一个角点或［面积（A）尺寸（D）旋转（R）］：@1400，100（输入数据后回车）

（3）重复调用“矩形”命令

指定第一个角点或［倒角(C)标高(E)圆角(F)厚度(T)宽度(W)］：200，200（输入坐

标后回车）

指定另一个角点或［面积（A）尺寸（D）旋转（R）］：@1200，300（输入数据后回车）

绘制结果如图 2-53 所示。

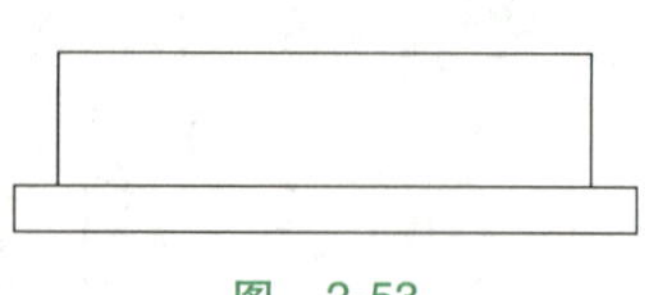

图 2-53

4. 多段线

（1）调用“多段线”命令的方式

1）在菜单栏中单击 绘图(D) → 多段线(P)。

2）单击“绘图”工具栏中的按钮。

3）命令行中执行 PLINE 命令。

（2）操作说明　执行命令后，AutoCAD 提示：

指定起点：（单击上矩形的左上角点）

指定下一个点或［圆弧(A)半宽(H)长度(L)放弃(U)宽度(W)］：300（水平向右输入距离后回车）

指定下一个点或［圆弧(A)半宽(H)长度(L)放弃(U)宽度(W)］：120（垂直向上输入距离后回车）

指定下一个点或［圆弧(A)半宽(H)长度(L)放弃(U)宽度(W)］：60（水平向右输入距离后回车）

指定下一个点或［圆弧(A)半宽(H)长度(L)放弃(U)宽度(W)］：120（垂直向上输入距离后回车）

指定下一个点或［圆弧(A)半宽(H)长度(L)放弃(U)宽度(W)］：60（水平向右输入距离后回车）

指定下一个点或［圆弧(A)半宽(H)长度(L)放弃(U)宽度(W)］：120（垂直向上输入距离后回车）

指定下一个点或［圆弧(A)半宽(H)长度(L)放弃(U)宽度(W)］：60（水平向右输入距离后回车）

指定下一个点或［圆弧(A)半宽(H)长度(L)放弃(U)宽度(W)］：700（垂直向上输入距离后回车）

绘制结果如图 2-54 所示。

5. 镜像

（1）调用“镜像”命令的方式

1）在菜单栏中单击 修改(M) → 镜像(I)。

2）单击“修改”工具栏中的按钮。

3）命令行中执行 MIRROR（MI）命令。

（2）操作说明　执行命令后，AutoCAD 提示：

选择对象：（选择所绘制的多段线对象后回车）

指定镜像线的第一点：（鼠标单击矩形的上边中点）

指定镜像线的第二点：（鼠标单击矩形的下边中点）

要删除源对象吗？［是(Y)否(N)］<N>：（直接回车，选择默认的“否”方式）

绘图结果如图 2-55 所示。

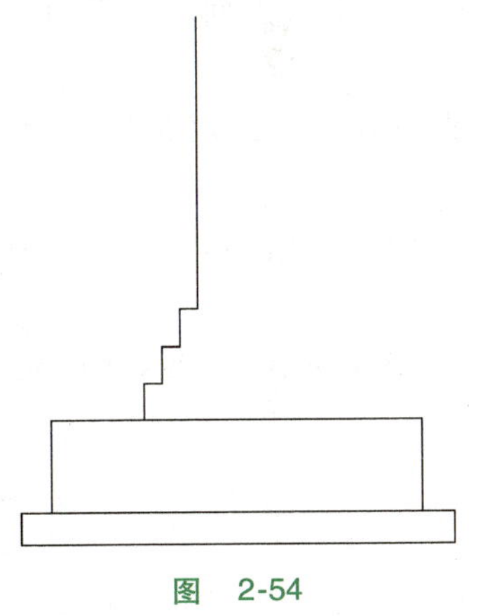

图　2-54

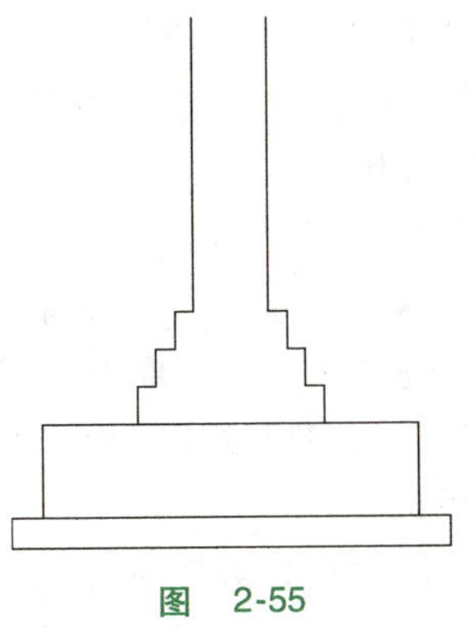

图　2-55

6. 直线

（1）调用“直线”命令

（2）绘图　根据命令提示，画出图形上的线。绘制结果如图 2-56 所示。

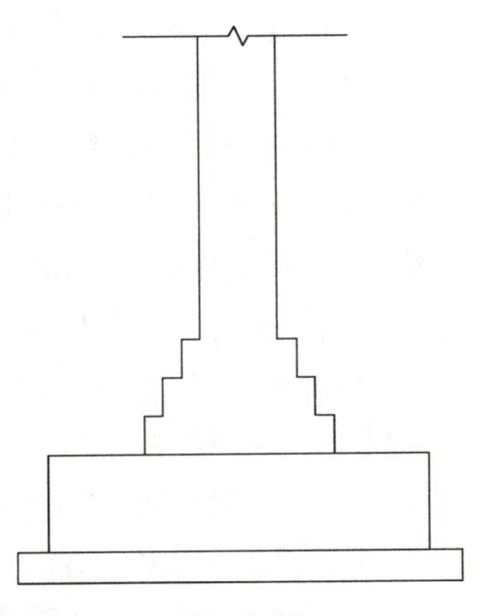

图　2-56

7. 图案填充

（1）调用“图案填充”命令

1）在菜单栏中单击 绘图(D) → 图案填充(H)...。

2）在单击“修改”工具栏中的按钮。

3）命令行中执行 HATCH 命令

（2）执行命令　执行命令后，弹出对话框如图 2-57 所示。

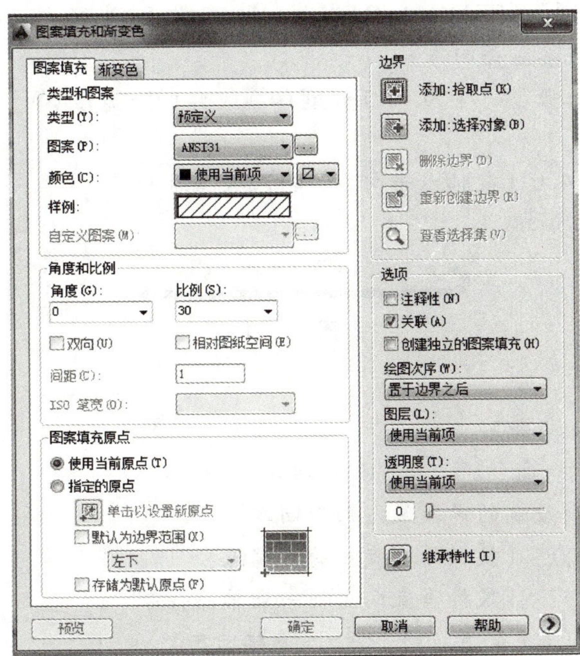

图　2-57

单击“样例”后的下拉按钮，选择“ANSI31”，单击“确定”返回填充界面。

设置“比例”为“10”。

单击右边“添加：拾取点”按钮，拾取图 2-56 中的一点，返回填充界面后单击“确定”即可完成填充。

（3）重复调用“图案填充”命令　单击“样例”后的按钮，选择“AR—CONC”，单击“确定”返回填充界面。设置“比例”为“0.5”。

单击右边“添加：拾取点”按钮，拾取图 2-56 下方矩形中的一点，返回填充界面后单击“确定”即可完成填充。填充结果如图 2-58 所示。

8. 多段线

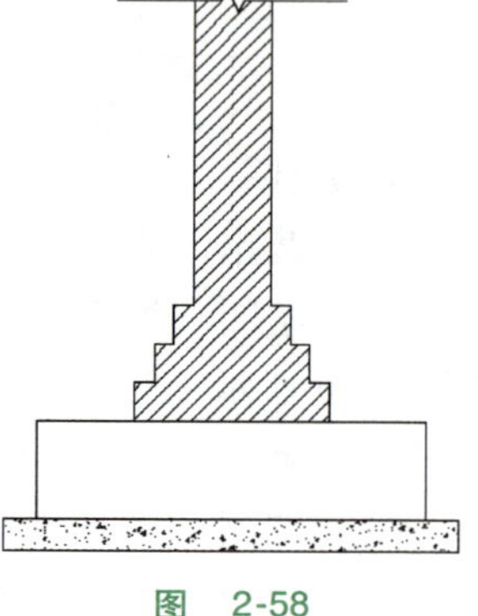

图　2-58

（1）调用“多段线”命令

（2）操作说明　执行命令后，AutoCAD 提示：

指定起点：（任一点单击）

指定下一个点或［圆弧(A)半宽(H)长度(L)放弃(U)宽度(W)］：W（选择线段宽度参数并回车）

指定起点宽度<0.0000>：10（输入起点宽度后回车）

指定端点宽度<10.0000>：10（输入端点宽度后回车）

指定下一个点或［圆弧(A)半宽(H)长度(L)放弃(U)宽度(W)］:A(选择圆弧参数并回车)

PLINE［角度(A)圆心(CE)方向(D)半宽(H)直线(L)半径(R)第二个点(S)放弃(U)宽度(W)］:A(选择角度参数并回车)

指定包含角：180（输入角度并回车）

指定圆弧的端点或［圆心(CE)半径(R)］:30(鼠标垂直向下输入后回车)

PLINE［角度(A)圆心(CE)方向(D)半宽(H)直线(L)半径(R)第二个点(S)放弃(U)宽度(W)］:L(选择直线参数并回车)

指定下一点或［圆弧(A)半宽(H)长度(L)放弃(U)宽度(W)］:L(选择长度参数并回车)

指定直线的长度：400（鼠标水平向右，输入数据后回车）

绘制结果如图 2-59 所示。

图　2-59

9. 镜像

（1）调用“镜像”命令

（2）操作说明　执行命令后，AutoCAD 提示：

选择对象：（全选所绘制的多段线图形后回车）

指定镜像线的第一点：（鼠标单击直线的右端点）

指定镜像线的第二点：（鼠标垂直向上任一点单击）

要删除源对象吗？［是(Y)否(N)］<N>:(直接回车)

绘制结果如图 2-60 所示。

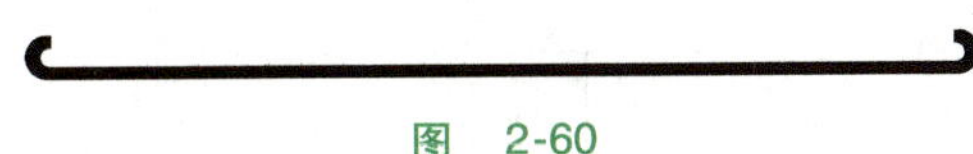

图　2-60

10. 复制

(1) 调用“复制”命令

(2) 操作说明　执行命令后，AutoCAD 提示：

选择对象：(选择两条多段线图形)

指定基点或［位移(D)模式(O)］<位移>：(鼠标单击图形下方任一点)

指定第二点或［阵列(A)］<使用第一个点作为位移>：(水平向下复制对象)

11. 移动

(1) 调用“移动”命令

(2) 操作说明　执行命令后，AutoCAD 提示：

选择对象：(选择多段线图形)

指定基点或［位移(D)］<位移>：(鼠标单击图形上一点)

指定第二点或<使用第一个点作为位移>：(移动到指定图形中)

绘制结果如图 2-61 所示。

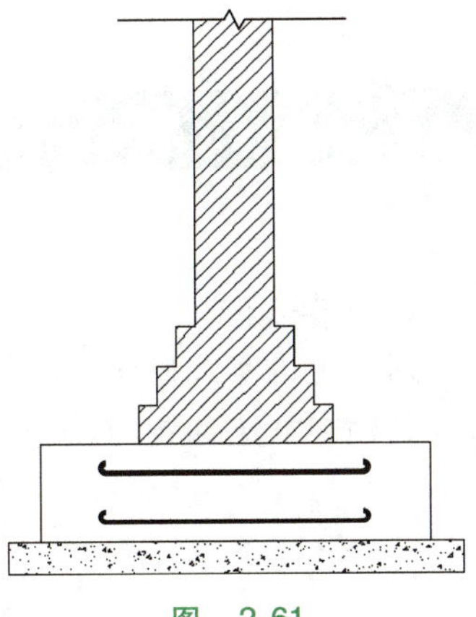

图　2-61

注意：

1) 本任务需掌握 AutoCAD 中基础大样图的绘制方法。

2) 一定要熟悉“图案填充”“多段线”命令的操作方法，从而为复杂建筑绘图打下良好的基础。

评价反馈

对“绘制基础大样图”操作的评价见表 2-7。

表 2-7　对“绘制基础大样图”操作的评价

序号	检测项目	评价任务及权重	自评	小组互评	教师评价
1	图形绘制的完整性	图形绘制是否完整，缺少 1 项扣 5 分(30 分)			
2	图形绘制的准确性	图形绘制是否准确，1 项不准确扣 5 分(30 分)			
3	图形布局	图形布局不美观，酌情扣 2~5 分(10 分)			
4	完成时间	规定时间内没完成每超过 10 分钟，扣 2 分(10 分)			
5	工作纪律和态度	团队协作能力差、不爱护仪器设备和环境，酌情扣 10~20 分(20 分)			
任务总评		优□　良□　中□　合格□　不合格□			

能力拓展

应用“多段线”“镜像”“填充”等命令绘制图 2-62 所示的图形。

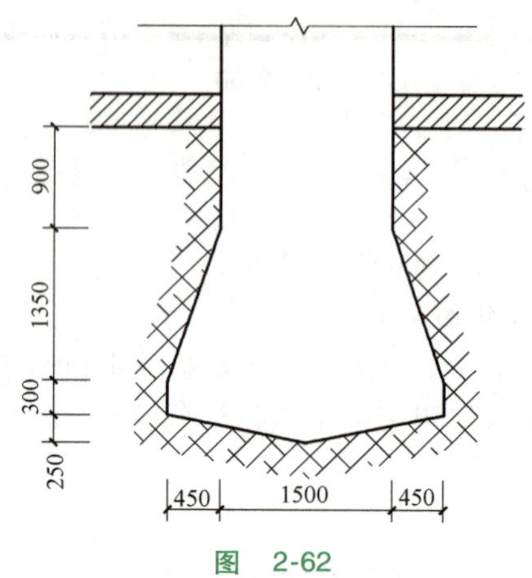

图 2-62

任务 8 绘制门平面图

任务描述

通过上机实践操作，绘制门平面图，如图 2-63 所示。掌握“圆弧”“旋转”“镜像”等命令的使用方法和技巧。

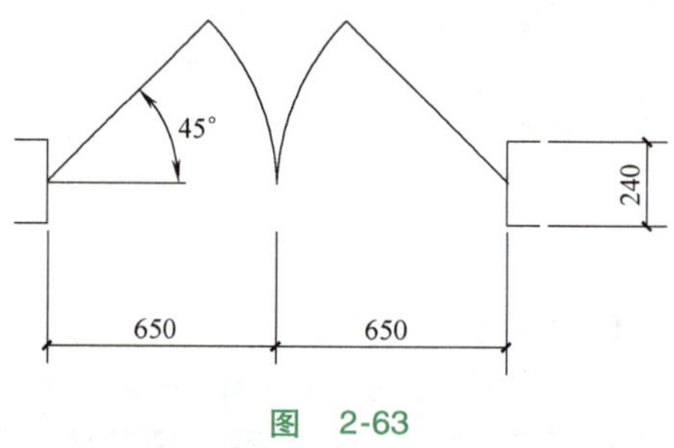

图 2-63

绘制门平面图视频

任务实施

1. 矩形

(1) 调用“矩形”命令

(2) 操作说明 执行命令后，AutoCAD 提示：

指定第一个角点或［倒角(C)标高(E)圆角(F)厚度(T)宽度(W)]：100，100（输入坐标后回车）

指定另一个角点或［面积(A)尺寸(D)旋转(R)]：@100，240（输入数据后回车）

绘制结果如图 2-64 所示。

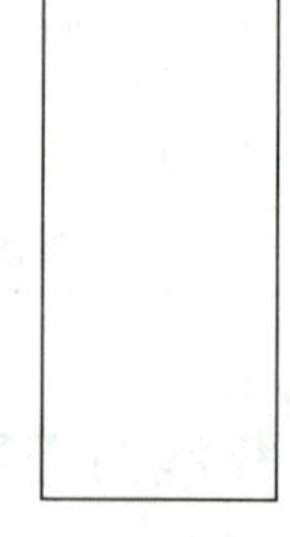

图 2-64

2. 直线

(1) 调用“直线”命令

（2）操作说明 执行命令后，AutoCAD 提示：

指定第一个点：（鼠标单击矩形右边的中点）

指定下一点或［放弃(U)］：650（鼠标水平向右，也可打开正交，输入直线长度后回车）

绘制结果如图 2-65 所示。

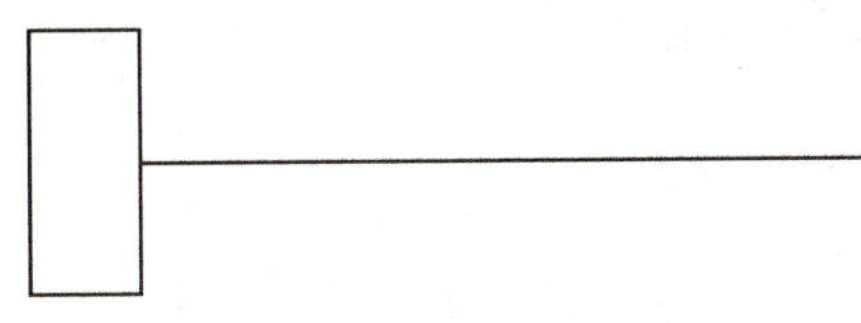

图 2-65

3. 圆

（1）调用“圆”命令

（2）操作说明 执行命令后，AutoCAD 提示：

指定圆的圆心或［三点(3P)两点(2P)切点、切点、半径(T)］：（鼠标单击矩形右边中点处）

指定圆的半径或［直径(D)］：650（输入半径后回车）

4. 旋转

（1）调用“旋转”命令的方式

1）在菜单栏中单击 修改(M) → 旋转(R)。

2）单击“修改”工具栏中的按钮。

3）命令行中执行 ROTATE（RO）命令。

（2）操作说明 执行命令后，AutoCAD 提示：

选择对象：（鼠标单击直线后回车）

指定基点：（鼠标单击直线的左端点）

指定旋转角度，或［复制(C)参照(R)］<0>：45（输入旋转角度后回车）

5. 直线

（1）调用“直线”命令

（2）操作说明 执行命令后，AutoCAD 提示：

指定第一个点：（鼠标单击矩形右边的中点）

指定下一点或［放弃(U)］：650（鼠标水平向右，输入直线长度后回车）

绘制结果如图 2-66 所示。

6. 修剪

（1）调用“修剪”命令

（2）操作说明 执行命令后，AutoCAD 提示：

选择对象或 <全部选择>：（全部选择，回车）

TRIM［栏选(F)窗交(C)投影(P)边(E)删除(R)放弃(U)］：（直接单击不要的线段）

绘制结果如图 2-67 所示。

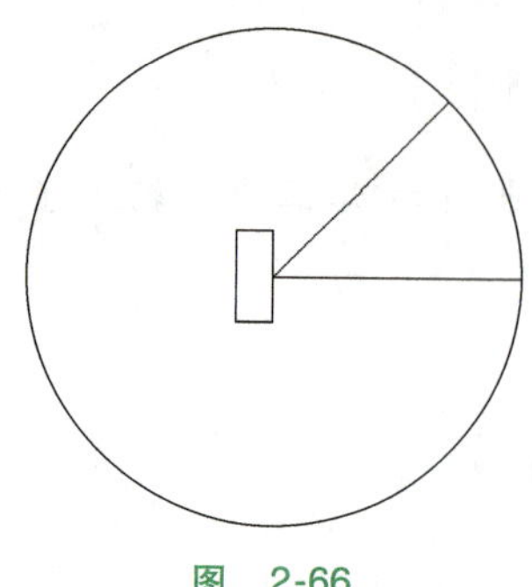

图 2-66

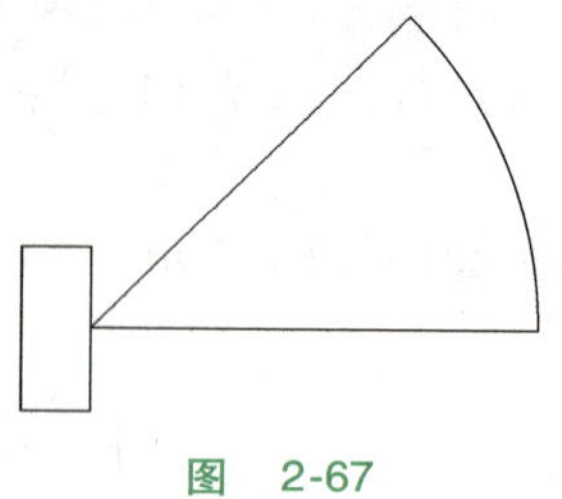

图 2-67

7. 镜像

（1）调用“镜像”命令

（2）操作说明　执行命令后，AutoCAD 提示：

选择对象：（全选所绘制的图形后回车）

指定镜像线的第一点：（鼠标单击直线的右端点）

指定镜像线的第二点：（鼠标垂直向上任一点单击）

要删除源对象吗？[是(Y)否(N)]<N>：（直接回车）

绘制结果如图 2-68 所示。

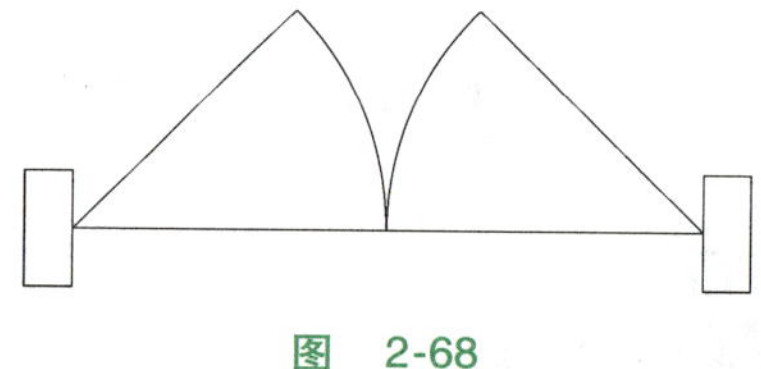

图 2-68

8. 分解

（1）调用“分解”命令

（2）操作说明　执行命令后，AutoCAD 提示：

选择对象：（分别单击两个矩形后回车）

9. 删除

（1）调用“删除”命令的方式

1）在菜单栏中单击 修改(M) → 删除(E)。

2）单击“修改”工具栏中的按钮“ ”。

3）命令行中执行 ERASE 命令。

（2）操作说明　执行命令后，AutoCAD 提示：

选择对象：（分别选择要删除的线段后回车）

最后结果如图 2-69 所示。

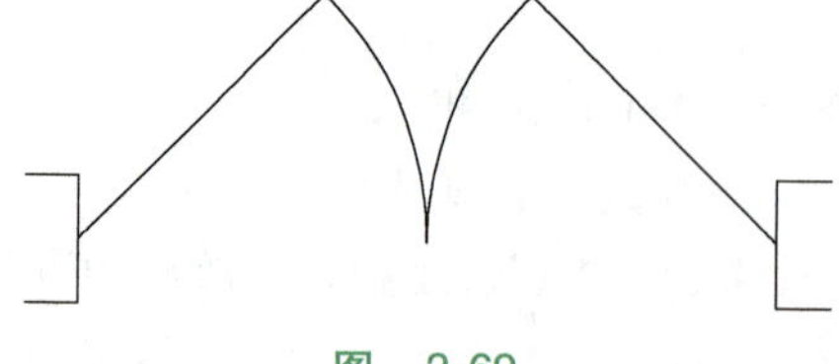

图 2-69

注意：门在建筑图中类型较多，有平开门、双开门等，本任务将熟悉双开门的画法。

评价反馈

对“绘制门平面图”操作的评价见表 2-8。

表 2-8　对“绘制门平面图”操作的评价

序号	检测项目	评价任务及权重	自评	小组互评	教师评价
1	图形绘制的完整性	图形绘制是否完整,缺少 1 项扣 5 分(30 分)			
2	图形绘制的准确性	图形绘制是否准确,1 项不准确扣 5 分(30 分)			
3	图形布局	图形布局不美观,酌情扣 2～5 分(10 分)			
4	完成时间	规定时间内没完成每超过 10 分钟,扣 2 分(10 分)			
5	工作纪律和态度	团队协作能力差、不爱护仪器设备和环境,酌情扣 10～20 分(20 分)			
任务总评		优□　良□　中□　合格□　不合格□			

能力拓展

应用“矩形”“偏移”“镜像”等命令绘制图 2-70 所示的图形。

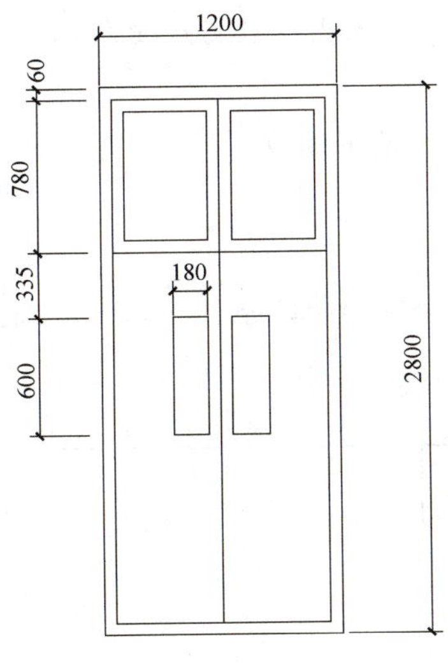

图　2-70

任务 9　绘制建筑平面墙体、窗

任务描述

通过上机实践操作，绘制建筑平面墙体和窗，如图 2-71 所示。掌握“偏移”“多线样式”“多线”“修剪”“分解”“移动” 等命令的使用方法和技巧。

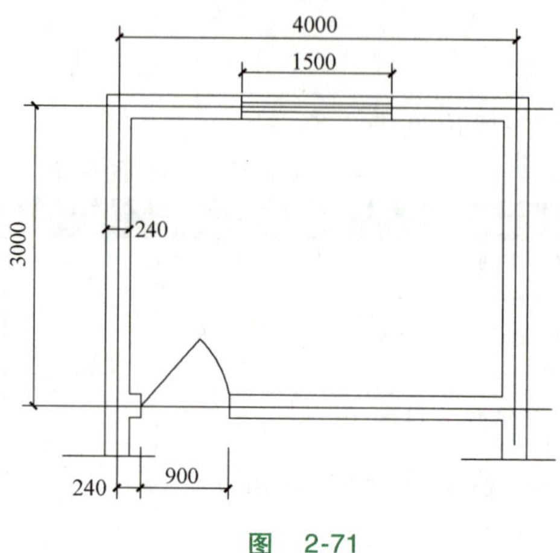

图 2-71

任务实施

1. 设置图形界限

（1）调用“图形界限”命令

（2）操作说明　执行命令后，AutoCAD 提示：

指定左下角点或［开(ON)/关(OFF)］<0.0000,0.0000>:(直接回车)

指定右上角点：6000，6000（输入坐标数据后回车）

2. 范围缩放

单击工具栏上的按钮，进行范围缩放。

3. 直线

（1）调用“直线”命令

（2）操作说明　打开正交，分别绘制两条长 5000mm，相互垂直的直线。绘制结果如图 2-72 所示。

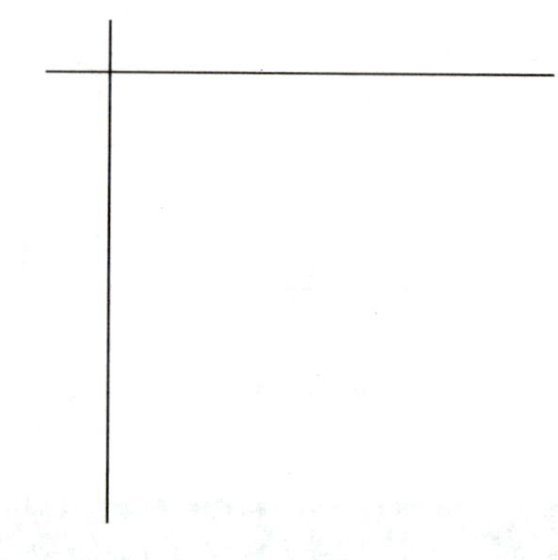

图 2-72

4. 偏移

（1）调用“偏移”命令

（2）操作说明　执行命令后，AutoCAD 提示：

指定偏移距离或［通过(T)删除(E)图层(L)］<0.000>：3000（选择偏移距离后回车）

选择要偏移的对象，或［退出(E)放弃(U)］<退出>：（选择水平直线）

指定要偏移的那一侧上的点，或［退出(E)多个(M)放弃(U)］<退出>：（鼠标移至水平线下方单击后回车结束命令）

（3）重复“偏移”命令　重复“偏移”命令后，AutoCAD 提示：

指定偏移距离或［通过(T)删除(E)图层(L)］<0.000>：4000（选择偏移距离后回车）

选择要偏移的对象，或［退出(E)放弃(U)］<退出>：（选择垂直直线）

指定要偏移的那一侧上的点，或［退出(E)多个(M)放弃(U)］<退出>：（鼠标移至垂直线右方单击后回车结束命令）

绘制结果如图 2-73 所示。

图　2-73

5. 多线

（1）多线样式设置

1）在菜单栏中单击 格式(O) → 多线样式(M)...，弹出如图 2-74 所示对话框。

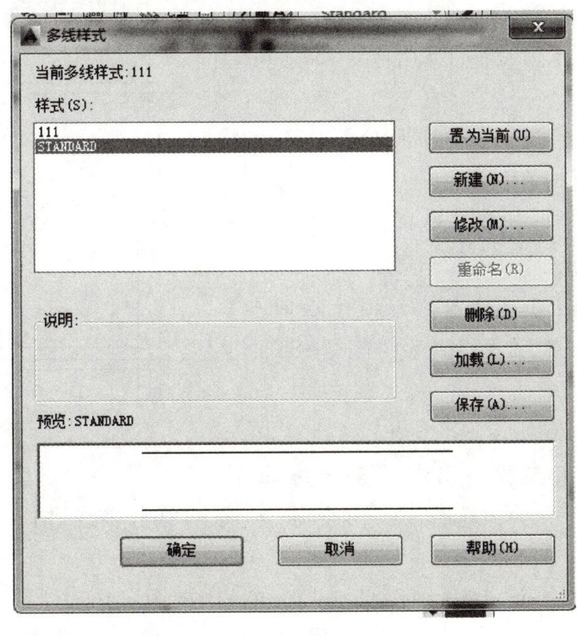

图　2-74

2）单击“新建”按钮，在对话框中输入名称并单击“继续”，弹出如图 2-75 所示的对话框。

3）单击“图元”中的 0.5 项，将下面的偏移值改为 120。

4）单击“图元”中的-0.5 项，将下面的偏移值改为-120；单击确定后返回。

（2）绘制多线图形

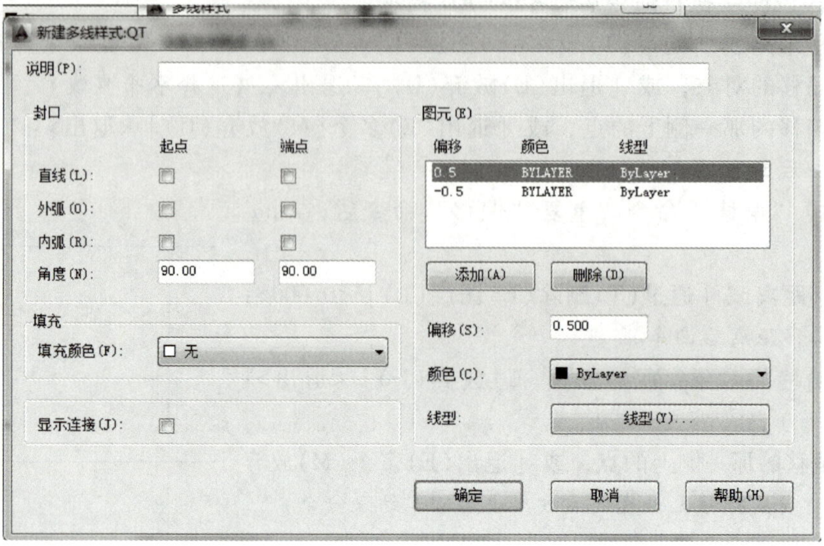

图 2-75

1）在菜单栏中单击 绘图(D) → 多线(U)。

执行命令后，AutoCAD 提示：

指定起点或［对正(J)比例(S)样式(ST)］：J（选择对正设置后回车）

输入对正类型［上(T)无(Z)下(B)］：Z（选择对正类型为“无”后回车）

指定起点或［对正(J)比例(S)样式(ST)］：S（选择比例设置后回车）

输入多线比例<20>：1（输入比例因子后回车）

指定起点或［对正(J)比例(S)样式(ST)］：（以中心线为基准）

画出墙体，如图 2-76 所示。

图 2-76

2）编辑多线。双击多线，出现“多线编辑工具”对话框，如图 2-77 所示，选择“T 形合并”，分别单击多线进行合并，如图 2-78 所示。

6. 偏移

（1）调用“偏移”命令　执行命令后，AutoCAD 提示：

指定偏移距离或［通过(T)删除(E)图层(L)］<0.000>：240（输入偏移距离后回车）

选择要偏移的对象，或［退出(E)放弃(U)］<退出>：（选择左边垂直中心线）

指定要偏移的那一侧上的点，或［退出(E)多个(M)放弃(U)］<退出>：（鼠标移至直线的右侧单击后回车结束命令）

（2）重复“偏移”命令　重复调用“偏移”命令，再把刚偏移产生的中心线向右偏移 900mm。

绘制结果如图 2-79 所示。

图　2-77

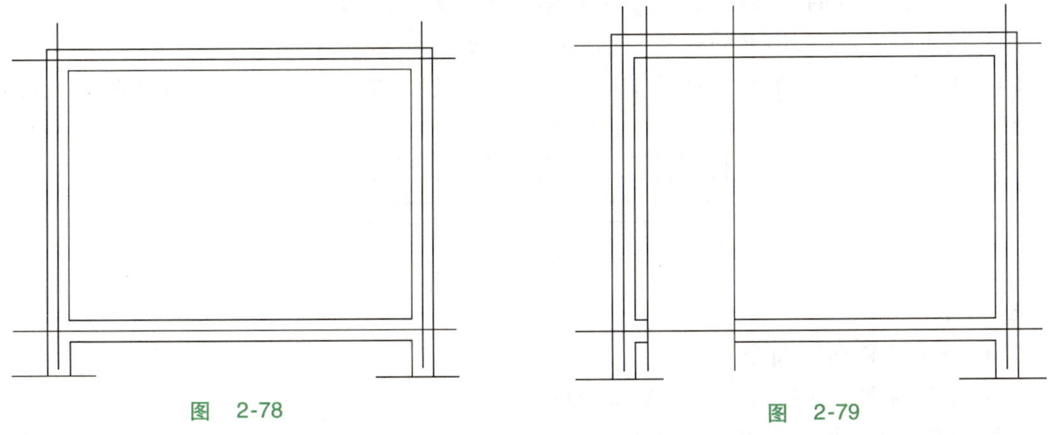

图　2-78　　　　图　2-79

7. 画门并修剪

(1) 调用“圆”命令　执行命令后，AutoCAD 提示：

指定圆的圆心或［三点(3P)两点(2P)切点、切点、半径(T)］：（鼠标单击下墙体与中心线的交点，然后回车）

指定圆的半径或［直径(D)］：900（输入大圆半径后回车）

(2) 调用“修剪”命令　执行命令后，AutoCAD 提示：

选择对象或<全部选择>：（全部选择，然后回车）

TRIM［栏选(F)窗交(C)投影(P)边(E)删除(R)放弃(U)］：（直接单击不要的线段）

绘制结果如图 2-80 所示。

8. 画窗户

(1) 调用“矩形”命令　执行命令后，AutoCAD 提示：

指定第一个角点或［倒角(C)标高(E)圆角(F)厚度(T)宽度(W)］：（指定第一个角点后回车）

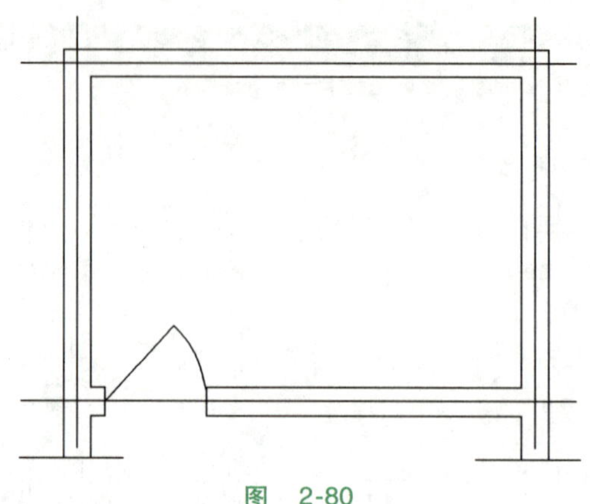
图 2-80

指定另一个角点或［面积(A)尺寸(D)旋转(R)］：@1500，240（输入数据后回车）

(2) 调用“分解”命令　执行命令后，AutoCAD 提示：

选择对象：(单击矩形后回车)

(3) 调用“定数等分”命令　执行命令后，AutoCAD 提示：

选择要定数等分的对象：(鼠标单击矩形的左面的边后回车)

输入线段数目或［块(B)］：3（选择段数后回车）

(4) 调用“直线”命令　分别选择“直线”命令，在等分点上向右画出直线，结果如图 2-81 所示。

图 2-81

9. 移动

(1) 调用“移动”命令

(2) 操作说明　执行命令后，AutoCAD 提示：

选择对象：(选择整个矩形后回车)

指定基点或［位移(D)］<位移>：(鼠标单击矩形的上边的中间点)

指定第二个点或<使用第一个点作为位移>：(鼠标单击墙体上面边上的中点)

绘制结果如图 2-82 所示。

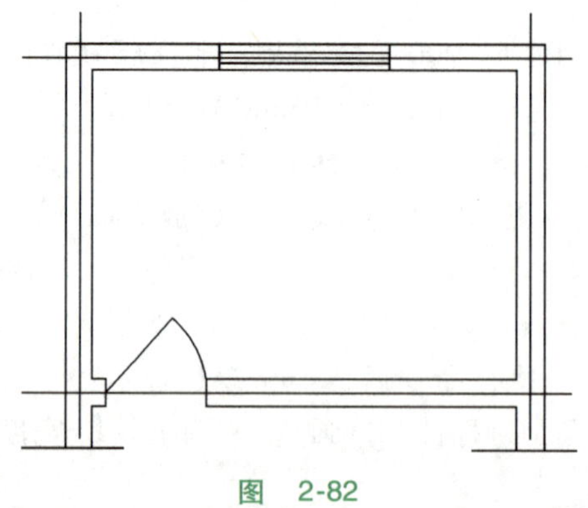
图 2-82

注意：

1）墙体、窗户和门是建筑平面图的基本构成元素，掌握其画法尤为重要。

2）通过基本图形的绘制，掌握其多线样式的设置和编辑。

评价反馈

对“绘制建筑平面墙体、窗”操作的评价见表 2-9。

表 2-9　对“绘制建筑平面墙体、窗”操作的评价

序号	检测项目	评价任务及权重	自评	小组互评	教师评价
1	图形绘制的完整性	图形绘制是否完整，缺少 1 项扣 5 分（30 分）			
2	图形绘制的准确性	图形绘制是否准确，1 项不准确扣 5 分（30 分）			
3	图形布局	图形布局不美观，酌情扣 2～5 分（10 分）			
4	完成时间	规定时间内没完成每超过 10 分钟，扣 2 分（10 分）			
5	工作纪律和态度	团队协作能力差、不爱护仪器设备和环境，酌情扣 10～20 分（20 分）			
任务总评		优□　良□　中□　合格□　不合格□			

能力拓展

应用“多线”“移动”“旋转”“偏移”等命令绘制图 2-83 所示的图形。

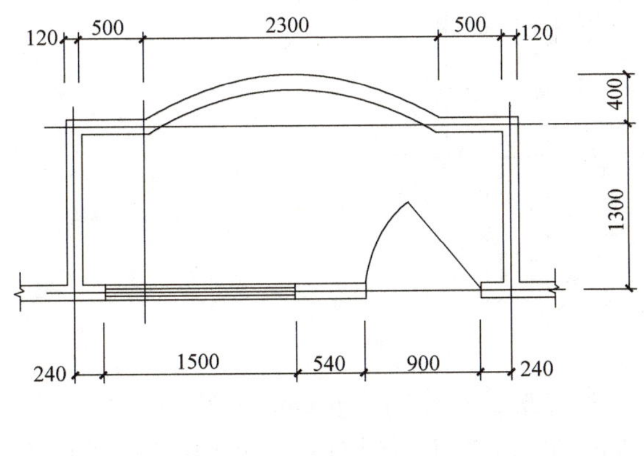

图　2-83

任务 10　绘制楼梯平面图

任务描述

通过上机实践操作，绘制楼梯平面图，如图 2-84 所示。综合应用“绘图”与“编辑”

命令的使用方法和技巧。

任务实施

1. 设置图形界限

（1）调用“图形界限”命令

（2）操作说明　执行命令后，AutoCAD 提示：

指定左下角点或［开(ON)/关(OFF)］<0.0000,0.0000>：（直接回车）

指定右上角点：6000，7000（输入坐标数据后回车）

2. 范围缩放

单击工具栏上的按钮，进行范围缩放。

3. 直线

（1）调用“直线”命令

（2）操作说明　打开正交，分别绘制两条长 6000mm，相互垂直的直线。绘制结果如图 2-85 所示。

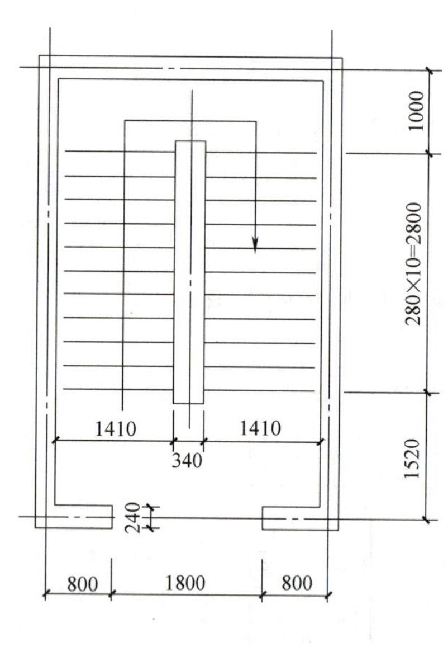

图　2-84

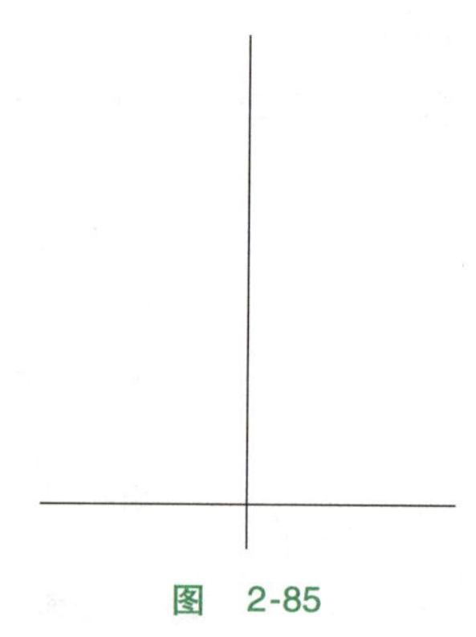

图　2-85

4. 偏移

（1）调用“偏移”命令　执行命令后，AutoCAD 提示：

指定偏移距离或［通过(T)删除(E)图层(L)］<0.000>：900（输入偏移距离后回车）

选择要偏移的对象，或［退出(E)放弃(U)］<退出>：（选择垂直中心线）

指定要偏移的那一侧上的点，或［退出(E)多个(M)放弃(U)］<退出>：（鼠标移至垂直中心线左方单击）

选择要偏移的对象，或［退出(E)放弃(U)］<退出>：（选择原垂直中心线）

指定要偏移的那一侧上的点，或［退出(E)多个(M)放弃(U)］<退出>：（鼠标移至垂直中心线右方单击后回车结束命令）

重复执行“偏移”命令，分别将刚偏移产生的两条垂直中心线再各向左右偏移 800mm。

(2) 重复“偏移”命令　重复执行“偏移”命令后，AutoCAD 提示：

指定偏移距离或［通过(T)删除(E)图层(L)］<0.000>：4000（输入偏移距离后回车）

选择要偏移的对象，或［退出(E)放弃(U)］<退出>：（选择垂直直线）

指定要偏移的那一侧上的点，或［退出(E)多个(M)放弃(U)］<退出>：（鼠标移至垂直线右方单击后回车结束命令）

用同样方法，将水平中心线向上偏移 1520mm、2800mm、1000mm 后结束命令。绘制结果如图 2-86 所示。

5. 多线

(1) 多线样式设置

1) 在菜单栏中单击 格式(O) → 多线样式(M)...，弹出如图 2-87 所示对话框。

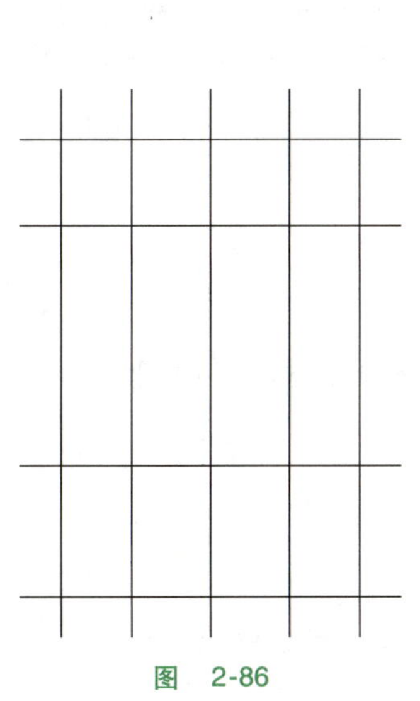

图　2-86

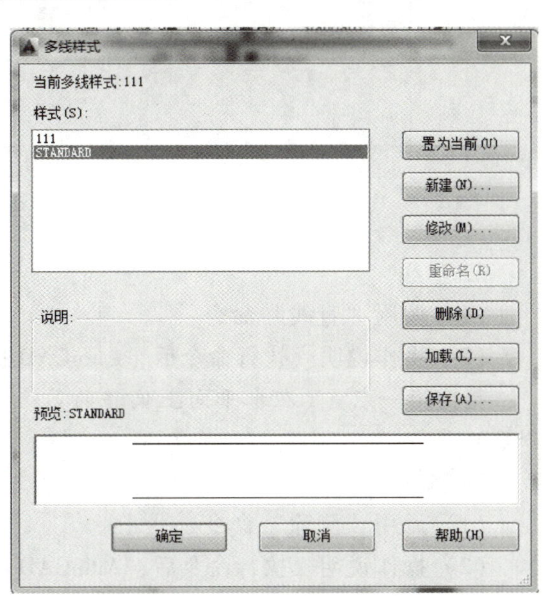

图　2-87

2) 单击“新建”按钮，在对话框中输入名称并单击“继续”，弹出如图 2-88 所示对话框。

3) 单击“图元”中的 0.5 项，将下面的偏移值改为 120。

4) 单击“图元”中的-0.5 项，将下面的偏移值改为-120；单击“确定”后返回。

(2) 绘制多线图形

1) 调用“多线”命令。

2) 执行命令后，AutoCAD 提示：

指定起点或［对正(J)比例(S)样式(ST)］：J（选择对正设置后回车）

输入对正类型［上(T)无(Z)下(B)］：Z（选择对正类型为“无”后回车）

指定起点或［对正(J)比例(S)样式(ST)］：S（选择比例设置后回车）

输入多线比例<20>：1（输入比例因子后回车）

指定起点或［对正(J)比例(S)样式(ST)］：（以中心线为基准，分别画出墙体）

绘制结果如图 2-89 所示。

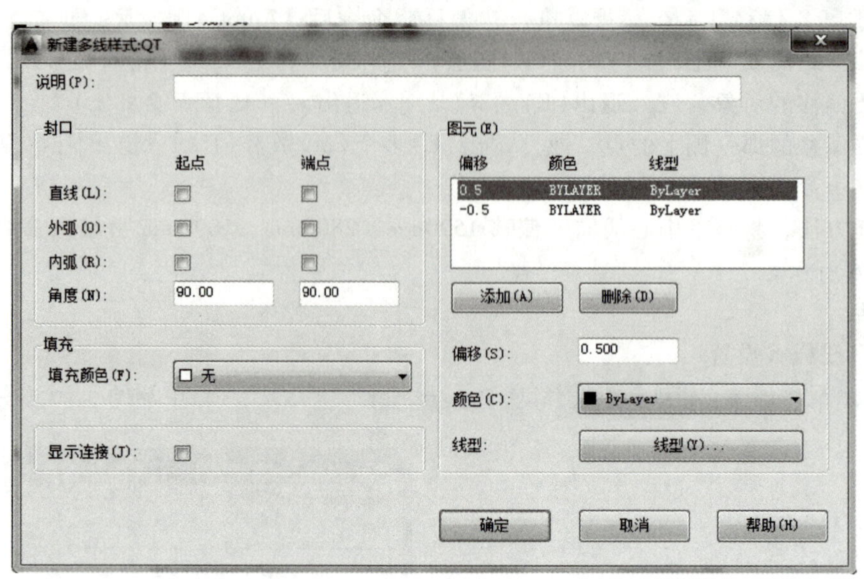

图 2-88

6. 直线

（1） 调用“直线”命令

（2） 操作说明　执行命令后，AutoCAD 提示：

指定第一点：（在水平向上偏移的第一中心线与墙体之间画上一条水平线，回车结束命令）

7. 删除

（1） 调用“删除”命令

（2） 操作说明　执行命令后，AutoCAD 提示：

选择对象：（鼠标单击水平向上偏移的第一中心线，回车删除中心线）

绘制结果如图 2-90 所示。

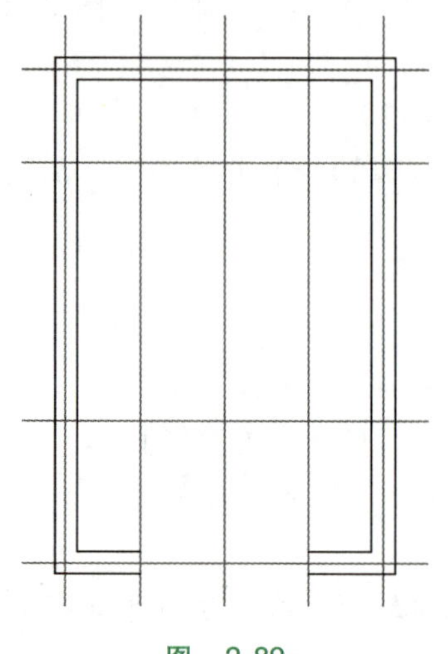

图 2-89

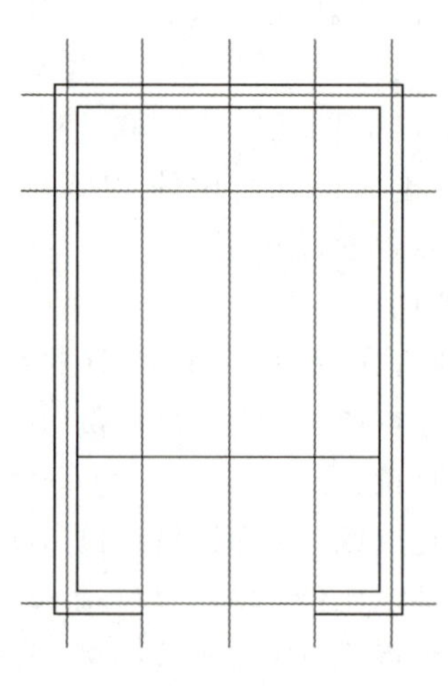

图 2-90

8. 阵列

(1) 调用“阵列”命令

(2) 操作说明　执行命令后，AutoCAD 提示：

选择对象：(鼠标单击刚画出来的直线，回车)

选择夹点以编辑阵列或［关联(AS)/基点(B)/计数(COU)/间距(S)/列数(COL)/行数(R)/层数(L)/退出(X)］<退出>：COL（选择设置列数后回车）

输入列数数或［表达式(E)］<4>：1（输入列数 1 后回车）

指定列数之间的距离［总计(T)/ 表达式(E)］<4740>：(直接回车，因列数只有 1 列，列距是多少并无意义)

选择夹点以编辑阵列或［关联(AS)/基点(B)/计数(COU)/间距(S)/列数(COL)/行数(R)/层数(L)/退出(X)］<退出>：R（选择设置行数后回车）

输入行数数或［表达式(E)］<3>：11（输入行数 11 后回车）

指定行数之间的距离［总计(T)/ 表达式(E)］<1>：280（输入行距后回车）

再回车结束“阵列”命令，结果如图 2-91 所示。

9. 矩形

(1) 调用“矩形”命令

(2) 操作说明　执行命令后，AutoCAD 提示：

指定第一个角点或［倒角(C)标高(E)圆角(F)厚度(T)宽度(W)］：(鼠标在图形旁任意点单击)

指定另一个角点或［面积(A)尺寸(D)旋转(R)］：@340，3000（输入数据后回车）

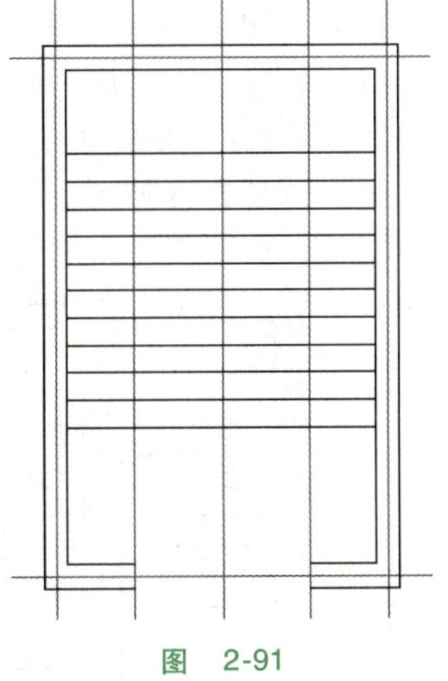

图　2-91

10. 移动

(1) 调用“移动”命令

(2) 操作说明　执行命令后，AutoCAD 提示：

选择对象：(选择矩形后回车)

指定基点或［位移(D)］<位移>：(鼠标单击矩形的下边的中点)

指定第二个点或<使用第一个点作为位移>：(鼠标单击刚画阵列直线下方的中点)

绘制结果如图 2-92 所示。

(3) 再次调用“移动”命令　选择矩形，将矩形垂直向下移动 100mm，结果如图 2-93 所示。

11. 修剪

(1) 调用“修剪”命令

(2) 操作说明　执行命令后，AutoCAD 提示：

选择对象或 <全部选择>：(全部选择，然后回车)

TRIM［栏选(F)窗交(C)投影(P)边(E)删除(R)放弃(U)］：(直接单击不要的线段)

绘制结果如图 2-94 所示。

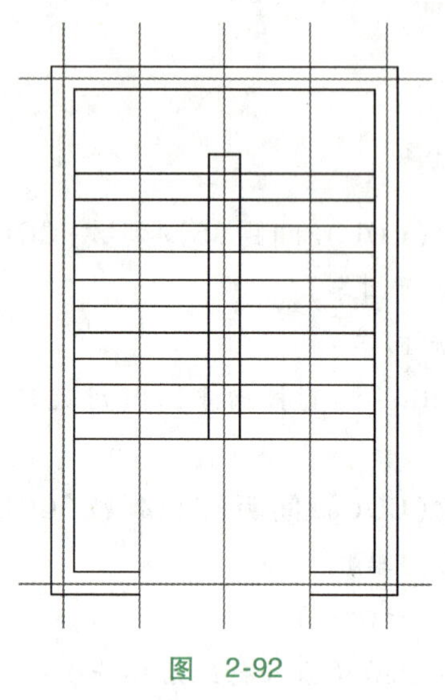

图 2-92

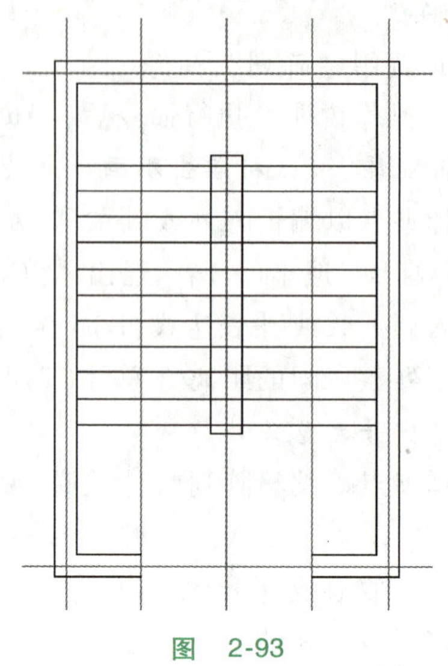

图 2-93

12. 删除

（1）调用“删除”命令

（2）操作说明　执行命令后，AutoCAD 提示：

选择对象：（分别选择要删除的线段后回车）

结果如图 2-95 所示。

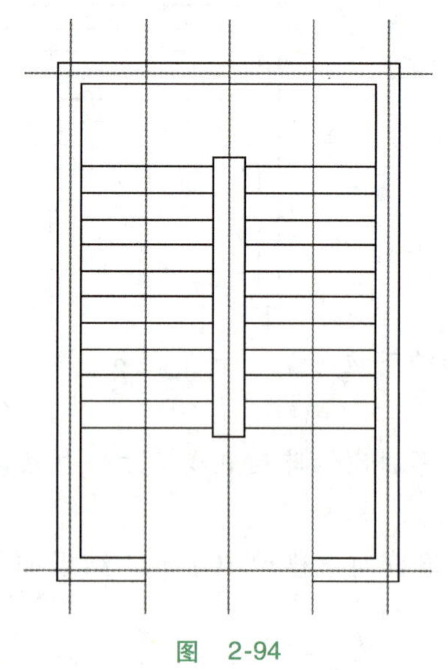

图 2-94

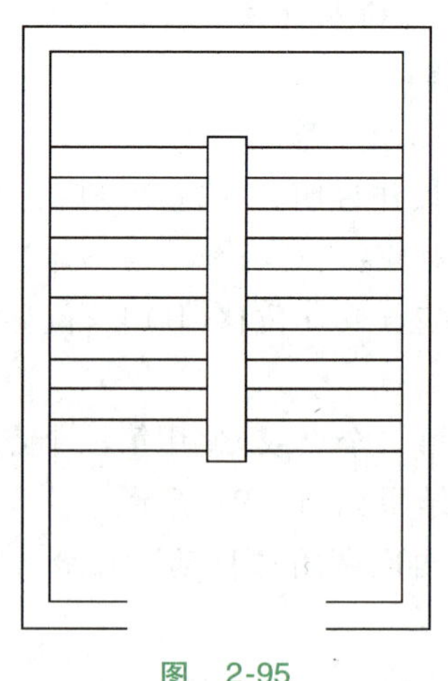

图 2-95

13. 多段线

（1）调用“多段线”命令

（2）操作说明　执行命令后，AutoCAD 提示：

指定起点：（单击上楼梯方向的第一点）

指定下一个点或［圆弧(A)半宽(H)长度(L)放弃(U)宽度(W)］：（指定线段第二点）

指定下一个点或［圆弧(A)半宽(H)长度(L)放弃(U)宽度(W)］：(指定线段第三点)

指定下一个点或［圆弧(A)半宽(H)长度(L)放弃(U)宽度(W)］：(指定线段第四点，即箭头起点处)

指定下一个点或［圆弧(A)半宽(H)长度(L)放弃(U)宽度(W)］：W（选择设置宽度参数后回车）

指定起点宽度<0.0000>：100（输箭头起点宽度后回车）

指定端点宽度<100.0000>：0（输箭头端点宽度后回车）

指定下一个点或［圆弧(A)半宽(H)长度(L)放弃(U)宽度(W)］：(指定箭头端点，在箭头端点处单击，然后回车)

绘制结果如图 2-96 所示。

14. 直线

（1）调用“直线”命令

（2）操作说明　执行命令后，AutoCAD 提示：

指定第一点：(分别将下方墙体线作封口连接)

绘制结果如图 2-97 所示。

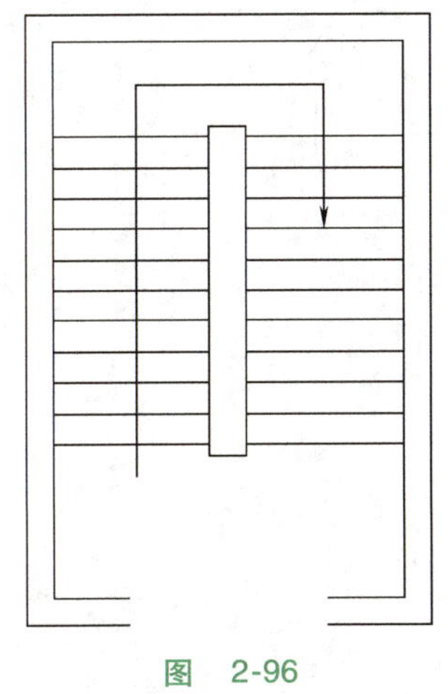

图　2-96

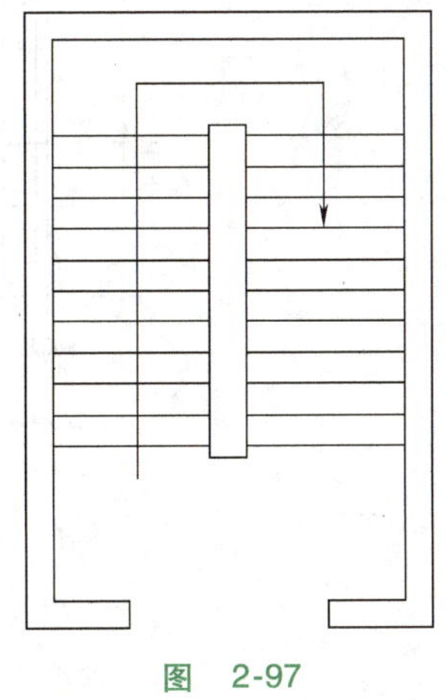

图　2-97

注意：

1）本任务主要是通过“多线”“阵列”和“多段线”命令绘制基本的建筑平面图。

2）在本项目中，各知识点要牢固掌握，对复杂建筑图的绘制打下基础。

评价反馈

对“绘制楼梯平面图”操作的评价见表 2-10。

表 2-10　对“绘制楼梯平面图”操作的评价

序号	检测项目	评价任务及权重	自评	小组互评	教师评价
1	图形绘制的完整性	图形绘制是否完整，缺少 1 项扣 5 分(30 分)			
2	图形绘制的准确性	图形绘制是否准确，1 项不准确扣 5 分(30 分)			

（续）

序号	检测项目	评价任务及权重	自评	小组互评	教师评价
3	图形布局	图形布局不美观，酌情扣 2～5 分（10 分）			
4	完成时间	规定时间内没完成每超过 10 分钟，扣 2 分（10 分）			
5	工作纪律和态度	团队协作能力差、不爱护仪器设备和环境，酌情扣 10～20 分（20 分）			
任务总评		优□　良□　中□　合格□　不合格□			

能力拓展

应用“多线”“多段线”“偏移”等命令绘制图 2-98 所示的图形。

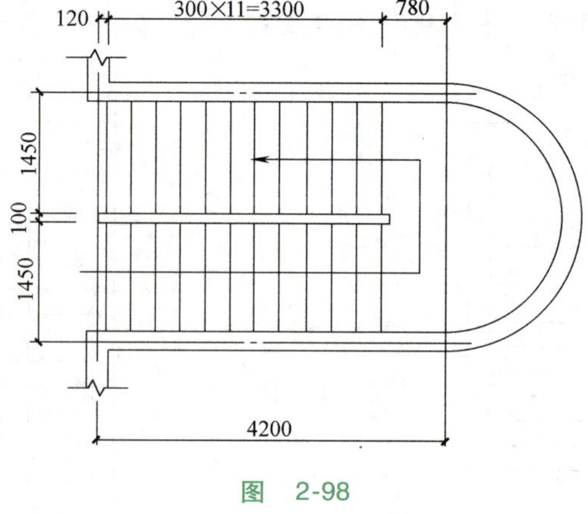

图　2-98

项目三

标注

【项目概述】

文字标注和尺寸标注是建筑制图中的两个重要组成部分。在一张完整的建筑工程图中，通常都需要加入文字注释、图纸说明等内容，再应用尺寸标注标出相关建筑物的各种尺寸，作为指导工程施工的依据。学生须在熟悉建筑制图标准的基础上，能创建符合制图标准与规范的文字标注样式和尺寸标注样式。掌握 AutoCAD 软件中输入文字标注和尺寸标注的方法，能应用 CAD 软件标注建筑图形。

任务 1 文字标注

任务描述

通过上机实践操作，绘制如图 3-1 所示的表格。表格中汉字使用 T 仿宋_ GB2312 字体，数字、字母使用黑体，字高为 15mm。掌握 AutoCAD 软件中输入文字标注的方法，能独立完成文字标注与编辑。

图纸目录

序号	图别	名　称	图号
1	建施 01	总平面图	3 号
2	建施 02	建筑施工图设计说明　图纸目录 室内装修表	3 号
3	建施 03	首层平面图	3 号
4	建施 04	二层平面图	3 号
5	建施 05	三至五层平面图	3 号
6	建施 06	六层平面图	3 号
7	建施 07	屋顶平面图	3 号
8	建施 08	①-⑬立面图	3 号
9	建施 09	⑬-①立面图	3 号
10	建施 10	Ⓚ-Ⓐ立面图	3 号
11	建施 11	1—1 剖面图	3 号
12	建施 12	各层楼梯平面详图　卫生间 大样图　门头大样　A 线条 大样	3 号
13	建施 13	a-a 剖面　b-b 剖面 大样 1,2,3,4,7,8	3 号
14	建施 14	门窗立面详图　TC1519 平面 门窗表　大样 5,6	3 号

图 3-1

任务实施

1. 任务实施的步骤

（1）分析任务要求　任务中要求创建的文字是图纸目录，按建筑图规范，汉字应使用仿宋_ GB2312 字体，数字和字母使用黑体字。因此本项目中应先绘出表格，定义新的文字样式，再书写文字。

（2）创建文字样式　书写单行文字前，首先定义文字样式“汉字”，即宽度与高度比为 0.7 的仿宋_ GB2312 字体。

（3）创建单行文字　将“汉字”置为当前文字样式，按“任务要求”创建单行文字，将文字的高度改为16mm，移动文字到相应位置。

（4）编辑文字　对输入的文字进行核对编辑，按要求完成任务。

2. 创建文字样式

（1）启动“文字样式”命令的方式

1）在菜单栏中单击“格式”→“文字样式”，显示如图3-2所示的菜单。

2）单击“样式”工具栏中的按钮。

3）命令行中执行STYLE（ST）命令。

（2）操作说明　执行命令后，弹出“文字样式”对话框，如图3-3所示。

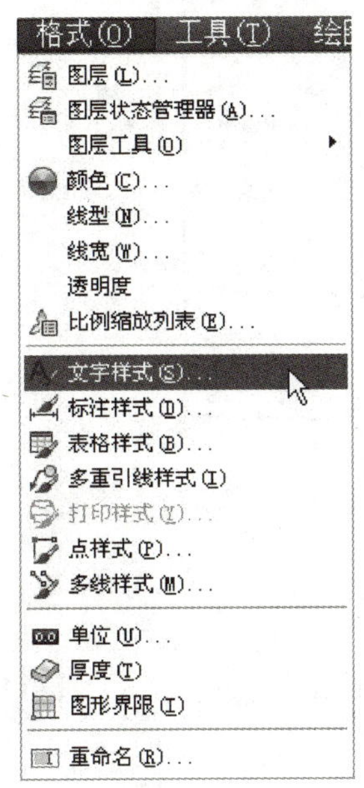

图　3-2

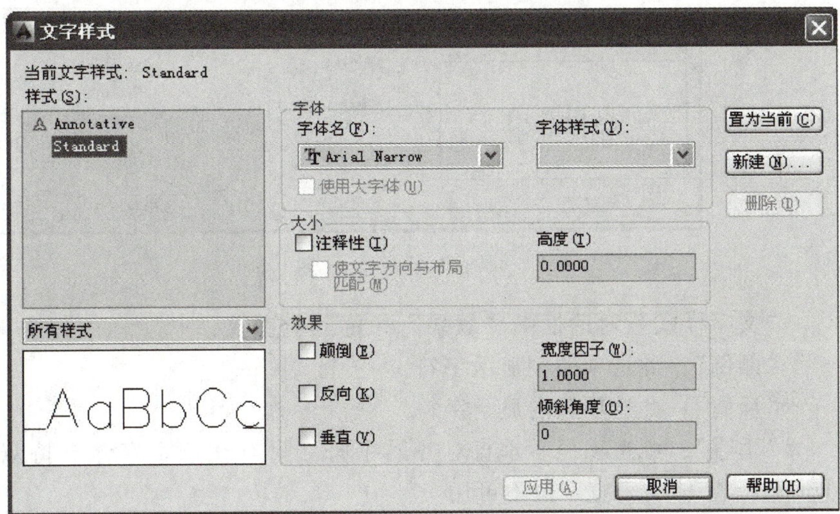

图　3-3

单击“新建”按钮，出现“新建文字样式”对话框，在“样式名”框中输入“汉字”（可根据自己的绘图习惯定义样式名），然后单击“确定”按钮，如图3-4所示。

图　3-4

若使用中文字体，须在“字体”栏中取消“使用大字体”复选按钮；在“字体名”下拉列表框中选择一种中文字体，如：“T 仿宋_ GB2312”。

“大小”栏中“高度”框的说明：高度框中的值是以图形单位计算的（建筑图中一般是毫米）。如果这里输入大于0的值，用这种文字样式输入文字时，文字的高度即这个值，是固定的；如果输入0，每次使用该样式输入文字时，系统都会提示输入文字高度，可以使用一种文字样式输入多种高度的文字。由于建筑图中文字的高度是多样的，一般在高度框中输入 0。

在“效果”栏的“宽度因子”框中输入文字宽与高的比例 0.7。设置结果如图 3-5 所示，然后单击“应用”按钮，“汉字”样式创建完成，在左侧的样式列表中显示汉字。

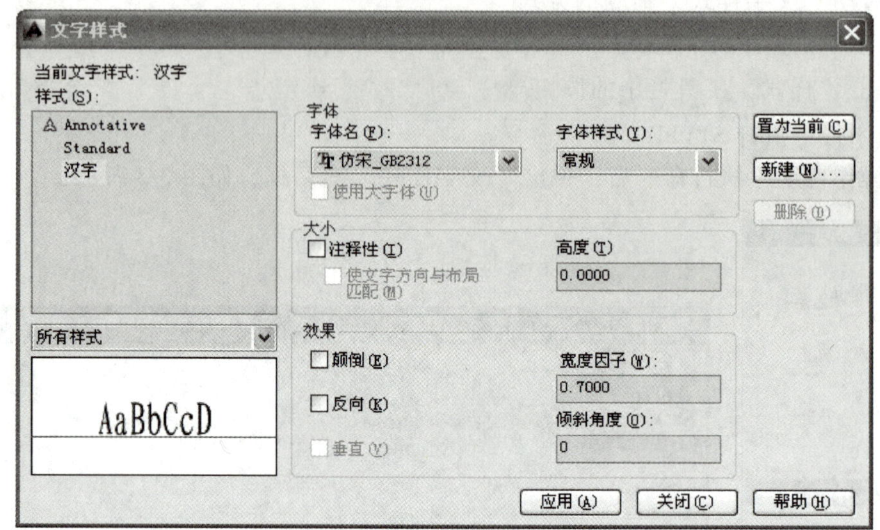

图 3-5

“文字样式”对话框中“效果”栏的其他参数：

“颠倒”：此选项颠倒显示字符。

“反向”：此选项反向显示字符。

“垂直”：此选项显示垂直对齐的字符。只有在选定字体支持双向时“垂直”才可用。TrueType 字体的垂直定位不可用。

“宽度因子”：设置字符间距。输入小于 1.0 的值将压缩文字。输入大于 1.0 的值则扩大文字。

“倾斜角度”：设置文字的倾斜角。此参数是以垂直方向为基准，向右倾斜为正，向左倾斜为负。

“置为当前”按钮：将样式列表中被选中的样式作为当前样式，可以创建文字。

“删除”按钮：用于删除左侧样式列表中已有的文字样式。注意：不能删除正在使用的文字样式。

单击“关闭”按钮退出“文字样式”对话框。

3. 创建单行文字

（1）调用“单行文字”命令的方式

1）在菜单栏中单击“绘图”→“文字”→“单行文字”，如图 3-6 所示。

2）单击“文字”工具栏中的按钮 AI。

3）命令行中执行 STYLE（ST）命令。

（2）操作说明　执行命令后，AutoCAD 提示：

当前文字样式：“汉字”文字高度：2.5000 注释性：否对正：左（显示默认或上次输入的文字样式和文字高度）

指定文字的起点或［对正(J)/样式(S)］:（单击屏幕上要输入文字的起始位置）

指定高度<2.5000>：15（指定文字的高度15mm）

指定文字的旋转角度<0>：（输入文字要旋转的角度，不旋转则回车，默认0）

执行以上命令后，出现如图3-7的闪动光标，就可以输入文字，文字全部输入完成后，按两遍回车键或<Esc>可结束命令。

（3）编辑单行文字　调用单行文字的“编辑”命令的方式：

1）在菜单栏中单击：“修改”→“对象”→“文字”→“编辑”，如图3-8所示。

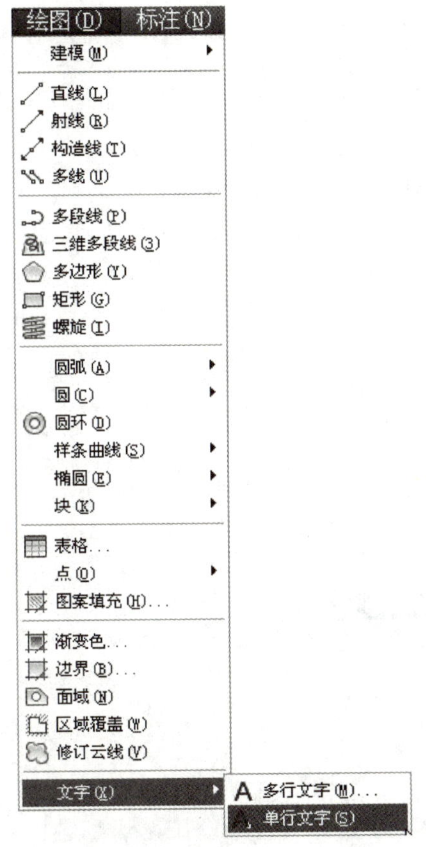

图　3-6

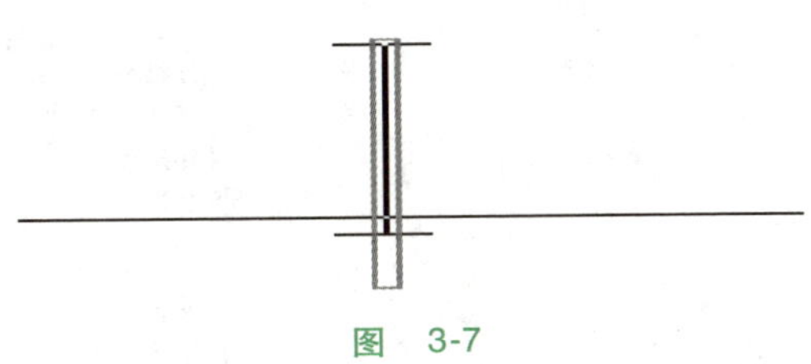

图　3-7

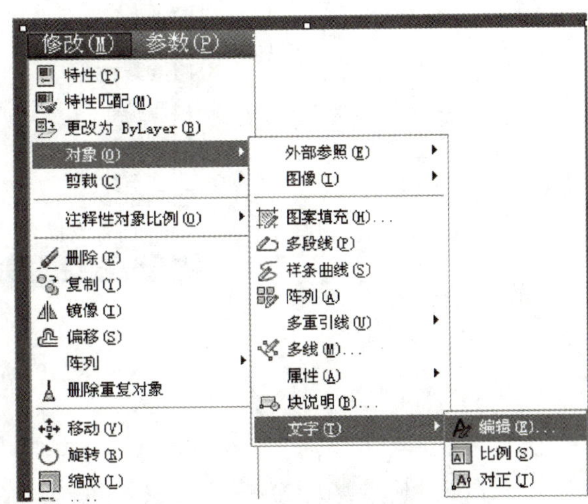

图　3-8

2）单击“文字”工具栏中的按钮。

3）命令行中执行DDEDIT命令。

4）直接双击文字。

执行以上命令后，出现如图3-7的闪动光标，就可以编辑文字了。

4. 多行文字

（1）调用“多行文字”命令的方式

1）在菜单栏中单击“绘图”→“文字”→“多行文字”，如图3-9所示。

2）单击“文字”工具栏中的按钮A。

3）命令行中执行 MTEXT 命令。

（2）操作说明　执行命令后，用鼠标在屏幕上单击拖动出矩形的两个对角点，这个矩形就显示了多行文字的位置和文字边框，文字边框确定后，会弹出如图 3-10 所示的“文字格式”对话框，在闪动光标处，就可以输入文字了。

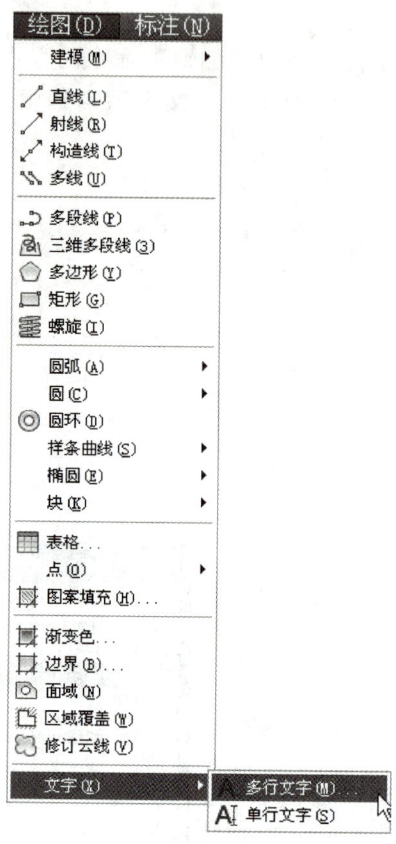

图　3-9

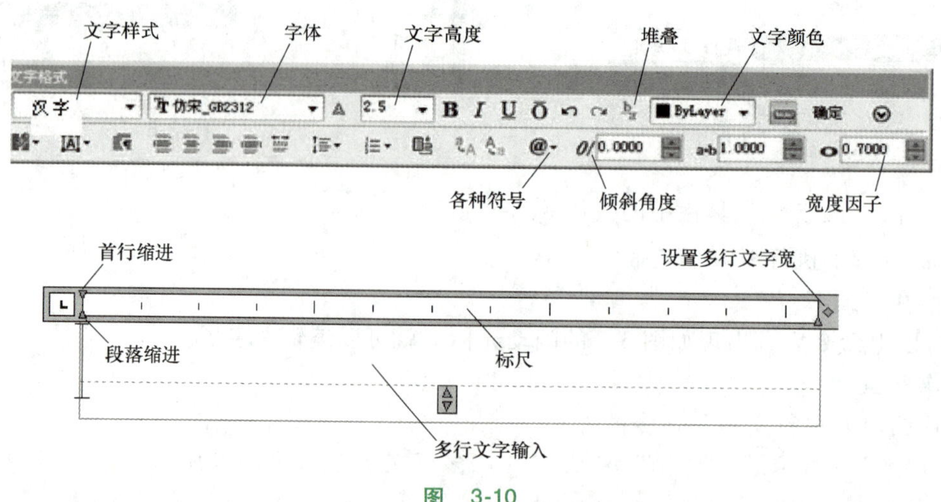

图　3-10

（3）编辑多行文字　多行文字和单行文字的编辑方法类似，只是命令不同，多行文字编辑命令为 MTEDIT。

5. 特殊符号的输入

在 AutoCAD 中，一些特殊符号有专门的代码，一般由“%%”加一个特殊字符构成，常用特殊符号的代码和含义见表 3-1。

表 3-1　特殊符号代码及含义

代码	字符	说明	代码	字符	说明
%%%	%	百分号	%%c	ϕ	直径符号
%%p	±	正负公差符号	%%d	℃	摄氏度符号
%%o	—	上画线	%%u	—	下画线
%%nnn		生成任意 ASCII 码字符串，nnn 为 ASCII 码字符值			

评价反馈

对“文字标注”操作的评价见表 3-2。

表 3-2　对“文字标注”操作的评价

序号	检测项目	评价任务及权重	自评	小组互评	教师评价
1	文字标注的正确性	文字标注是否完整，缺少 1 项扣 5 分（30 分）			
2	创建文字样式的准确性	文字样式是否准确，1 项不准确扣 5 分（30 分）			
3	图形布局	图形布局不美观，酌情扣 2～5 分（10 分）			
4	完成时间	规定时间内没完成每超过 10 分钟，扣 2 分（10 分）			
5	工作纪律和态度	团队协作能力差、不爱护仪器设备和环境，酌情扣 10～20 分（20 分）			
任务总评		优□　良□　中□　合格□　不合格□			

能力拓展

使用长仿宋样式创建如图 3-11 所示的多行文字，字高为 14mm。

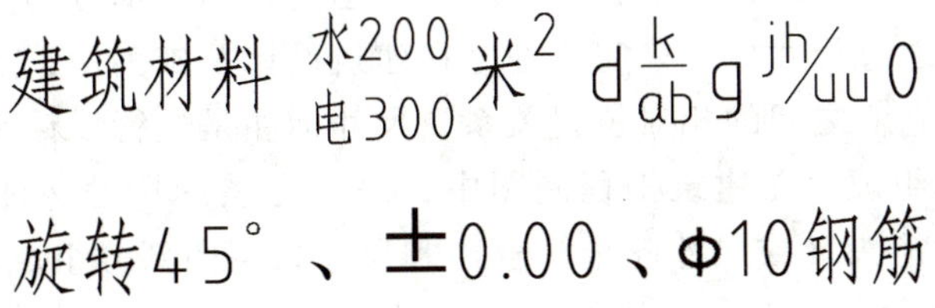

建筑材料 $\frac{水200}{电300}$ 米^2 d$\frac{k}{ab}$g $^{jh}/_{uu}$ 0

旋转45°、±0.00、Φ10钢筋

图　3-11

任务2 尺寸标注

任务描述

通过上机实践操作，要求学生绘制如图 3-12 所示图形，要求学生掌握 AutoCAD 软件中尺寸标注的方法，能按要求完成建筑图形中的尺寸标注。

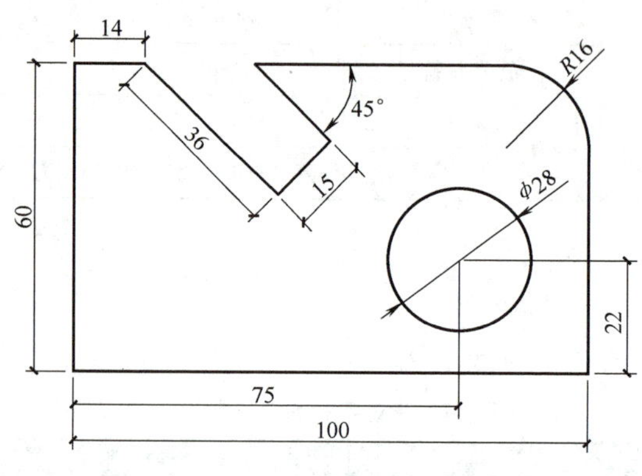

图 3-12

任务实施

1. 任务实施的步骤

（1）分析任务要求　任务中用 AutoCAD 软件进行图形的尺寸标注，需先绘制好建筑图形，然后设置标注的外观，如箭头样式、尺寸线长度、文字位置和大小、比例等。完整的尺寸标注应包括：尺寸界线、尺寸线、尺寸起止符号和尺寸数字四部分。

（2）创建尺寸标注样式　打开“标注样式管理器”对话框，创建新标注样式，然后对新标注样式的参数进行设置，包括“线”“符号和箭头”“文字”“调整”“主单位”等选项的设置。

（3）进行尺寸标注　标注前先将新建的标注样式选为当前标注样式，然后用“标注”工具栏对图形进行标注。

（4）编辑尺寸数字及其位置　对标注的内容进行核对编辑，按要求完成任务。

2. 尺寸标注的组成和相关规定

建筑图中不仅要表达建筑物的形状，而且要表达建筑物各部分的真实大小和它们之间的确切位置关系，这是通过尺寸标注来完成的。在建筑设计及施工中，从尺寸标注中可以了解物体各部分的大小和它们之间的相对位置关系，尺寸标注是进行设计和施工的重要依据。

（1）尺寸标注的组成　在建筑工程制图中，一个完整的尺寸标注由尺寸线、尺寸界线（也称延伸线）、尺寸箭头（或尺寸起止符号）和尺寸数字四部分组成，如图 3-13 所示。

1）尺寸线表示尺寸标注范围，用细实线绘制。

2）尺寸界线表示尺寸线的开始和结束，通常从被标注对象延长至尺寸线，一般与尺寸线垂直。

3）尺寸箭头在尺寸线的两端，用于标记尺寸标注的起始和终止位置。

4）尺寸数字用于表示实际测量值。可以使用由 AutoCAD 2014 自动计算出的测量值，也可以使用自定义的文字或完全不用文字。

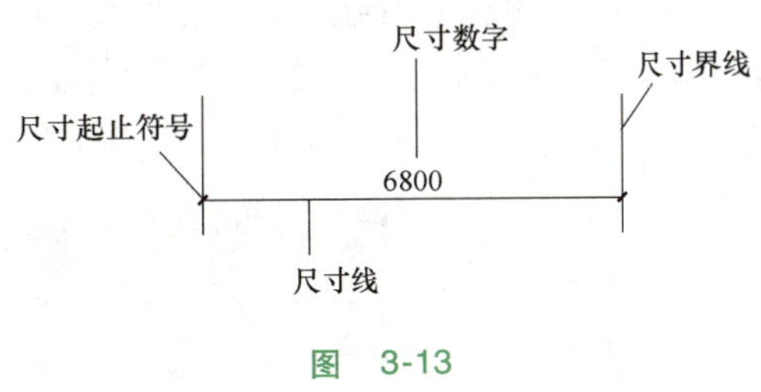

图　3-13

（2）尺寸标注的相关规定　建筑制图规范中对尺寸标注也有规定：①尺寸界线表示了尺寸标注的起点和终点，一般情况下应与被标注长度垂直，用细实线绘制，其一端应离开图样轮廓线不小于 2mm，另一端宜超出尺寸线 2～3mm；②尺寸线连接了两端的尺寸界线，与被标注长度平行，也用细实线绘制，画在外围的尺寸线与图样最外轮廓线的距离不宜小于 10mm，平行排列的尺寸线间距为 7～10mm，按小尺寸近，大尺寸远的顺序整齐排列；③尺寸起止符号应用中粗斜短线画，其倾斜方向应与尺寸界线成 45°，长度宜为 2～3mm；半径、直径、角度与弧长的尺寸起止符号，宜用箭头表示。

3. 创建标注样式

在用 AutoCAD 软件进行建筑图的尺寸标注时，需先设置标注的外观，如箭头样式、尺寸线长度、文字位置和大小、比例等，即创建适用的尺寸标注样式，然后使用这种样式进行尺寸标注。

（1）调用“尺寸样式”命令的方式

1）在菜单栏中单击“格式”→“标注样式”，显示如图 3-14 所示菜单。

2）单击“样式”工具栏中的按钮  。

3）命令行中执行 DIMSTYLE（D）命令。

（2）操作说明　执行命令后，弹出“标注样式管理器”对话框，如图 3-15 所示。

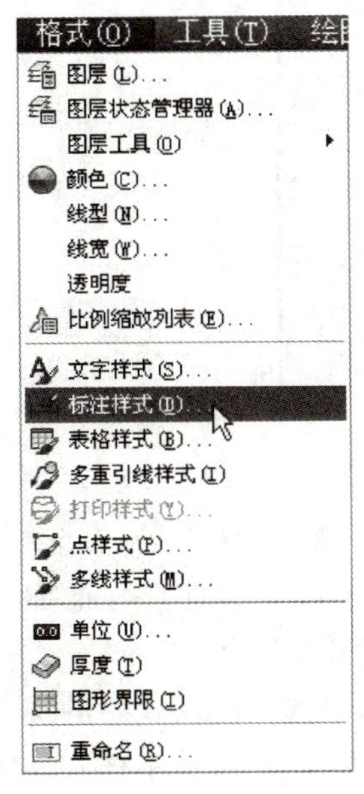

图　3-14

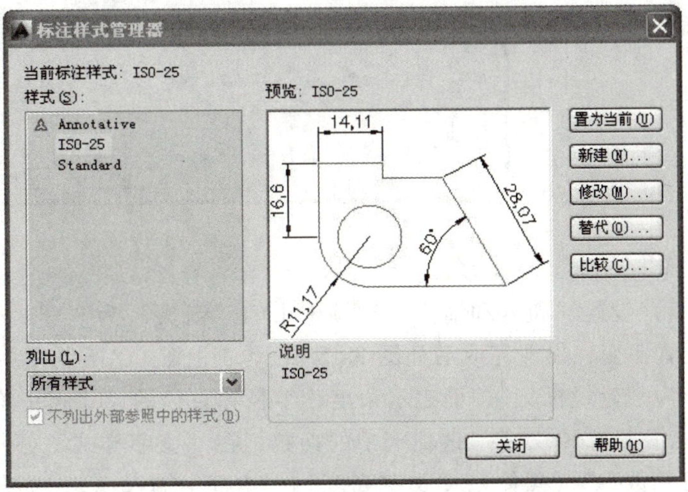

图　3-15

1）单击“新建”按钮，在“创建新标注样式”对话框的“新样式名”文本框中输入：建筑，如图 3-16 所示，“基础样式”下拉列表框中选取和欲创建的建筑标注参数最接近的标注样式，目前只有默认的 ISO-25；再单击“继续”按钮，进入“建筑”的编辑状态。

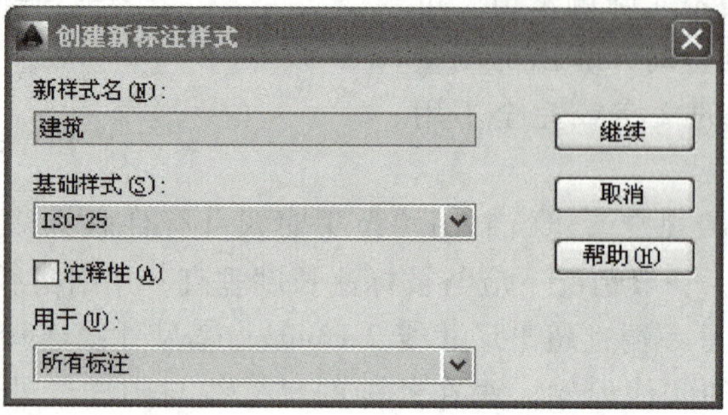

图 3-16

2）“建筑”的设置包括许多参数，我们按照对话框中选项卡的顺序依次说明。首先设置“线”选项卡：在“基线间距”文本框中输入 8，在“超出尺寸线”文本框中输入 2，在“起点偏移量”文本框中输入一个大于 2 的值，一般取 5~10（可视图形情况再作调整），其余设置不变。设置完成后如图 3-17 所示。

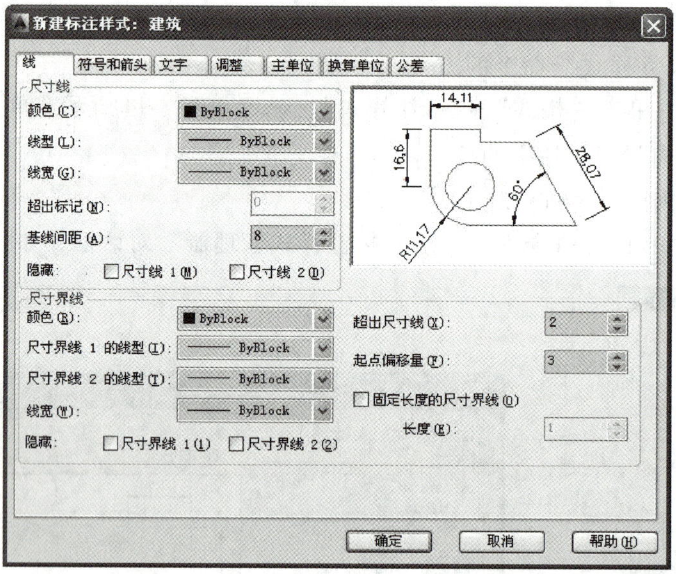

图 3-17

3）设置“符号和箭头”选项卡中的“箭头”为“建筑标记”，“箭头大小”为 2.5，其余设置不变，设置完成后如图 3-18 所示。注意：建筑制图中，通常情况下线性尺寸的起止符号为“建筑标记”，而表示角度、半径和直径的尺寸起止符号为“实心闭合”。

4）设置“文字”选项卡中的参数，在“文字样式”下拉列表框中选取已设置好的文字样式“数字”（黑体），“文字高度”文本框中输入 3.5。如果没有已设置好的文字样式，需单击右侧的按钮 ...，在弹出的“文字样式”对话框中创建“数字”样式（注意在创建文

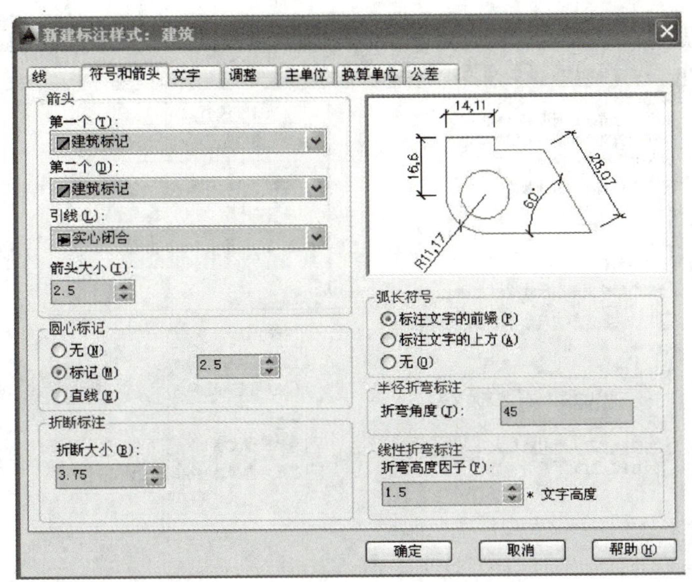

图　3-18

字样式时，宽度因子为 0.7，高度一定设为 0，否则文字高度在标注样式时将不可调整，标注样式中的比例对文字高度也不会发生作用）。在“从尺寸线偏移”文本框中输入 0.625，其余设置不变，设置完成后如图 3-19 所示。

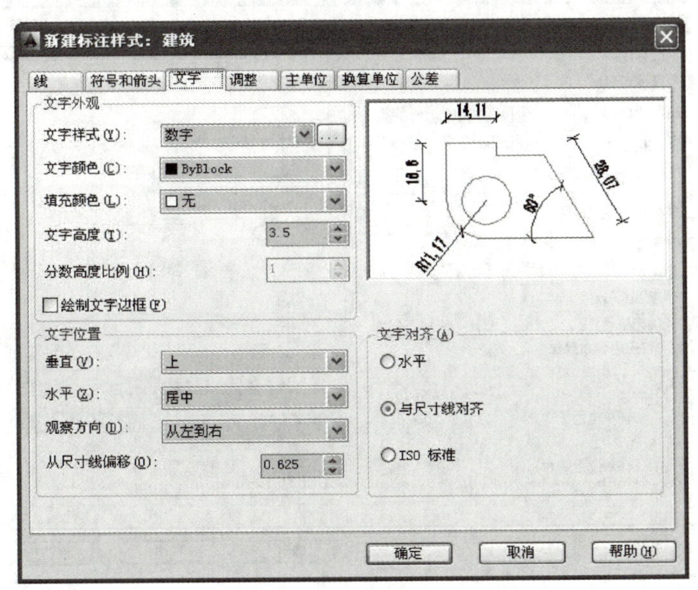

图　3-19

5）设置“调整”选项卡中的“使用全局比例”为 1，“文字位置”为“尺寸线上方，带引线”，其余设置不变，设置完成后如图 3-20 所示。

6）设置“主单位”选项卡中的“单位格式”为小数，“精度”为 0，其余设置不变，设置完成后如图 3-21 所示。

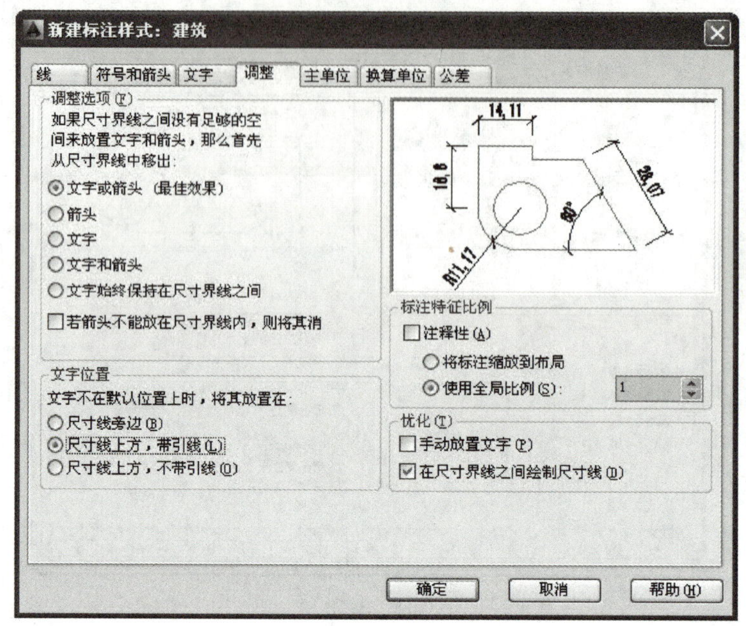

图 3-20

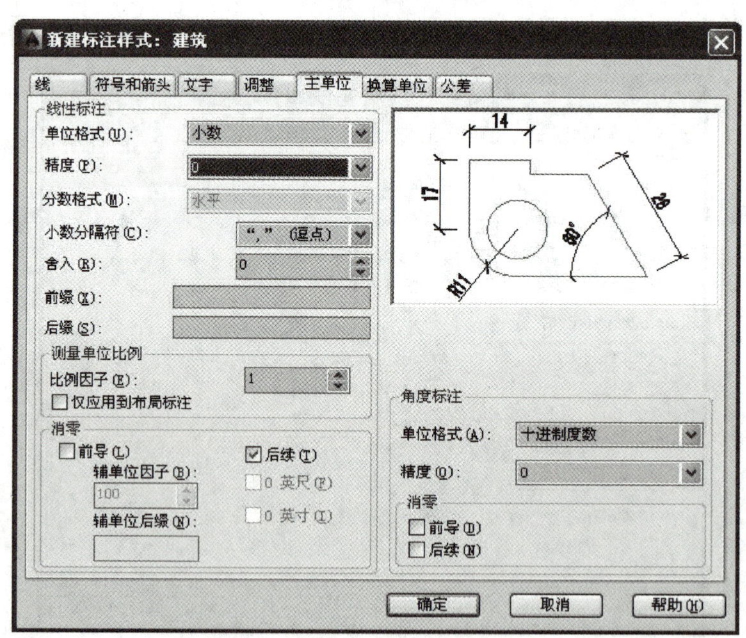

图 3-21

7）另外两个选项卡“换算单位”和“公差”在建筑制图中几乎用不到，这里不再多作介绍。所有参数输入后，单击“确定”按钮，尺寸标注样式“建筑”设置完成，在“样式”列表框中可以查看到“建筑”。单击“关闭”按钮退出。如果在“建筑”中有些参数需要修改或输入有误，可以打开“标注样式管理器”，在左侧样式名称表中选择“建筑”，再单击右侧的按钮[修改(M)...]，进入参数设置对话框重新输入参数，单击“确定”按钮，单击“关闭”按钮即可。

4. 标注尺寸

（1）功能　定义完建筑制图中所需的尺寸标注样式后，就可以使用所定义的标注样式在建筑图中进行尺寸标注。常用的标注有线性标注、径向标注和角度标注。

（2）打开“标注”工具栏　右击工具栏空白处，在快捷菜单中选取“标注”，可打开“标注”工具栏。所有这些标注都可用“标注”工具栏完成。“标注”工具栏如图 3-22 所示。

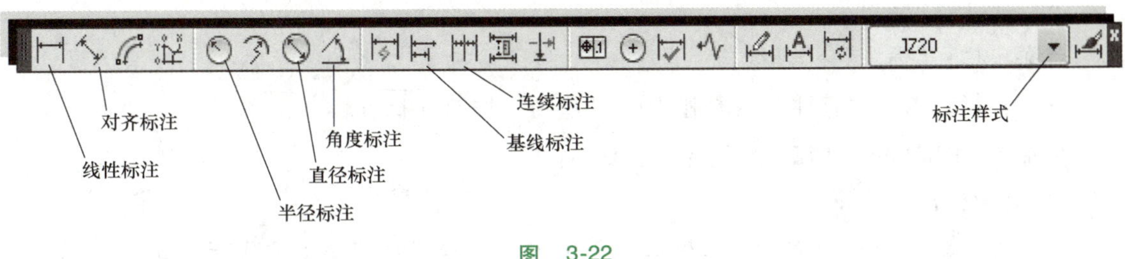

图　3-22

（3）常用标注按钮　“标注”工具栏中的“线性”“对齐”“半径”“角度”“基线”和“连续”属于常用标注按钮。

1）线性标注。

① 功能：“线性”命令用于标注两点之间的水平或垂直距离。

② 命令执行方式：

- 菜单栏：“标注”→“线性”。
- 工具栏：单击“标注”工具栏中的“线性”按钮（　）。
- 命令：DIMLINEAR，快捷命令：DLI。

2）对齐标注。

① 功能：“对齐”命令主要用于标注斜线，数值就是斜线段的长度。

② 命令执行方式：

- 菜单栏：“标注”→“对齐”。
- 工具栏：单击“标注”工具栏中的“对齐”按钮（　）。
- 命令：DIMALIGNED，快捷命令：DAL。

3）半径标注。

① 功能：“半径”命令用来测量选定圆或圆弧的半径值，并显示前面带有字母 R 的标注文字。

② 命令执行方式：

- 菜单栏：“标注”→“半径”。
- 工具栏：单击“标注”工具栏中的“半径”按钮（　）。
- 命令：DIMRADIUS。

4）角度标注。

① 功能：“角度”命令用来测量选定的对象或 3 个点之间的角度，可选择的测量对象包

括圆弧、圆和直线。

② 命令执行方式：

• 菜单栏：“标注”→“角度”。

• 工具栏：单击“标注”工具栏中的“角度”按钮（）。

• 命令：DIMANGULAR，快捷命令：DAN。

5）基线标注。

① 功能：“基线”命令是自同一基线处测量的多个标注，必须先创建一个线性标注，再用基线标注。

② 命令执行方式：

• 菜单栏：“标注”→“基线”。

• 工具栏：单击“标注”工具栏中的“基线”按钮（）。

• 命令：DIMBASELINE，快捷命令：DBA。

6）连续标注。

① 功能：“连续”命令是首尾相连的多个标注，必须先创建一个线性标注，再用连续标注。

② 命令执行方式：

• 菜单栏：“标注”→“连续”。

• 工具栏：单击“标注”工具栏中的“连续”按钮（）。

• 命令：DIMCONTINUE，快捷命令：DCO。

5. 编辑尺寸

1）如果在绘图过程中失误，造成尺寸标注不准确，可以在标注完成后进行修改。

双击尺寸数字，尺寸数字在“多行文字编辑器”中显示，修改为正确的数字，单击“确定”即可。注意：修改完的数字会失去与被测量物体的关联性。

2）如果尺寸界线间距太小，需要移动尺寸数字的位置，可选择尺寸数字，鼠标放在文字的夹点上，在快捷菜单中选取“仅移动文字”或“随引线移动”等命令，然后移动尺寸数字到目标位置单击，如图 3-23 所示。

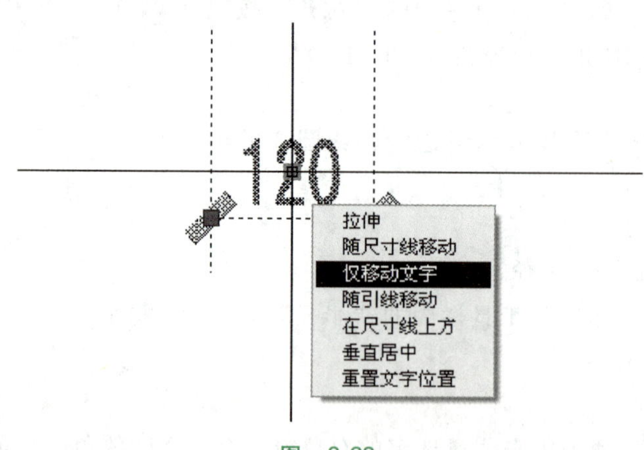

图 3-23

评价反馈

对“尺寸标注”操作的评价见表 3-3。

表 3-3 对“尺寸标注”操作的评价

序号	检测项目	评价任务及权重	自评	小组互评	教师评价
1	尺寸标注的正确性	尺寸标注是否完整,缺少 1 项扣 5 分(30 分)			
2	创建尺寸样式的准确性	尺寸样式是否准确,1 项不准确扣 5 分(30 分)			
3	图形布局	图形布局不美观,酌情扣 2~5 分(10 分)			
4	完成时间	规定时间内没完成每超过 10 分钟,扣 2 分(10 分)			
5	工作纪律和态度	团队协作能力差、不爱护仪器设备和环境,酌情扣 10~20 分(20 分)			
任务总评		优□ 良□ 中□ 合格□ 不合格□			

能力拓展

绘制如图 3-24 所示的屋顶檐口详图（图形比例 1∶20）。

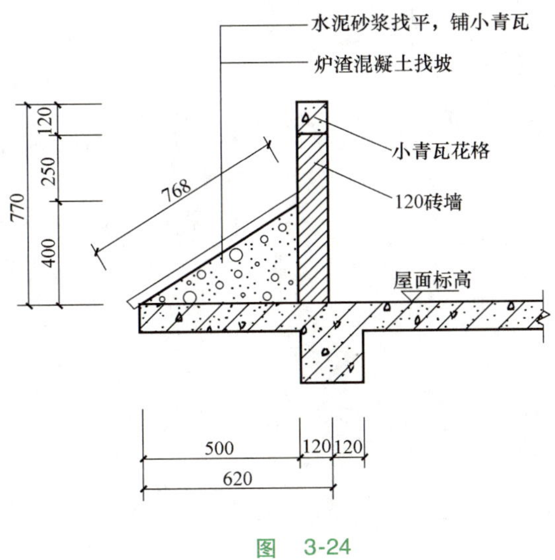

图 3-24

项目四

绘制建筑施工图

【项目概述】

前面已经介绍了 AutoCAD 2014 的基本绘图命令和方法，已经掌握了绘制简单图形的技巧。本项目将以绘制某实验楼一层平面图为例重点介绍绘制建筑平面图的方法和步骤，目的是使绘图步骤简化，成图质量提高。

任务 1　绘制样板图（模板）

任务描述

新建一个名为 A3. dwt 的图形样板文件，如图 4-1 所示。

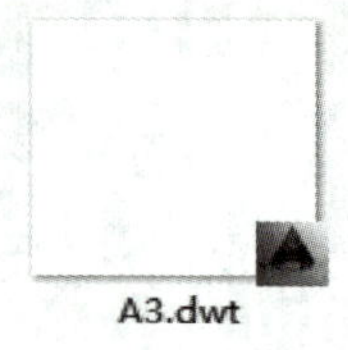

图　4-1

任务实施

所谓的图形样板文件就是包含有一定绘图环境和专业参数的设置，但并没有图形对象的空白文件，当将此空白文件保存为“. dwt”格式后就称为样板文件。

在建筑制图中，《房屋建筑制图统一标准》GB/T 50001—2010 和《建筑制图标准》GB/T 50104—2010 规定图纸分为 A0（1189mm×841mm）、A1（841mm×594mm）、A2（594mm×420mm）、A3（420mm×297mm）、A4（297mm×210mm）五类图纸，而每一类图纸又分为有装订边和无装订边两种，并且图纸还有横放与竖放的区别，所以我们在实际的绘图之前，可以根据需要建立各类图纸的图形样板格式文件，方便我们在绘图时进行适时的调用，提高绘图效率。鉴于学校识图课程也常用 A3 图幅的图纸，这里仅就 A3 图纸的图形样板文件的建立来进行举例，若之后实际工作过程中需应用 A1、A2 等其余几类图纸的图形样板文件，读者可以类似于 A3 图纸的建立自行完成以方便自己以后的图形绘制。

1. 设置绘图界限为 A3

（1）调用“图形界限”命令

（2）操作说明　执行命令后，AutoCAD 提示：

重新设置模型空间界限：（系统提示信息）

指定左下角点或［开(ON)/关(OFF)］<0. 0000,0. 0000>：（提示输入左下角坐标，回车默认）

指定右上角点 <420. 0000，297. 0000>：（提示输入右上角坐标，回车默认）

所有命令显示如图 4-2 所示。

```
命令: limits
重新设置模型空间界限:
指定左下角点或 [开(ON)/关(OFF)] <0.0000,0.0000>:
指定右上角点 <420.0000,297.0000>:
```

图　4-2

2. 绘图单位设置

建筑工程中，长度类型为小数，精度为0；角度的类型为十进制数，角度以逆时针方向为正，方向以东为基准角度。菜单栏中单击“格式”→“单位”，或在命令行中输入UNITS（UN），将弹出“图形单位”对话框，用户可在对话框中进行绘图单位的设置。

3. 设置图层

1）单击“图层特性管理器”，如图4-3所示左侧按钮。

图　4-3

2）进入“图层特性管理器”界面，如图4-4所示。将鼠标放置右侧空白区域，右击鼠标右键，在快捷菜单中选择“新建图层”。

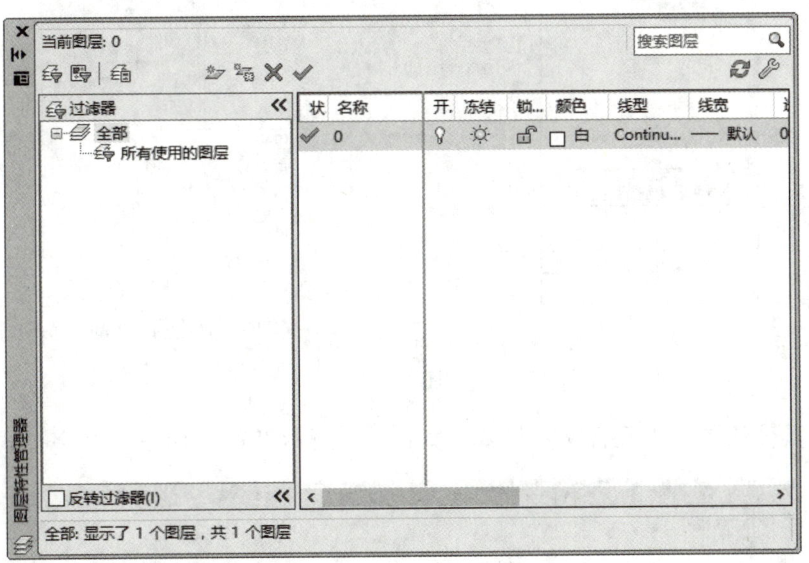

图　4-4

3）设置图层（例）如下：

①图层名称：zx（轴线）；颜色：红；线型：Center；线宽：0.05。

②图层名称：qx（墙线）；颜色：绿；线型：Continuous；线宽：0.6。

③图层名称：mc（门窗）；颜色：黄；线型：Continuous；线宽：0.2。

④图层名称：bz（标注）；颜色：白；线型：Continuous；线宽：0.05。

⑤图层名称：tk（图框）；颜色：青；线型：Continuous；线宽：0.9。

⑥图层名称：xb（细部）；颜色：洋红；线型：Continuous；线宽：0.2。

图层名称、颜色及线宽可根据具体图形要求自行设置。设置结果如图 4-5 所示。

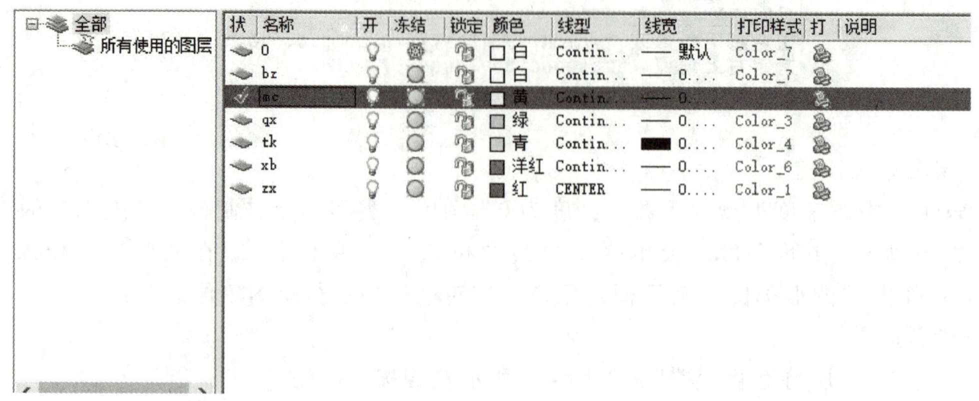

图 4-5

4. 设置文字样式

1）打开如图 4-6 所示“文字样式”对话框。

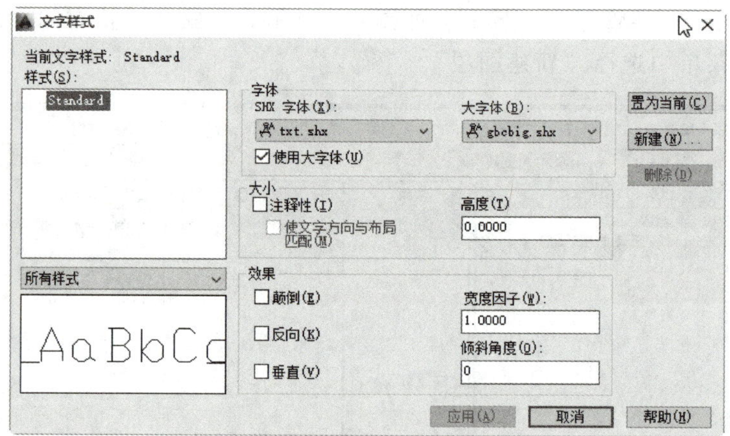

图 4-6

2）根据具体绘图要求设置文字样式，如图 4-7 所示设置“标注”文字样式。

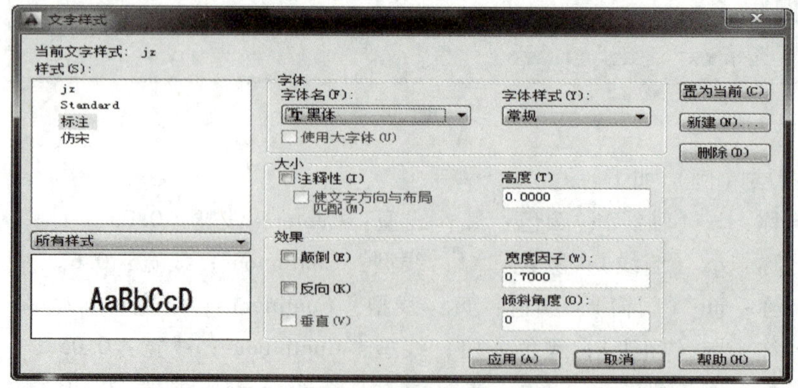

图 4-7

如图 4-8 所示设置“仿宋”文字样式。

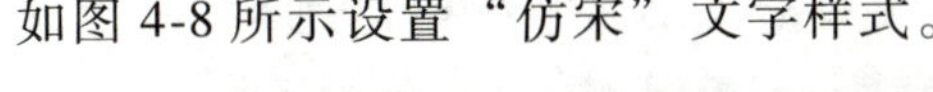

图 4-8

5. 根据图形设置尺寸标注样式

创建建筑标注时，我们要按建筑图纸的要求输入各种参数，然后设定一个全局比例。第一种思路就是按图纸要求的数值输入一套参数，再输入全局比例；第二种思路是把图纸要求的参数按照全局比例放大后再输入，全局比例设为 1。前者的优点在于：当我们在一张图纸中需要绘制不同比例的图形时，图纸要求的参数不用改动，只须修改全局比例即可。

1）打开“标注样式管理器”对话框：单击“格式”菜单中的“标注样式”命令，或单击“标注”工具栏中“标注样式”命令按钮（），或输入命令 DIMSTYLE（缩写名：D），此时屏幕上显示如图 4-9 所示“标注样式管理器”对话框。

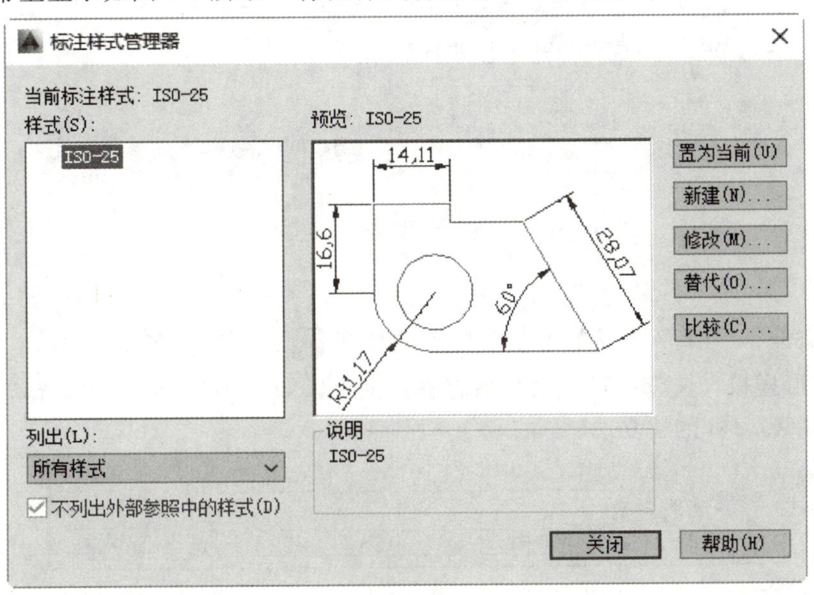

图 4-9

2）单击右侧新建标注样式，如图 4-10 所示，再单击“继续”按钮，进入“jz”的编辑状态。

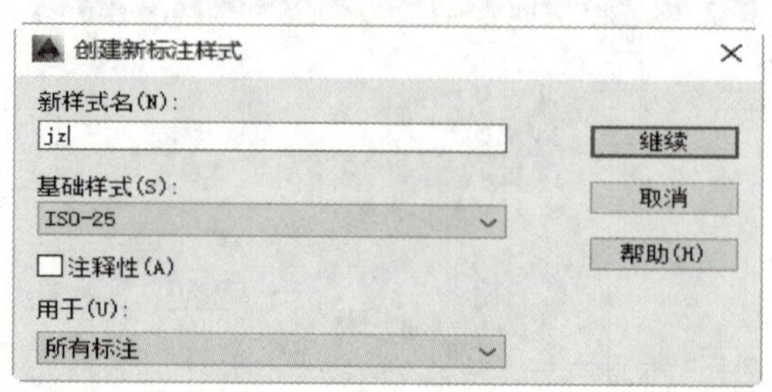

图 4-10

3）“jz”的设置包括许多参数，依次设置“线”“符号和箭头”“文字”“调整”“主单位”。图 4-11 为“线”的设置，其余参数的具体设置过程参照教材标注设置部分。

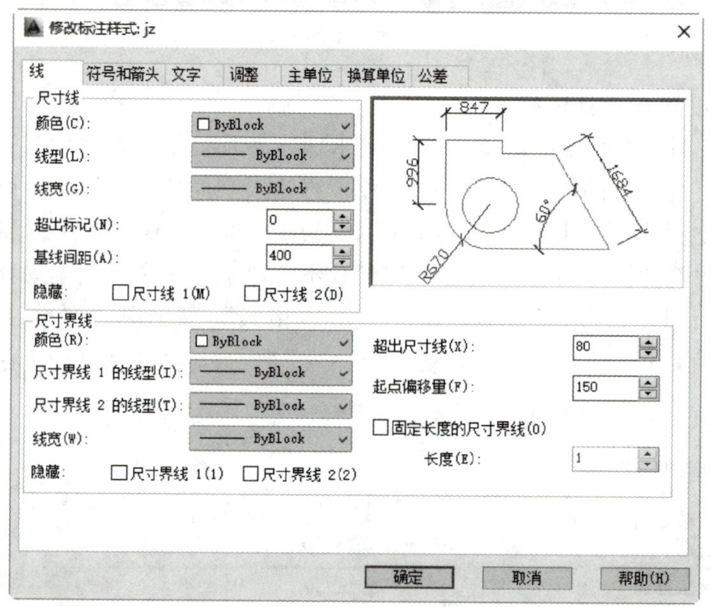

图 4-11

6. 保存

单击“文件”→“保存”或单击菜单栏上的按钮，将文件名改为 A3，文件类型选为“AutoCAD 图形样板（*.dwt）”，文件保存在桌面上，如图 4-12 所示。单击“保存”，完成图形样板文件 A3.dwt 的建立。

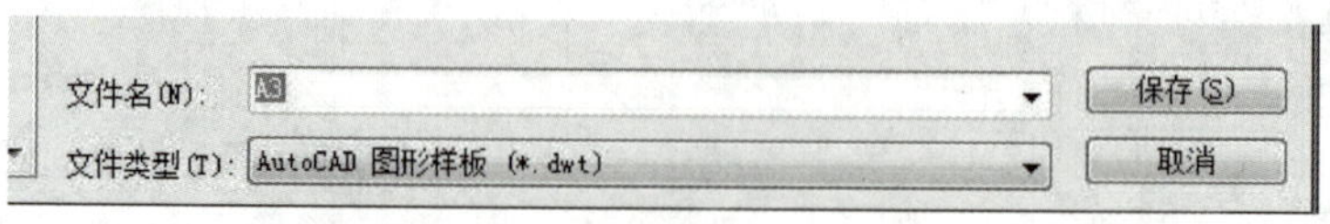

图 4-12

评价反馈

对“绘制样板图（模板）”操作的评价见表4-1。

表4-1　对“绘制样板图（模板）”操作的评价

序号	检测项目	评价任务及权重	自评	小组互评	教师评价
1	样板图参数的建立	参数建立是否完整，缺少1项扣10分（40分）			
2	样板图保存的准确性	保存格式是否准确（20分）			
3	参数建立是否合理	不合理，每项酌情扣2~5分（10分）			
4	完成时间	规定时间内没完成每超过10分钟，扣2分（10分）			
5	工作纪律和态度	团队协作能力差、不爱护仪器设备和环境，酌情扣10~20分（20分）			
任务总评		优□　良□　中□　合格□　不合格□			

能力拓展

自行设置参数，建立名为A4.dwt的样板图。

（1）图层设置要求

1）图层名称：轴线（zx）；颜色：红；线型：Center；线宽：0.05。

2）图层名称：墙线（qx）；颜色：绿；线型：Continuous；线宽：0.6。

3）图层名称：门窗（mc）；颜色：黄；线型：Continuous；线宽：0.2。

4）图层名称：标注（bz）；颜色：白；线型：Continuous；线宽：0.05。

5）图层名称：图框（tk）；颜色：青；线型：Continuous；线宽：0.9。

6）图层名称：细部（xb）；颜色：洋红；线型：Continuous；线宽：0.2。

（2）文字设置　文字标注字体设置为仿宋字体，尺寸标注字体设置为黑体，宽度因子为0.7。

任务2　绘制实验楼底层平面图

任务描述

绘制实验楼底层平面图视频

学习了AutoCAD的基本知识和概念之后，就能真正开始进入绘制建筑施工图的实际操作过程。

本任务通过某实验楼平面实例如图4-13所示，结合建筑制图规范要求，详细介绍建筑平面施工图的基本绘制方法和技巧。通过学习，掌握轴网、墙体、各类柱子、门窗、楼梯等基本构件的绘制方法，以及如何进行尺寸和文字标注。

需要说明的是，平面图中各构件的绘制方法不是唯一的，读者应根据具体图形的不同特点来选择简便和快捷的方式，注意熟悉快捷键的使用，多进行实践，才能达到熟能生巧的目的。

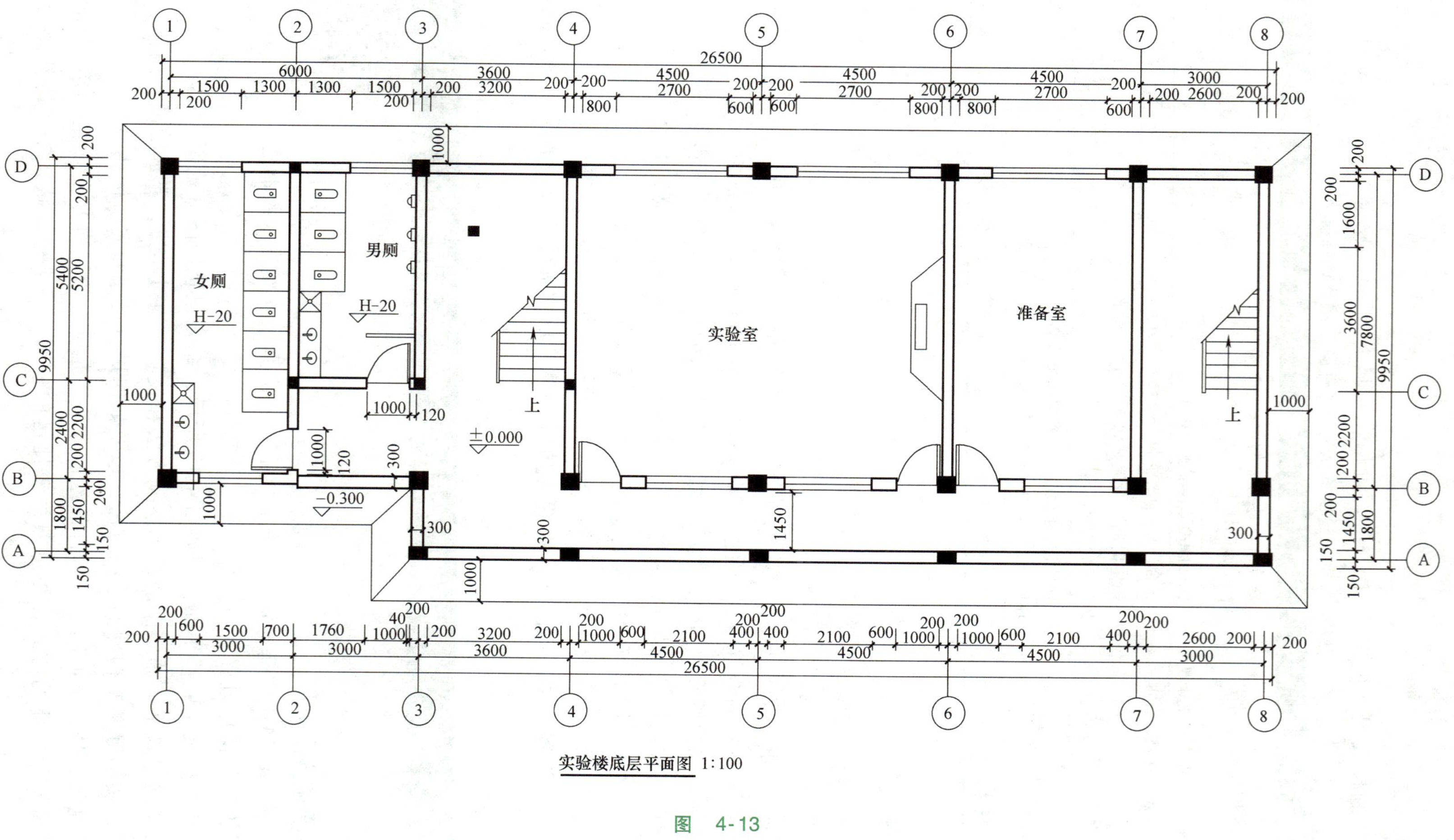

图 4-13

【任务实施】

建筑平面图绘制的一般方法是：根据要绘制的图形对绘图环境进行设置，然后确定柱网，绘制墙体、门窗、阳台、楼梯、雨篷、踏步、散水、设备、标注初步尺寸和必要的说明文字等。

1. 设置绘图环境

1）双击桌面上的 AutoCAD 2014 图标，进入绘图界面。

2）设置绘图区域。菜单栏单击“格式”→“图形界限”或者直接输入“LIMITS”快捷命令，根据提示进行操作，将图形界限设为<42000，29700>。

3）设置图框和标题栏。输入缩放快捷命令“SC”，将图框和标题栏放大 100 倍。

4）显示全部绘图区域。

5）修改标题栏中文本。

6）修改图层及线型比例。

7）设置文字样式和标注样式。

8）完成设置后保存。

注意：虽然绘图之前已对绘图界限、图层、标注及文字样式等进行了设置，但在具体绘图过程中，仍可能需进行修改，以避免在绘图时因设置不合理而影响绘图。

2. 绘制轴线

建筑平面设计绘制一般从定位轴线开始。确定了轴线就确定了整个建筑物的承重体系和非承重体系，确定了建筑物房间的开间深度以及楼板柱网等细部的布置。所以，绘制轴线是使用 AutoCAD 进行建筑绘图的基本功之一。

定位轴线用细点画线绘制，其编号标注在轴线端部用细实线绘制的直径为 8mm 圆圈内。横向轴线编号用阿拉伯数字 1、2、3 等，从左至右编写；纵向轴线编号用大写拉丁字母 A、B、C 等，从下至上编写，大写拉丁字母中的 I、O、Z 不能作轴线编号，以免与数字相混淆。

1）将“轴线”层置为当前图层，打开正交方式，使用“直线”命令，在绘图区域点取适当点作为轴线基点，绘制一条水平直线和一条竖直直线，整个轴线网就是以这两条定位轴线为基础生成的，如图 4-14 所示。

图　4-14

绘制轴线时，若屏幕上出现的线型为实线，则可以执行“格式 | 线型”命令，弹出“线型管理器”对话框，单击对话框中的“显示细节”按钮，在“全局比例因子”中进行设置，如设置为 300，即可将点画线显示出来，如图 4-15 所示。

还可以用线型比例命令 LTSCALE 命令进行调整。在“全局比例因子”中设置的值越大，线的间隙越大。用户可根据需要选用设定值。

2）绘制轴线网——横向轴线的绘制。继续使用偏移命令“O”，将轴线Ⓐ向上连续偏移 1800mm、2400mm、5400mm，分别得到轴线Ⓑ、轴线Ⓒ、轴线Ⓓ，如图 4-16 所示。

3）绘制轴线网——竖向轴线的绘制。执行“偏移”命令，将①号竖向轴线以连续方式向右偏移 3000mm、3000mm、3600mm、4500mm、4500mm、4500mm、3000mm，分别得到轴

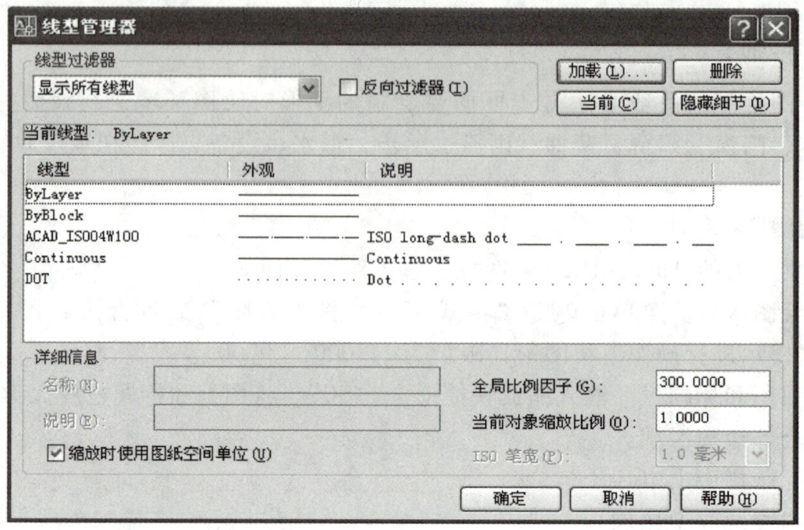

图 4-15

线②、轴线③、轴线④、轴线⑤ 、轴线⑥、轴线⑦、轴线⑧。至此，得到部分轴线网图，如图 4-17 所示。

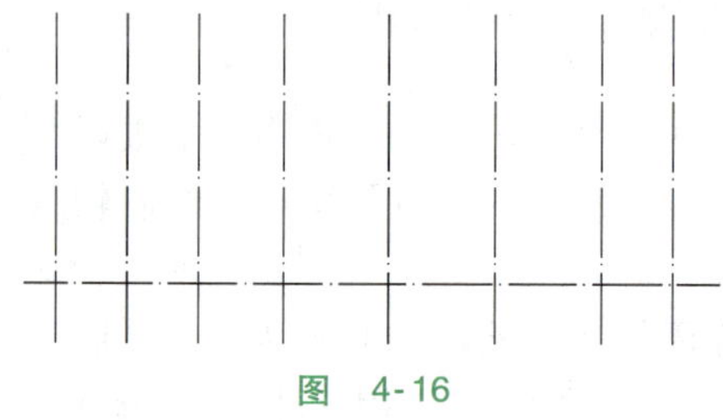

图 4-16

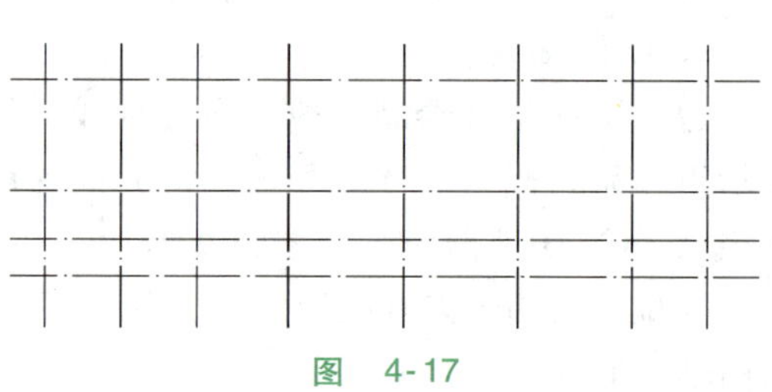

图 4-17

3. 绘制框架柱

1）将“kz（框架柱）”图层置为当前层。

2）框架柱的绘制。单击“矩形”命令或输入 RECTANG（REC），绘制 400mm×400mm 和 400mm×300mm 的矩形代表柱子的截面轮廓，用“图案填充”命令进行图案填充。柱子的绘制过程如图 4-18 所示。

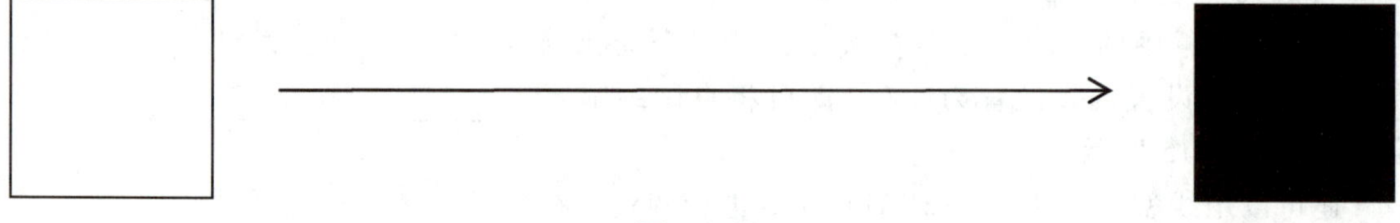

图 4-18

执行“拷贝”命令或输入 COPY（CO 或 CP），将绘制好的柱子复制移动到对应的地方，注意使用对象捕捉，准确对正。运用同样的方法绘制 400mm×300mm 及 240mm×240mm 的柱子。结果如图 4-19 所示。

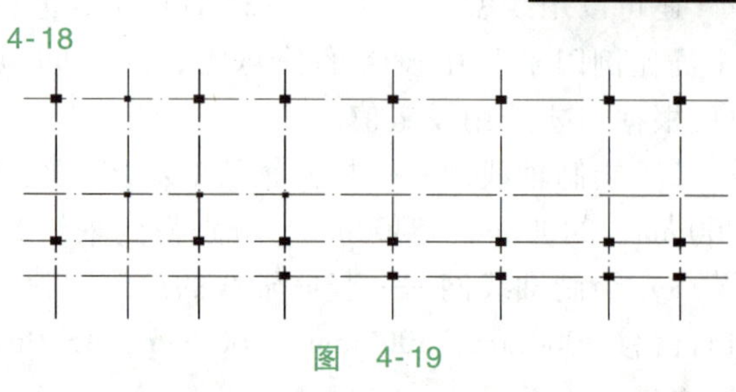

图 4-19

4. 绘制墙体

1）将“qx（墙线）”图层置为当前层。

2）设置多线样式。单击菜单栏中“格式”→“多线样式”命令，弹出“多线样式”对话框。新样式名为“QT”，在“新建多线样式：QT”对话框中设置“240”墙体的样式，结果如图 4-20 所示。

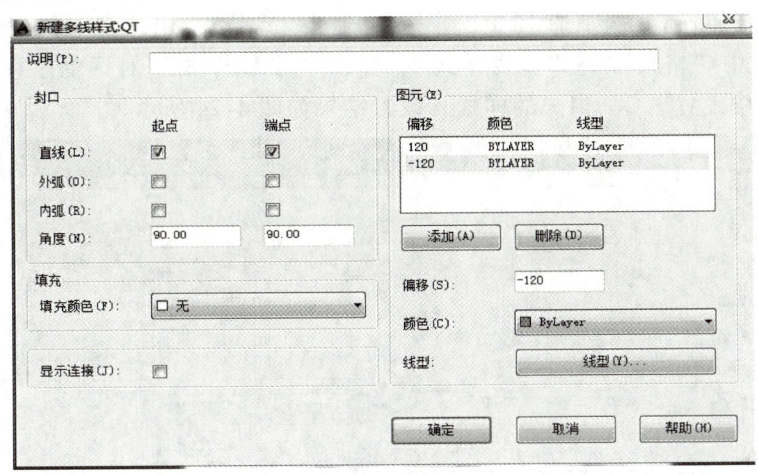

图　4-20

3）绘制及修改墙体。在墙体图层运用“多线”命令绘制墙体，绘制时采用正中对齐，并将多线比例设置为 1，如图 4-21 所示。绘制墙体前可预先运用轴线偏移的方法将门窗的位置确定，墙体绘制时便可直接预留出门窗洞口。

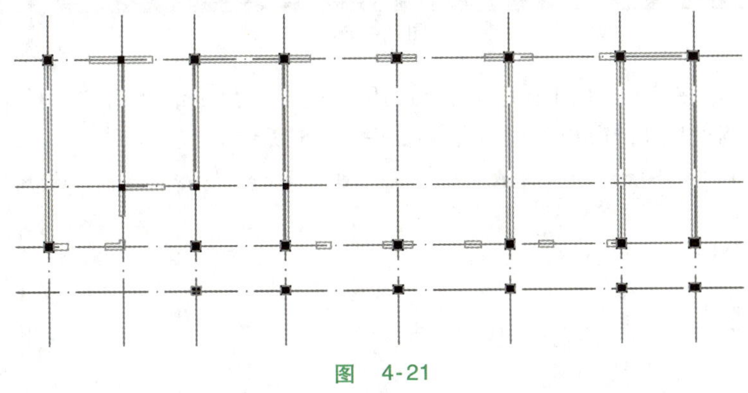

图　4-21

修改墙体：关闭轴线图层。双击用多线命令绘制的墙体，弹出“多线编辑工具”对话框。多线编辑可将十字接头、T 形接头、角点等进行修正。如图 4-22 所示为 T 形接头，采用“T 形打开”对接头进行修正，如图 4-23 所示。

图　4-22　　　　图　4-23

本建筑为框架结构，柱将墙交接部分遮住，故可不对墙体进行编辑修改，首层平面图墙体绘制效果图如图 4-21 所示。

注意：若未预先预留门窗洞口，需在墙体绘制完成后运用“修剪”命令修剪门窗洞口。

5. 绘制门窗

1）将“mc（门窗）”图层设为当前图层。

2）设置多线样式。在本施工图中窗户采用“三线式”，采用“多线”命令绘制。

单击菜单栏中“格式”→“多线样式”，弹出“多线样式”对话框。在“新建多线样式：C”对话框中设置“C”窗户的样式，设置结果如图 4-24 所示。

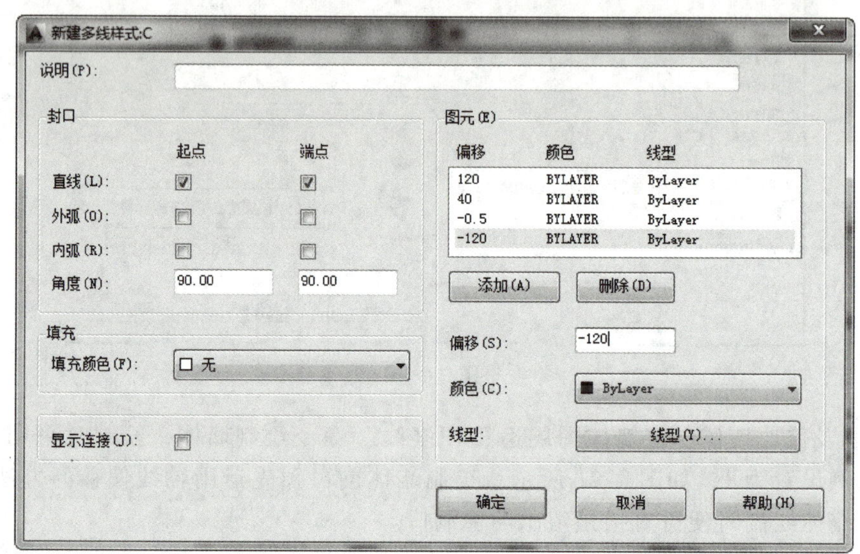

图 4-24

3）绘制窗户。在“mc（门窗）”图层运用“多线”命令绘制窗户，绘制时采用正中对齐，并将多线比例设为 1，窗户的绘制结果如图 4-25 所示。

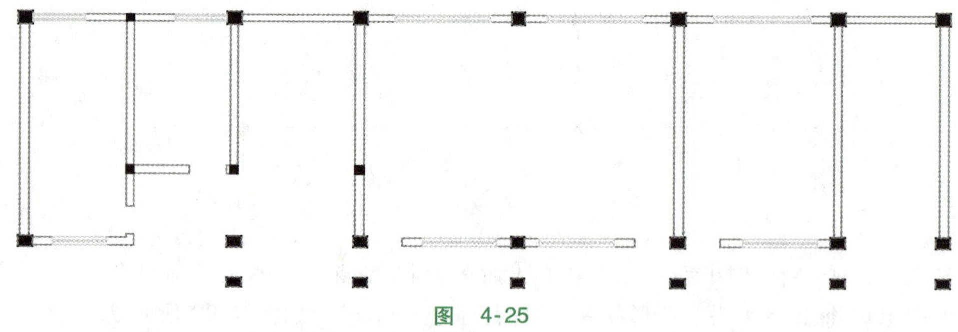

图 4-25

4）门的绘制。门及门的开启轨迹主要运用“直线”命令和“圆”命令进行绘制，再采用建图块和插入图块的方法完成其他门及开启轨迹。绘图步骤如图 4-26 所示。

将已绘制好的门建成图块，再插入全部门后，效果如图 4-27 所示。

6. 绘制楼梯

根据楼梯平面形式的不同，常见的楼梯形式可分为直跑楼梯、双跑直楼梯、多跑直楼梯等。在本例中，楼梯为双跑平行楼梯，由平台和梯段、栏杆扶手组成。在绘制楼梯时，只需

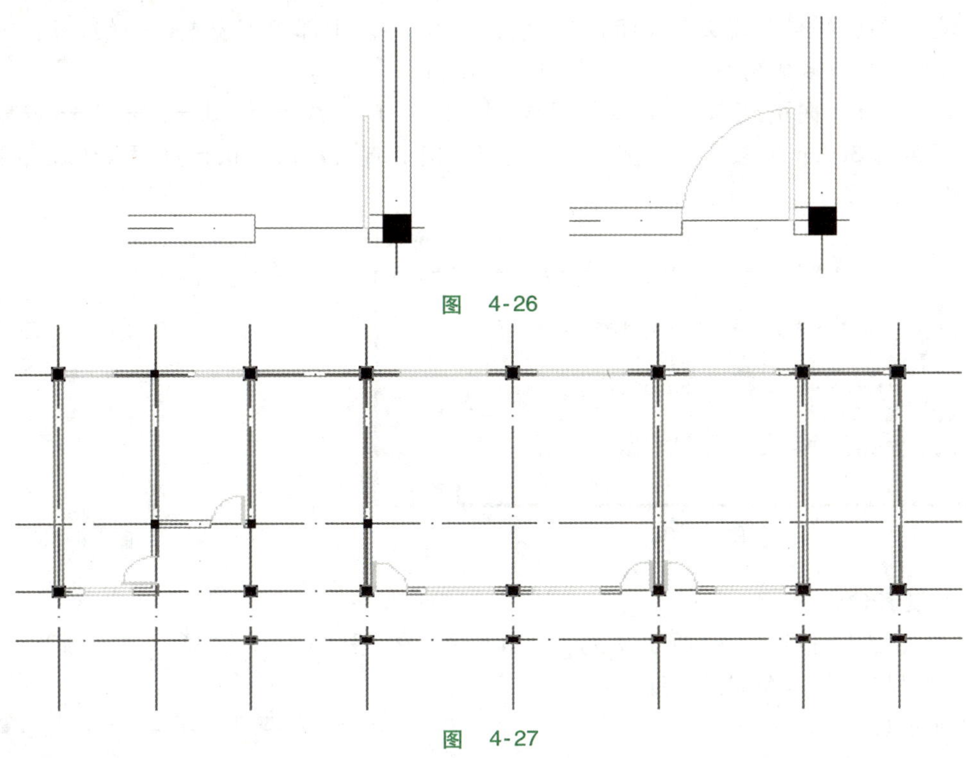

图 4-26

图 4-27

在楼梯间墙体所限制的区域内按设计位置绘出楼梯踏步线、扶手、箭头及折断线等。本例中首层平面楼梯只能表现一小半。

1）将楼梯图层设置为当前图层。

2）从 A 点起楼梯间墙绘线交于 B 点，得到第一根踏步线，如图 4-28 所示。

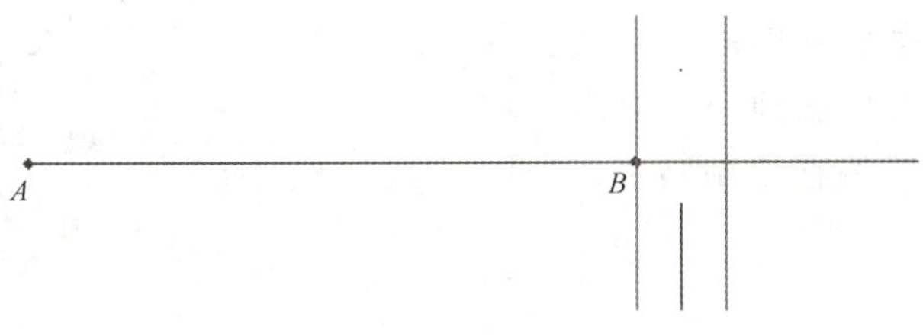

图 4-28

继续用“偏移”命令绘制踏步线，再绘制扶手，如图 4-29 及图 4-30 所示。

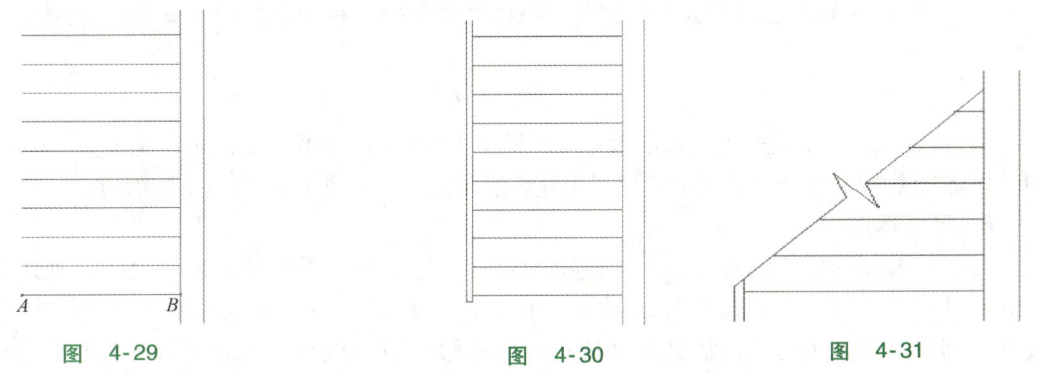

图 4-29　　图 4-30　　图 4-31

3）绘制折断符号及箭头。关闭正交状态；在左梯段中部偏下位置绘斜线，用“直线”命令绘折线，修剪多余线条，绘制结果如图 4-31 所示。

表示上下行方向的箭头可用多段线绘制：定义起点线宽为 0mm，定义端点线宽为 60mm，长度为 300mm；接着画线宽为 0 的适当长度的直线；命令执行过程及绘图结果如图 4-32 及图 4-33 所示。

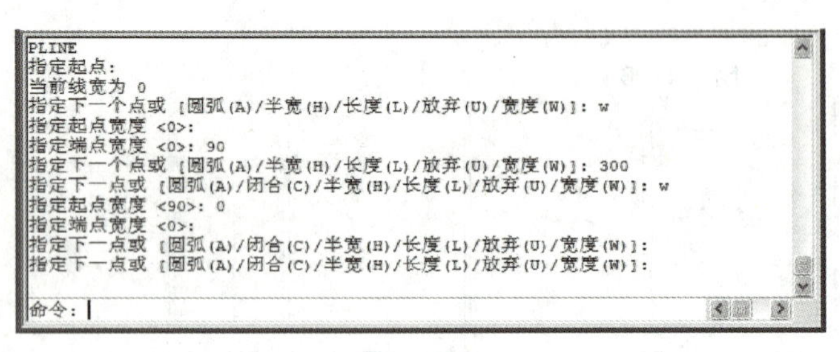

图 4-32

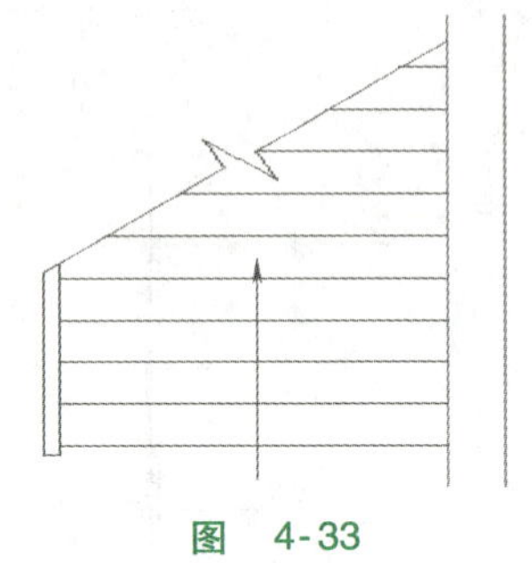

图 4-33

7. 绘制其他部分

1）绘制卫生间器具。蹲便器及小便器等器具。利用“矩形”“圆”“椭圆”“直线”“圆角”“偏移”等命令完成，绘制结果如图 4-34 所示。

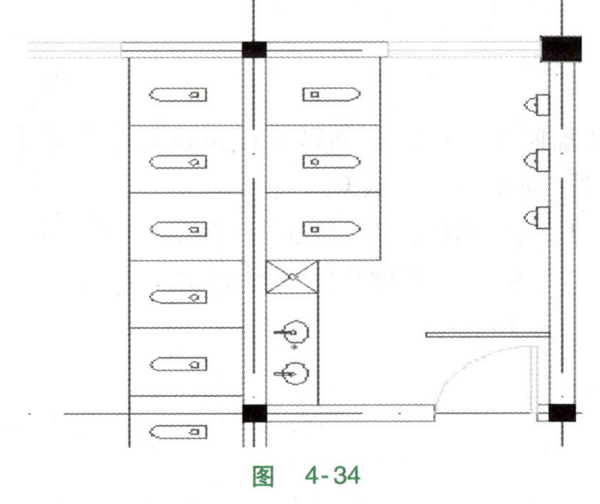

图 4-34

2）绘制台阶。

台阶由平台和踏步组成，本例中平台宽度为 1530mm，室内外高差为 300mm，故设两级踏步；因阳台挑出宽度超过 1500mm，需加设 300mm×400mm 的柱子。

加设的柱子在绘制柱网时已完成，本部分绘制平台时只需依据轴线在对应层用直线绘制，再将直线偏移绘制踏步，如图 4-35 所示。

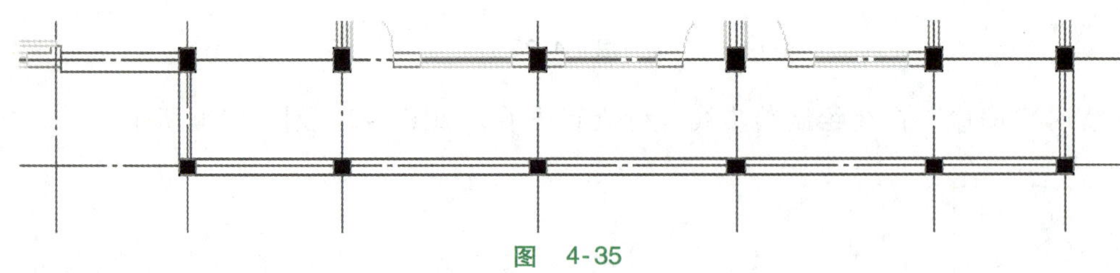

图 4-35

3）绘制散水。建筑规范要求散水宽度不得小于 600mm，本例中建筑散水宽度为 1000mm。绘制时先将轴线偏移 1120mm，再对应图层用直线绘制完成，如图 4-36 及图 4-37 所示。

8. 尺寸标注

根据建筑制图标准的规定，平面图上的尺寸一般分为三道尺寸，即总尺寸、轴线定位尺寸和细部尺寸。轴号圆直径参照绘图标注取 8mm，数字及字母高度设置为 5mm。标注时可按从细部到总体，也可从总体到细部的顺序。常常使用“线性”“对齐”（主要用于斜向尺

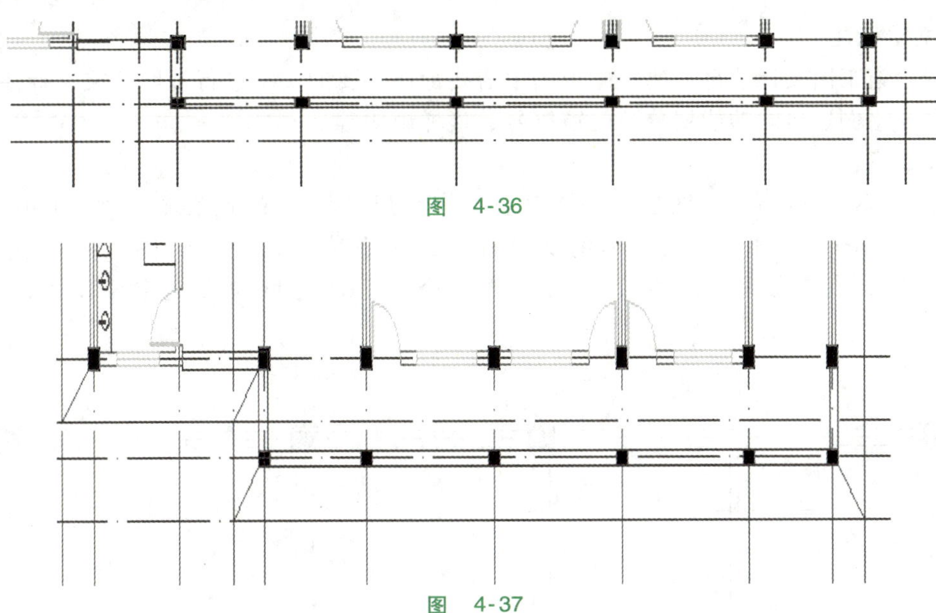

图　4-36

图　4-37

寸的标注)、“连续”“基线”等命令进行尺寸标注。在本例中，以 A 轴墙体标注为例，采用从细部到总体的顺序，命令主要选择“线性”“连续”和“基线”命令，选取轴线 A 和轴线 1 的交点为起点，选取窗户左侧的墙体节点为终点，进行尺寸标注；再通过“基线”命令标注出三道尺寸，如图 4-38 和图 4-39 所示。

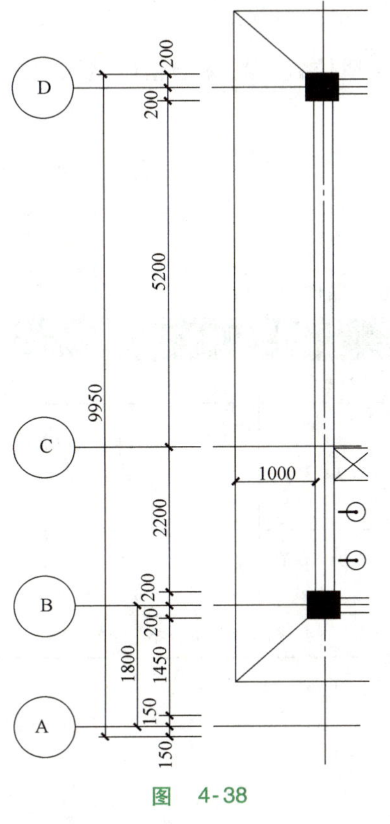

图　4-38

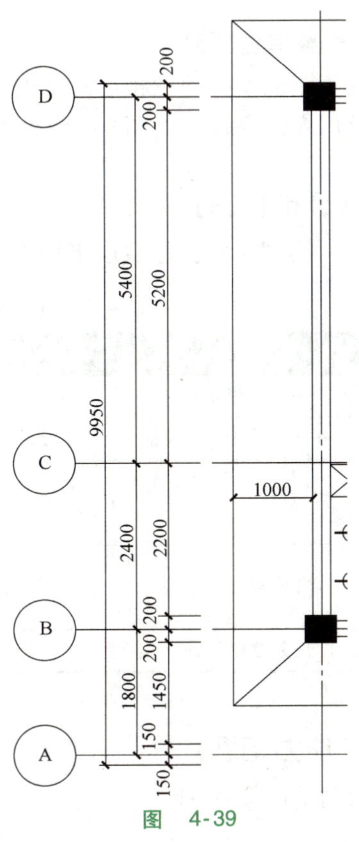

图　4-39

9. 文字标注

为传达施工图设计信息，建筑施工图中需要标注必要的文字进行说明。文字标注的内容包括图名及比例、房间功能划分、门窗符号、楼梯说明等。

操作如下：

新建“TXT（文字）”图层，并将其置为当前层；将“文字样式”对话框中所设置的名为“jz”的文字样式作为当前的文字样式；单击菜单栏中“绘图”→“文字”→“单行文字”，在需要添加文字的地方选择一个合适的区域输入文字说明，如图 4-40 所示。

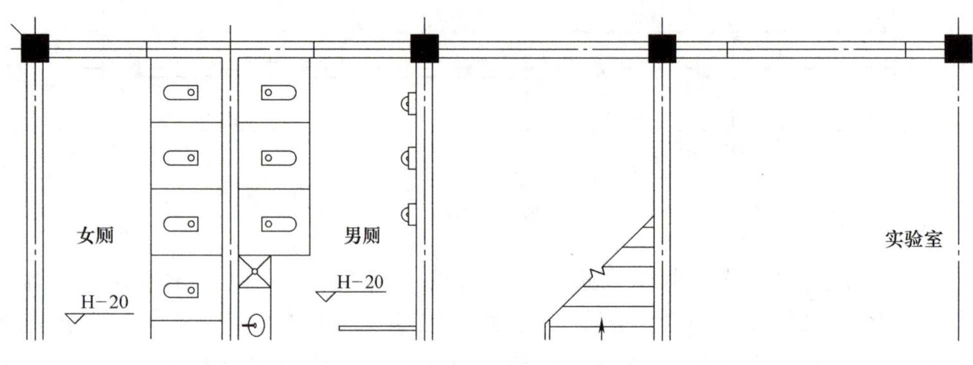

图 4-40

10. 整理施工图

设置图框及标题栏将绘制好的建筑施工图放在图纸合适位置，在标题栏内填入要表达的项目及内容，完成后如图 4-13 所示。

【评价反馈】

对“绘制某实验楼底层平面图”操作的评价见表 4-2。

表 4-2 对“绘制某实验楼底层平面图”操作的评价

序号	检测项目	评价任务及权重	自评	小组互评	教师评价
1	样板图的建立	参数建立是否完整，缺少 1 项扣 2 分（10 分）			
2	平面图是否绘制完整	不完整，每项扣 5 分（60 分）			
3	完成时间	规定时间内没完成每超过 10 分钟，扣 2 分（10 分）			
4	工作纪律和态度	团队协作能力差、不爱护仪器设备和环境，酌情扣 10~20 分（20 分）			
任务总评		优□　良□　中□　合格□　不合格□			

【能力拓展】

绘制平面图 4-41。

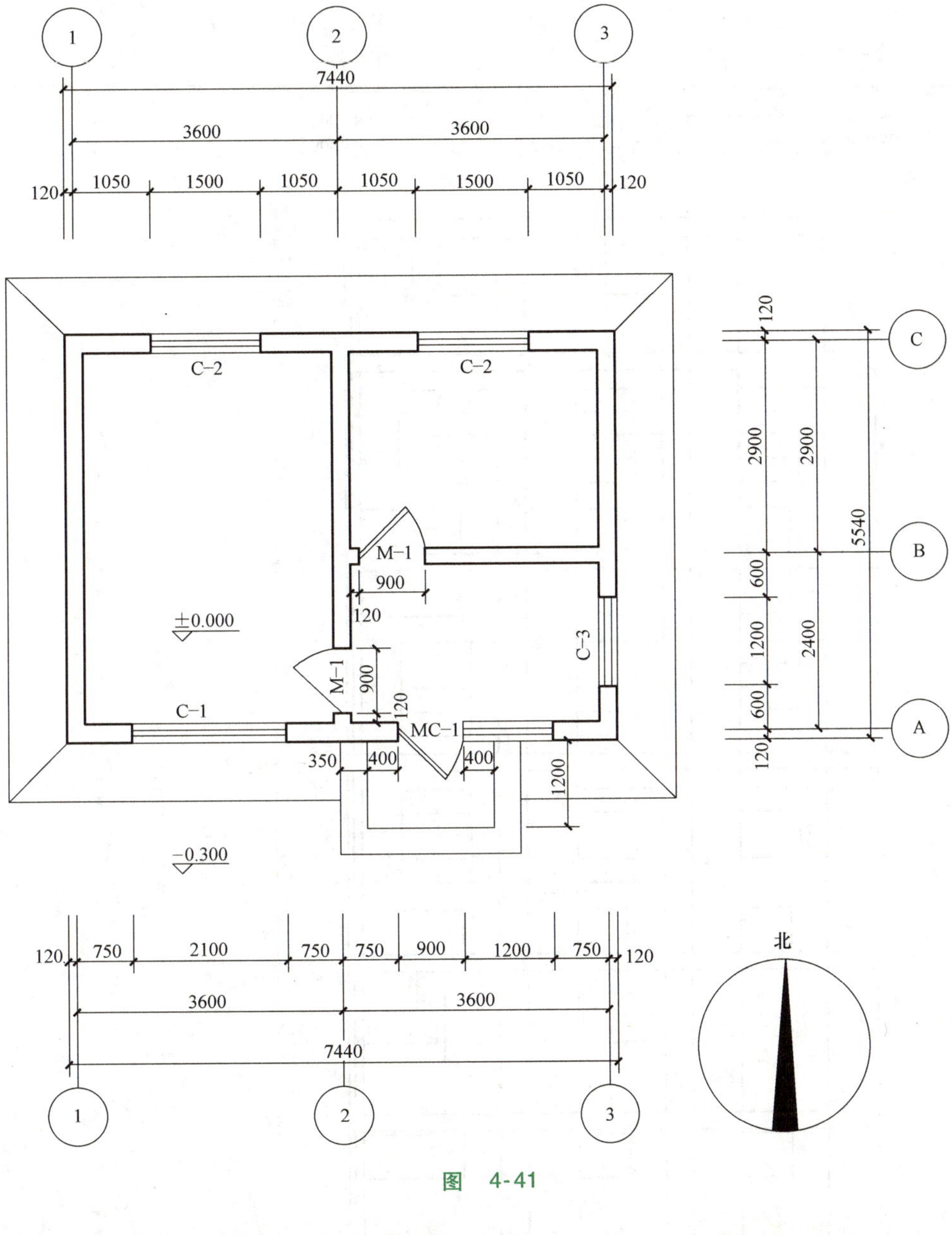

图　4-41

任务 3　绘制实验楼立面图

【任务描述】

绘制实验楼
正立面图视频

本任务通过某实验楼立面实例如图 4-42 所示，结合建筑制图规范要求，详细介绍建筑立面施工图的基本绘制方法和技巧。通过学习，掌握建筑立面外轮廓、门窗、阳台、雨篷等基本部分的绘制方法，以及如何进行标高标注、尺寸和文字标注。

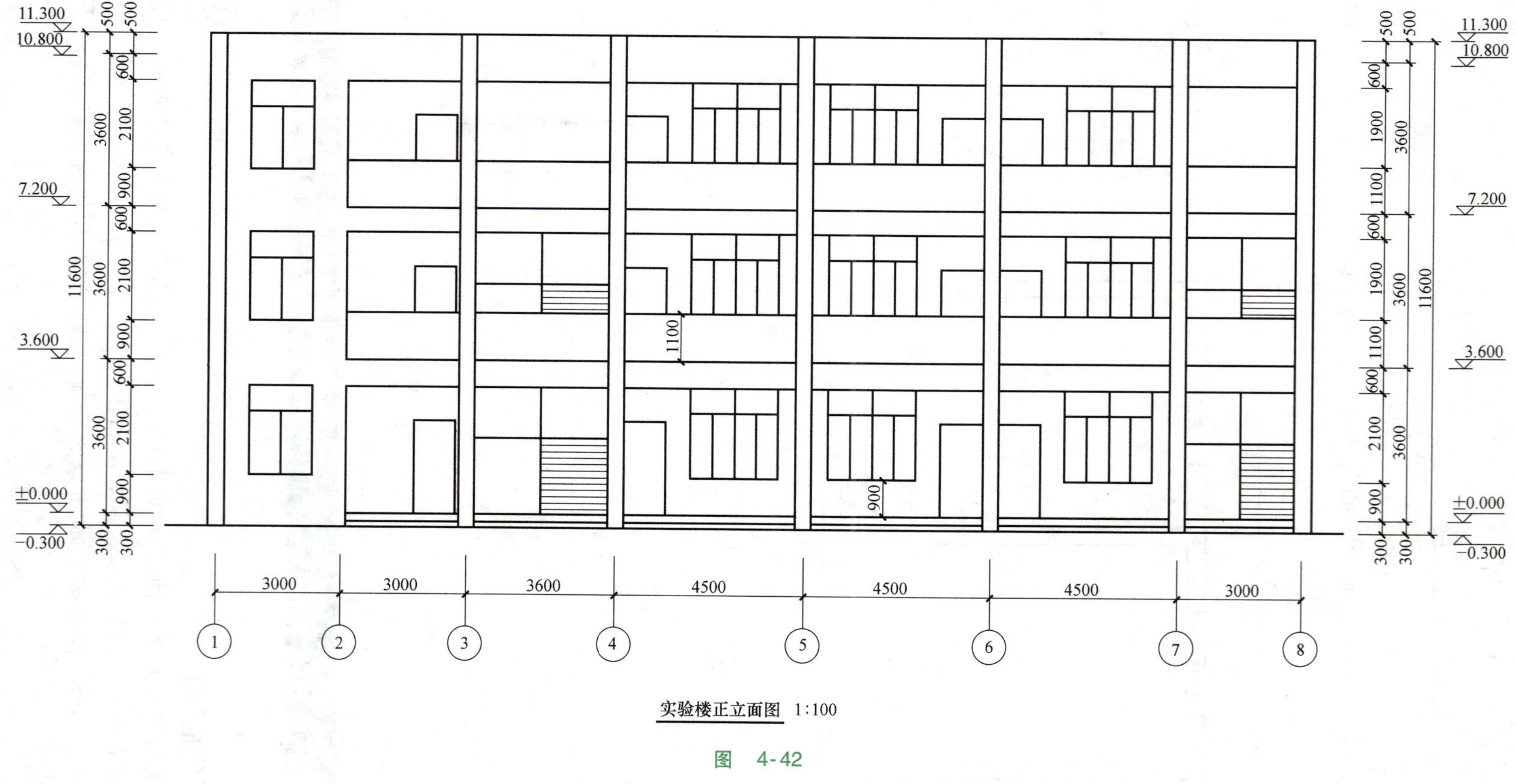

实验楼正立面图 1:100

图 4-42

应根据具体图形的不同特点来选择简便和快捷的方式，注意熟悉快捷键的使用，多进行实践，才能达到熟能生巧的目的。

【任务实施】

建筑立面图的绘制将所学命令与实际工程相结合，让学生在学中做，在做中学，轻松掌握 CAD 软件的使用。绘制立面图包括：表现建筑的外貌形状，反映阳台、雨篷、台阶等的形式和位置，建筑的外部装饰做法等内容。

1. 设置绘图环境

1）使用样板创建新图形文件。单击菜单栏中的“文件”，打开之前已新建好的样板文件“A3. dwt”，单击“打开”，进入 AutoCAD 2014 绘图界面，如图 4-43 及图 4-44 所示。

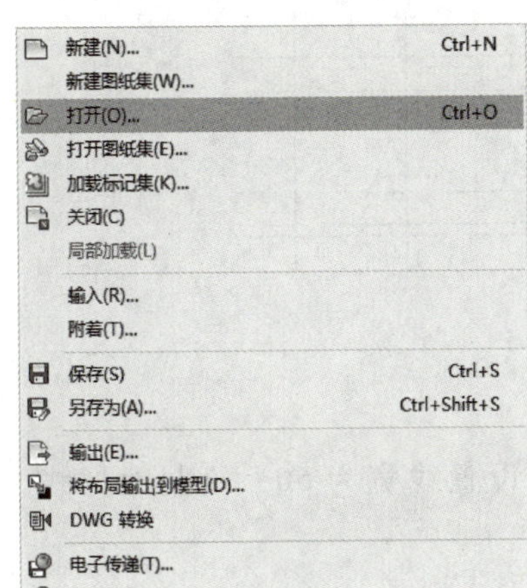

图　4-43

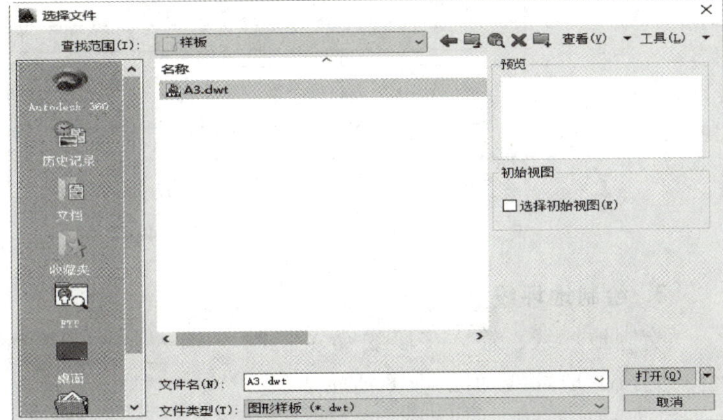

图　4-44

2）设置绘图区域。菜单栏中单击“格式”→“图形界限”或者直接输入 IIMITS 快捷命令，根据提示进行操作，将图形界限设为<42000，29700>。

3）设置图框和标题栏。输入缩放快捷命令“SC”，将图框和标题栏放大 100 倍。

4）显示全部绘图区域。

5）修改标题栏中文本。

6）修改图层及线型比例。在命令行输入线型比例命令“LTS”并回车，将全局比例因子设置为 100。注意：在扩大了图形界限的情况下，为使点划线能正常显示，须将全局比例因子按比例进行修改。

7）设置文字样式和标注样式。

8）完成设置后另存为“某实验楼正立面图 . dwg”。

注意：虽然绘图之前已对绘图界限、图层、标注及文字样式等进行了设置，但在具体绘图过程中，仍可能需进行修改，以避免在绘图时因设置不合理而影响绘图。

2. 绘制辅助线

1）将“辅助线”层设置为当前层。单击状态栏中的“正交模式”命令按钮，打开正交状态。

2）执行“直线”命令，在图幅内适当的位置绘制水平基准线和竖直基准线。

3）按照图 4-45 和图 4-46 所示的尺寸，利用“偏移”命令，绘制出全部辅助线。

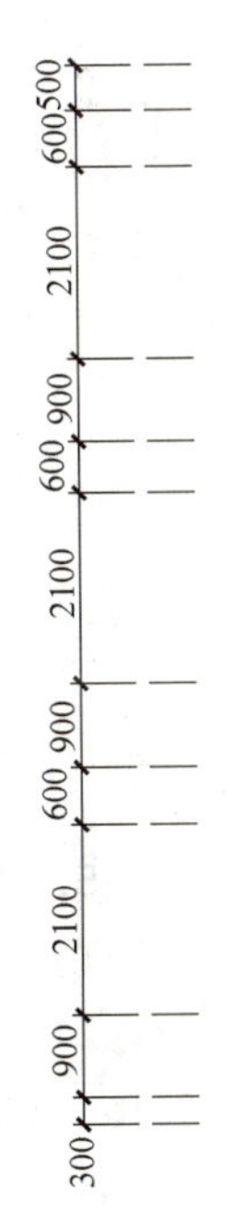

图　4-45

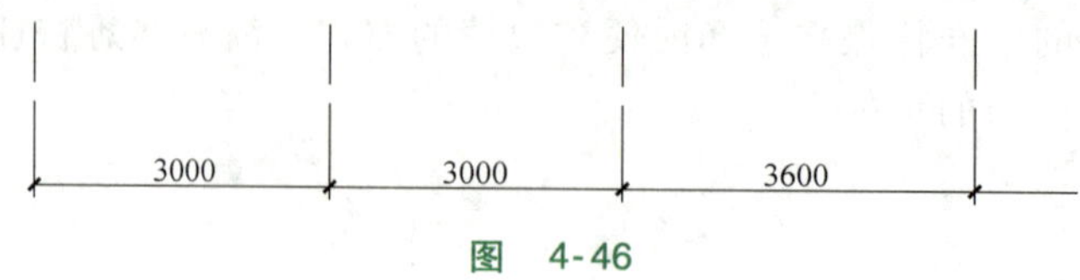

图 4-46

绘制完成的辅助线如图 4-47 所示。

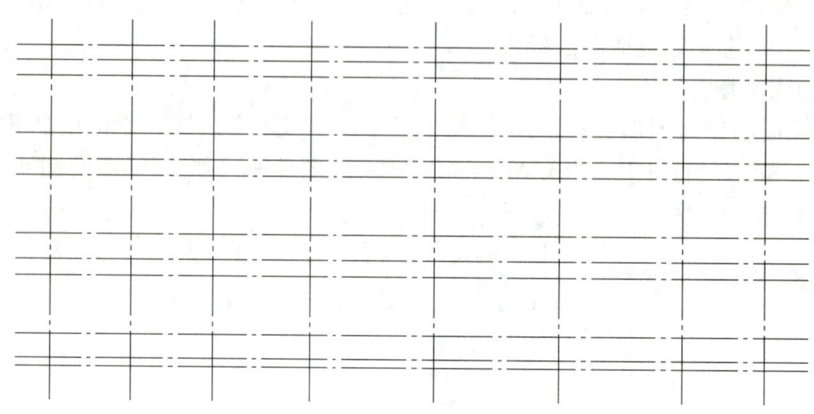

图 4-47

3. 绘制地坪线

绘制地坪线：输入多段线命令：PL，输入“w”并回车设置线宽为 50，绘制地坪线。绘制完成的地坪线如图 4-48 所示。

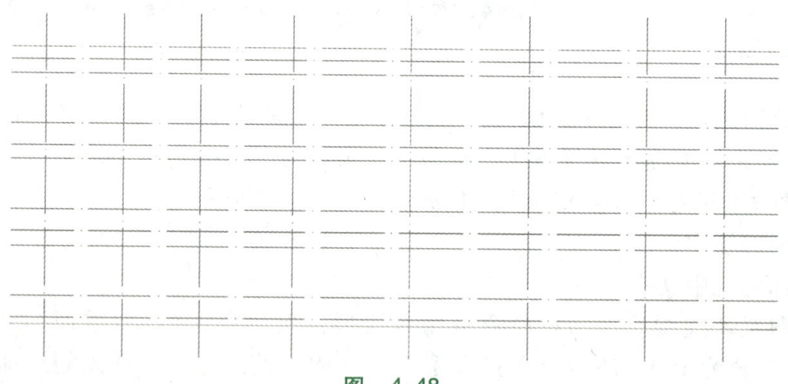

图 4-48

4. 绘制外廓线及柱子立面

1）打开设置好的粗实线图层，绘制外轮廓线，如图 4-49 所示。

2）绘制柱立面，如图 4-50 所示。

5. 绘制台阶

1）台阶有 2 级踏步，每级高为 150mm。

2）绘制时先作与地坪线重合的辅助线，再通过“偏移”命令（O），进行两次线段的偏移，如图 4-51 所示。

3）锁定轴线图层，删掉与地坪线重合的辅助线，利用“修剪”命令（TR）对与柱交接部分多余线段进行修剪，完成后如图 4-52 所示。

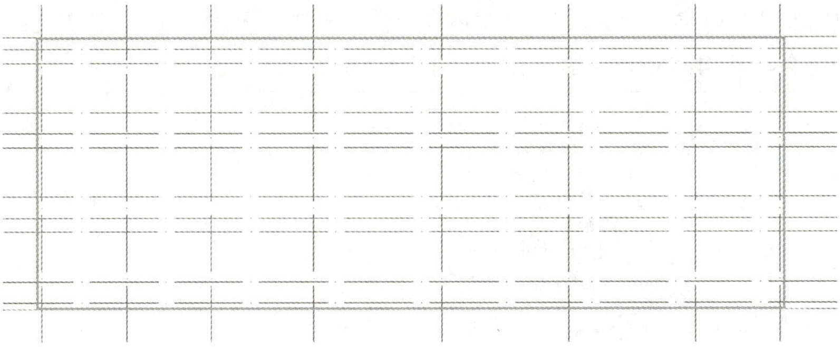

图　4-49

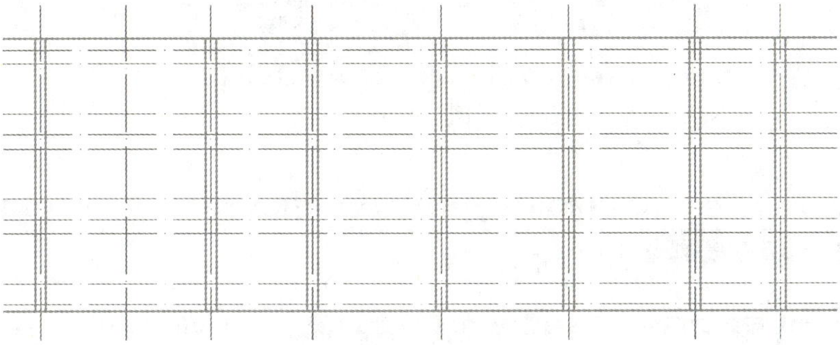

图　4-50

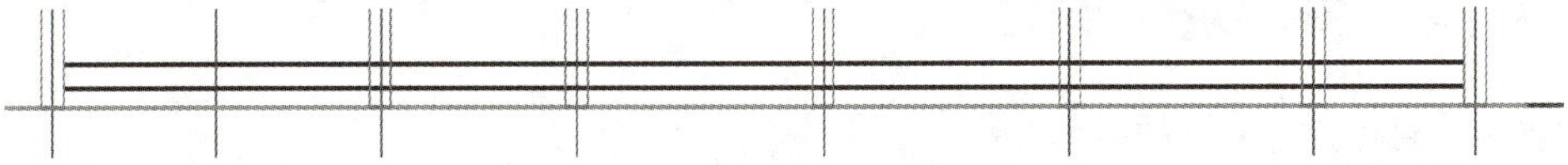

图　4-51

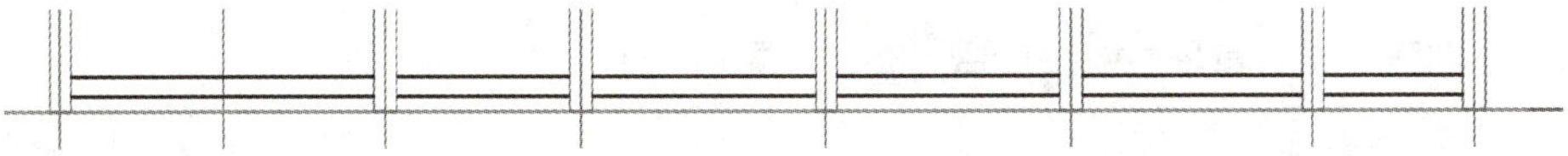

图　4-52

6. 绘制门

1）打开“门窗”图层。

2）先绘制一樘门尺寸为 2200mm×1000mm，如图 4-53 所示。

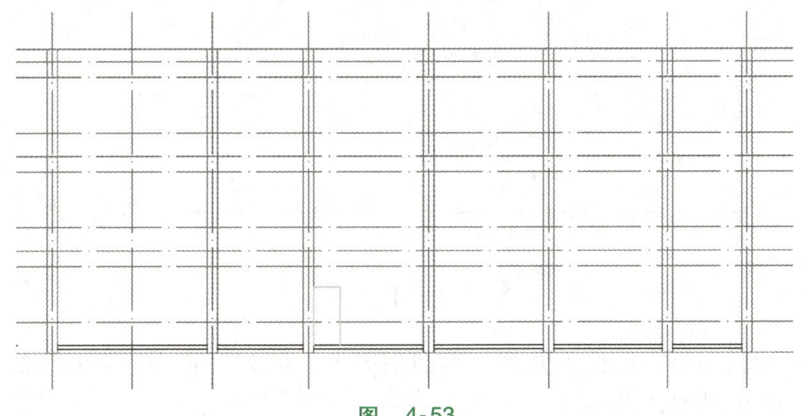

图　4-53

3）利用“阵列”命令（AR）绘制左侧两列三行门，通过工具栏打开如图 4-54 所示子菜单或者输入命令如图 4-55 所示绘制门，如图 4-56 所示。

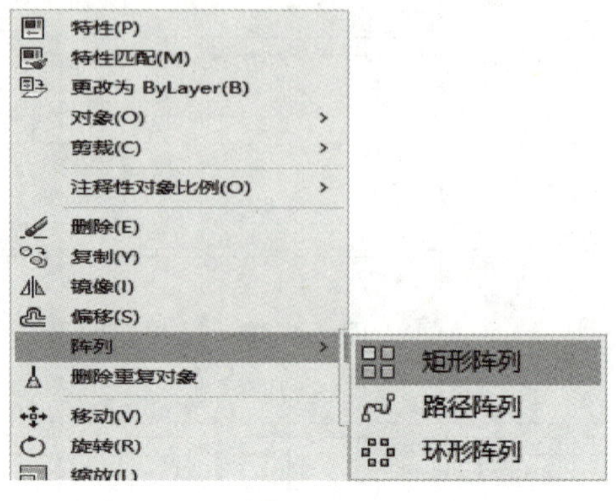

图 4-54

选择夹点以编辑阵列或[关联(AS)/基点(B)/计数(COU)/间距(S)/列数(COL)/行数(R)/层数(L)/退出(X)] <退出>: R

ARRAYRECT 输入行数数或[表达式(E)] <3>:

ARRAYRECT 指定行数之间的距离或[总计(T) 表达式(E)] <3300.0000>: 3600

选择夹点以编辑阵列或[关联(AS)/基点(B)/计数(COU)/间距(S)/列数(COL)/行数(R)/层数(L)/退出(X)] <退出>: COL

ARRAYRECT 输入列数数或 [表达式(E)] <4>: 2

输入列数数或[表达式(E)] <4>: 2

ARRAYRECT 指定列数之间的距离或[总计(T) 表达式(E)] <1500.0000>: -5040

ARRAYRECT 删除定义对象？[是(Y) 否(N)] <是>: N

图 4-55

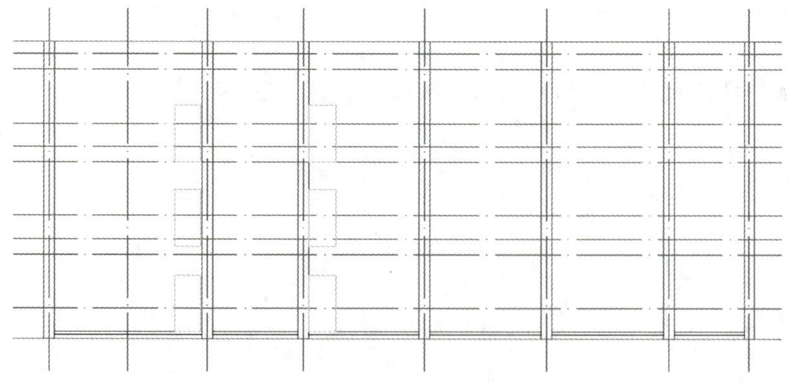

图 4-56

4）复制一樘门到第三根柱子右侧，再利用同上“阵列”命令（AR）绘制右侧两列三行门，如图 4-57 和图 4-58 所示。

```
输入行数数或[表达式(E)] <3>:
ARRAYRECT 指定行数之间的距离或[总计(T) 表达式(E)] <3300.0000>: 3600
列数之间的距离或[总计(T)/表达式(E)] <1500.0000>: -1400
ARRAYRECT 选择夹点以编辑阵列或[关联(AS) 基点(B) 计数(COU) 间距(S) 列数(COL) 行数(R) 层数(L) 退出(X)] <退出>: R
择夹点以编辑阵列或[关联(AS)/基点(B)/计数(COU)/间距(S)/列数(COL)/行数(R)/层数(L)/退出(X)] <退出>: COL
ARRAYRECT 输入列数数或[表达式(E)] <4>: 2
删除定义对象？[是(Y)/否(N)] <否>: N
```

图　4-57

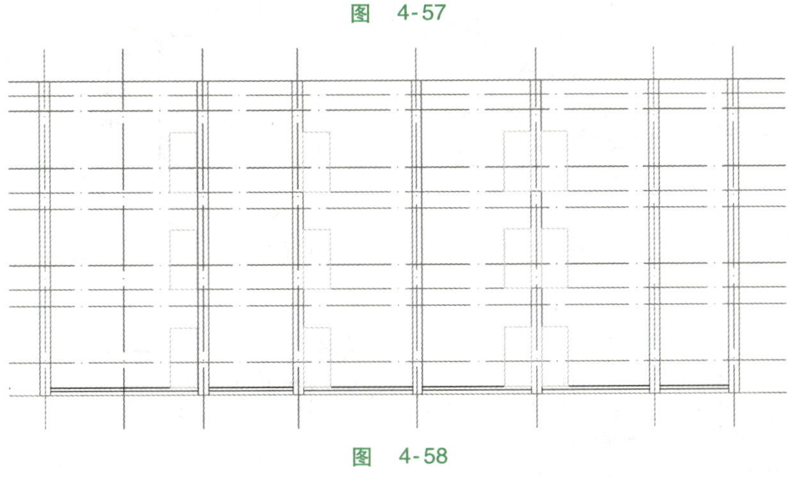

图　4-58

7. 绘制窗

1）绘制如图 4-59 所示窗户。

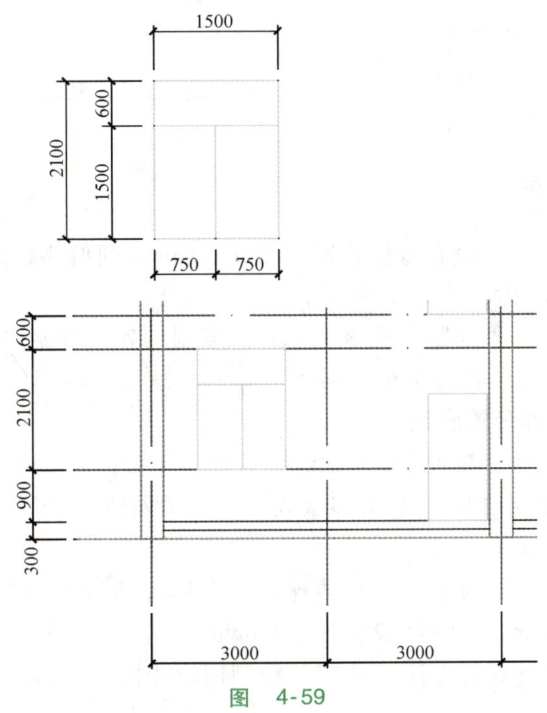

图　4-59

2）利用“阵列”命令绘制一列三行共 3 个窗户，行偏移距离设置为 3600mm。绘制完成如图 4-60 所示。

3）绘制窗户，如图 4-61 所示。

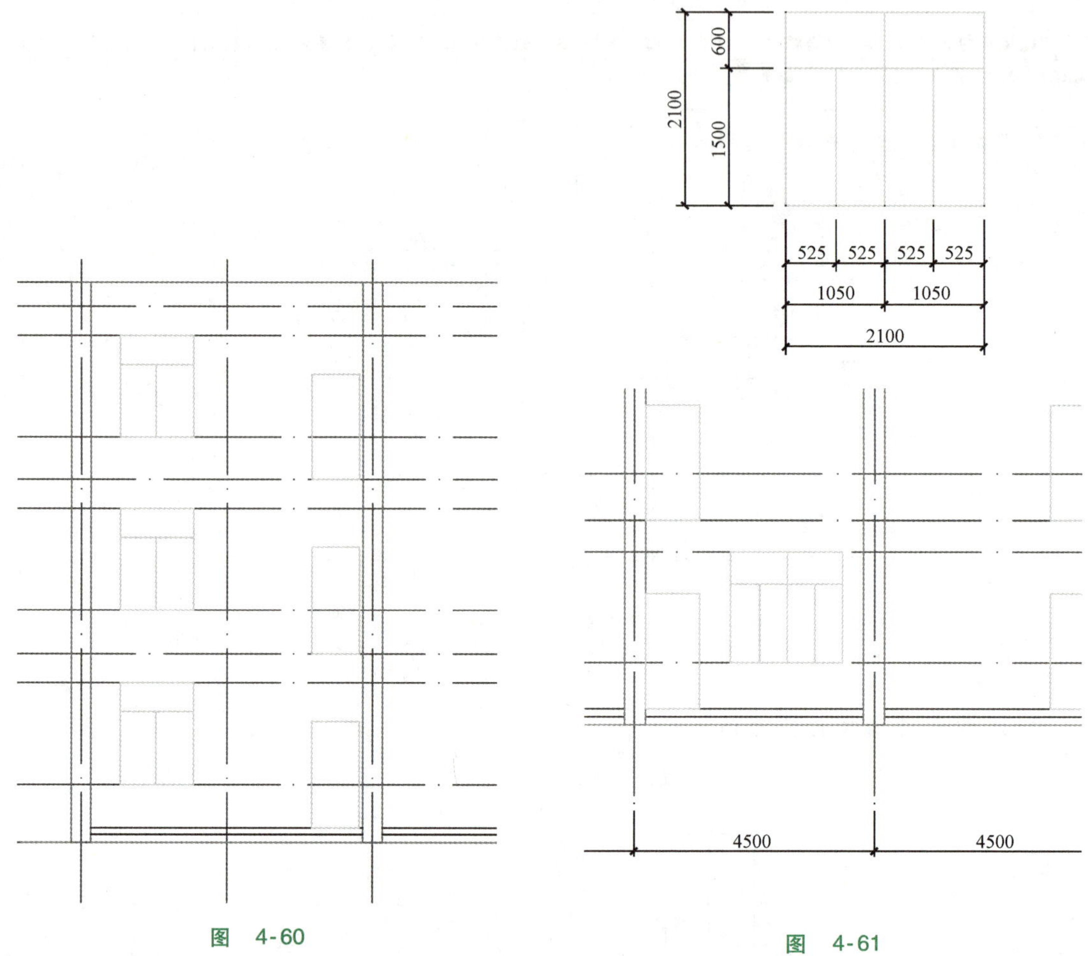

图 4-60

图 4-61

4）执行“阵列”命令，设置行偏移距离为 3600mm，列偏移距离为 3300mm，绘制两列三行共 6 个窗户。绘制完成如图 4-62 所示。

5）最右侧一列窗户用“复制”命令（CO）。复制一列三行窗户进行粘贴在距离 7 号轴线 600mm 的位置，绘制结果如图 4-63 所示。

8. 绘制阳台等其他部分轮廓线

1）执行“直线”命令（L）绘制轮廓线，绘制结果如图 4-64 所示。

2）利用“修剪”命令（TR）修剪多余线段，结果如图 4-65 所示。

9. 绘制楼梯

1）本建筑中楼梯类型均为双跑平行楼梯，每个梯段踏步数均为 12，踏步高为 150mm，左侧楼梯梯段宽为 1600mm，右侧梯段宽为 1300mm。

2）绘制踏步时采用阵列的方法（步骤与绘制门窗相同），绘制结果如图 4-66 所示。

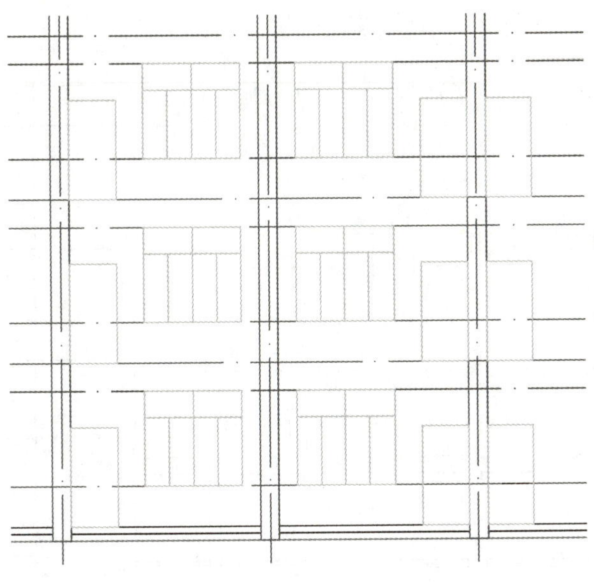

图　4-62

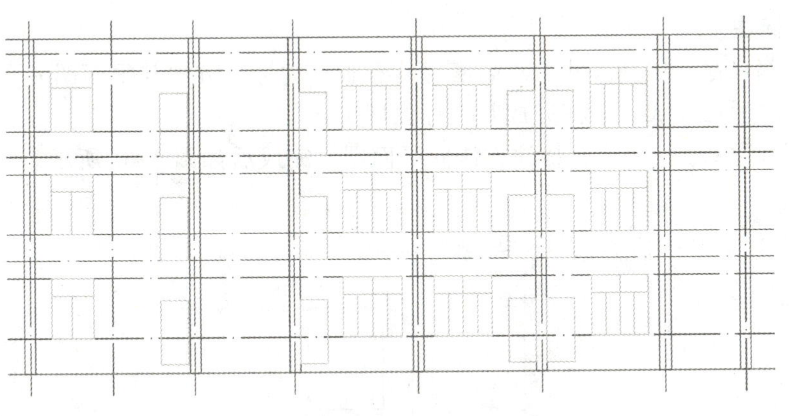

图　4-63

图　4-64

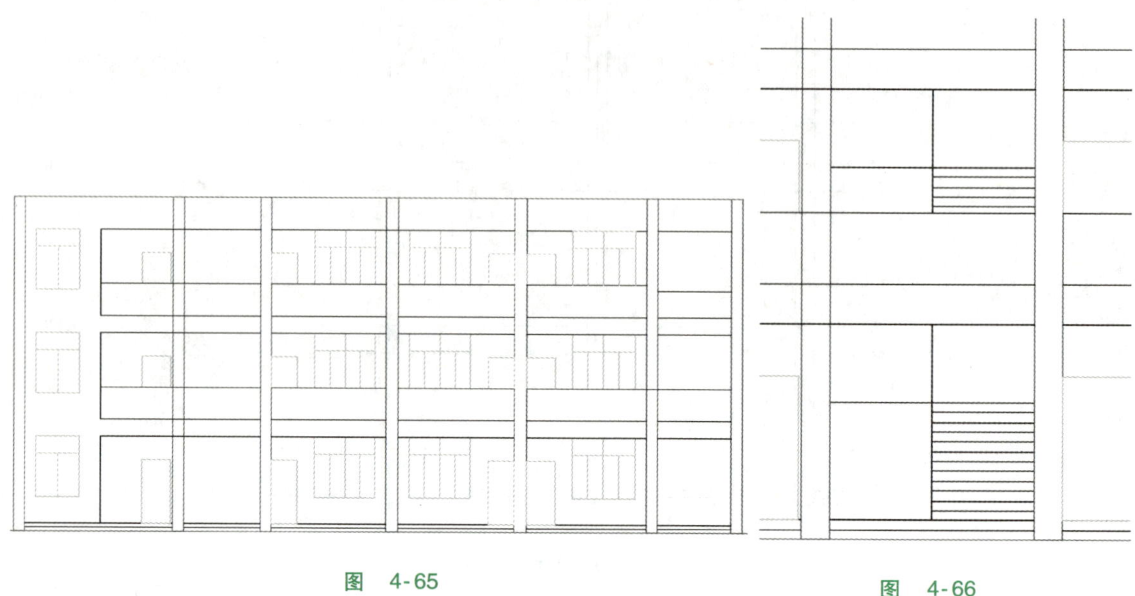

图 4-65　　图 4-66

10. 尺寸标注

立面图细部尺寸、层高尺寸、总高度尺寸和轴号的标注方法与平面图完全相同。细部尺寸在画辅助线之后已完成，只需完成其余标注即可。

打开“标注（bz）”图层，标注方法同平面图，完成后如图 4-67 所示。

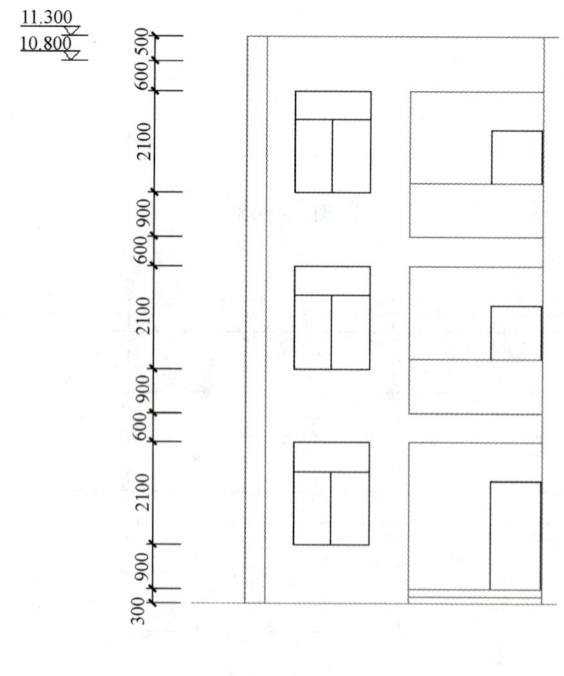

图 4-67

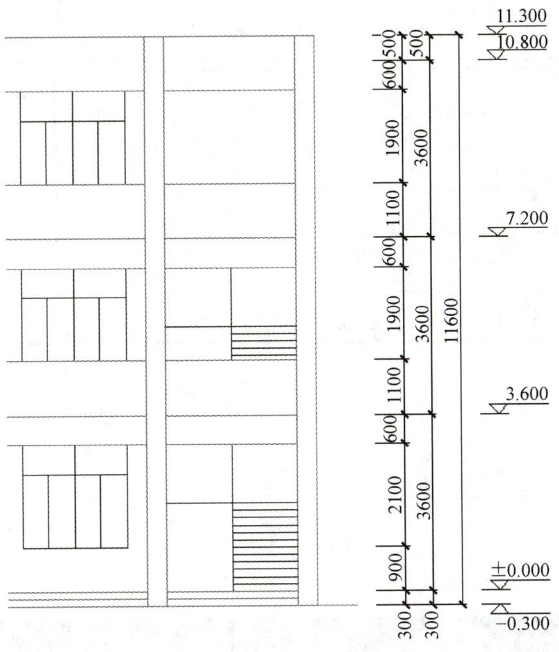

图　4-67（续）

11. 整理立面图

将绘制好的立面图（见图 4-43）放入图框内。

12. 保存

单击或者<Ctrl+S>保存已完成的立面图。

【评价反馈】

对“绘制某实验楼立面图”操作的评价见表 4-3。

表 4-3　对“绘制某实验楼立面图”操作的评价

序号	检测项目	评价任务及权重	自评	小组互评	教师评价
1	样板图的建立	参数建立是否完整，缺少 1 项扣 2 分（10 分）			
2	立面图是否绘制完整	不完整，每项扣 5 分（60 分）			
3	完成时间	规定时间内没完成每超过 10 分钟，扣 2 分（10 分）			
4	工作纪律和态度	团队协作能力差、不爱护仪器设备和环境，酌情扣 10~20 分（20 分）			
任务总评		优□　良□　中□　合格□　不合格□			

【能力拓展】

绘制如图 4-68 所示立面图，绘制过程中部分尺寸参照图 4-41。

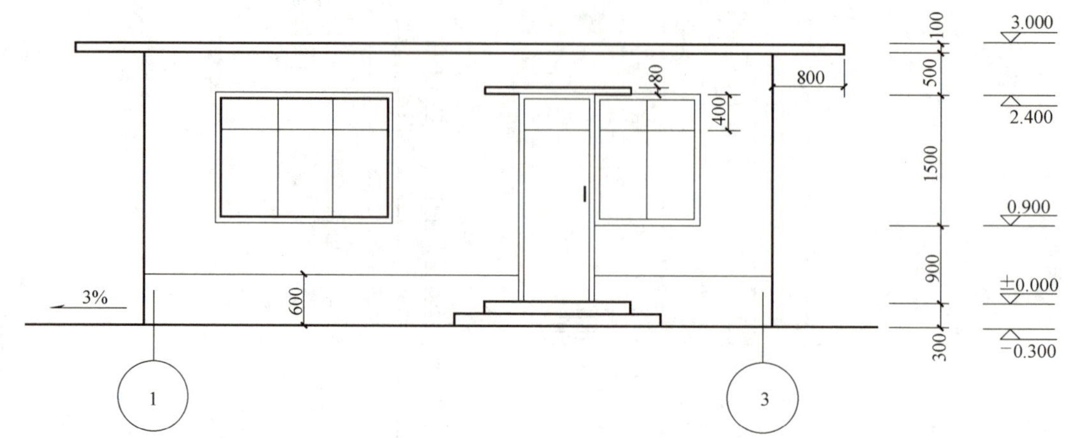

图 4-68

任务 4 绘制实验楼剖面图

【任务描述】

通过上机实践操作，绘制某实验楼剖面图（见图 4-69），从而掌握绘制建筑剖面图的通用步骤、方法和技巧。

绘制实验楼剖面图视频

【任务实施】

建筑剖面图是依据建筑平面图上标明的剖切位置和投影方向，假定用垂直方向的切平面将建筑切开后而得到的正投影图。

建筑剖面图主要表示房屋的内部结构、分层情况、各层高度、楼面和地面的构造以及各配件在垂直方向上的相互关系等内容。

建筑剖面设计的主要内容为：房间竖向的形状、比例、层数、组合各部分高度、采光通风、空间利用等。

房间层高和净高的确定依据是：室内家具设备、人体活动、采光通风、结构类型、照明、技术条件及室内空间比例等要求。

建筑剖面图的绘制内容应包括：

1）剖切到的室内外地坪线用加粗实线绘制。

2）剖切到的各部位的位置、形状，如楼板层、屋顶层、内外墙、楼梯梯段等，用粗实线绘制。

3）剖切到的次要的、不受力的建筑构造和未剖切到的可见部分的位置、形状，如剖切到的门窗和未剖切到的楼梯梯段、楼梯栏杆扶手、踢脚板、门窗等，用中实线绘制。

4）室内和室外尺寸的标注、标高、定位轴线、详图索引符号、图例等，用细实线绘制。

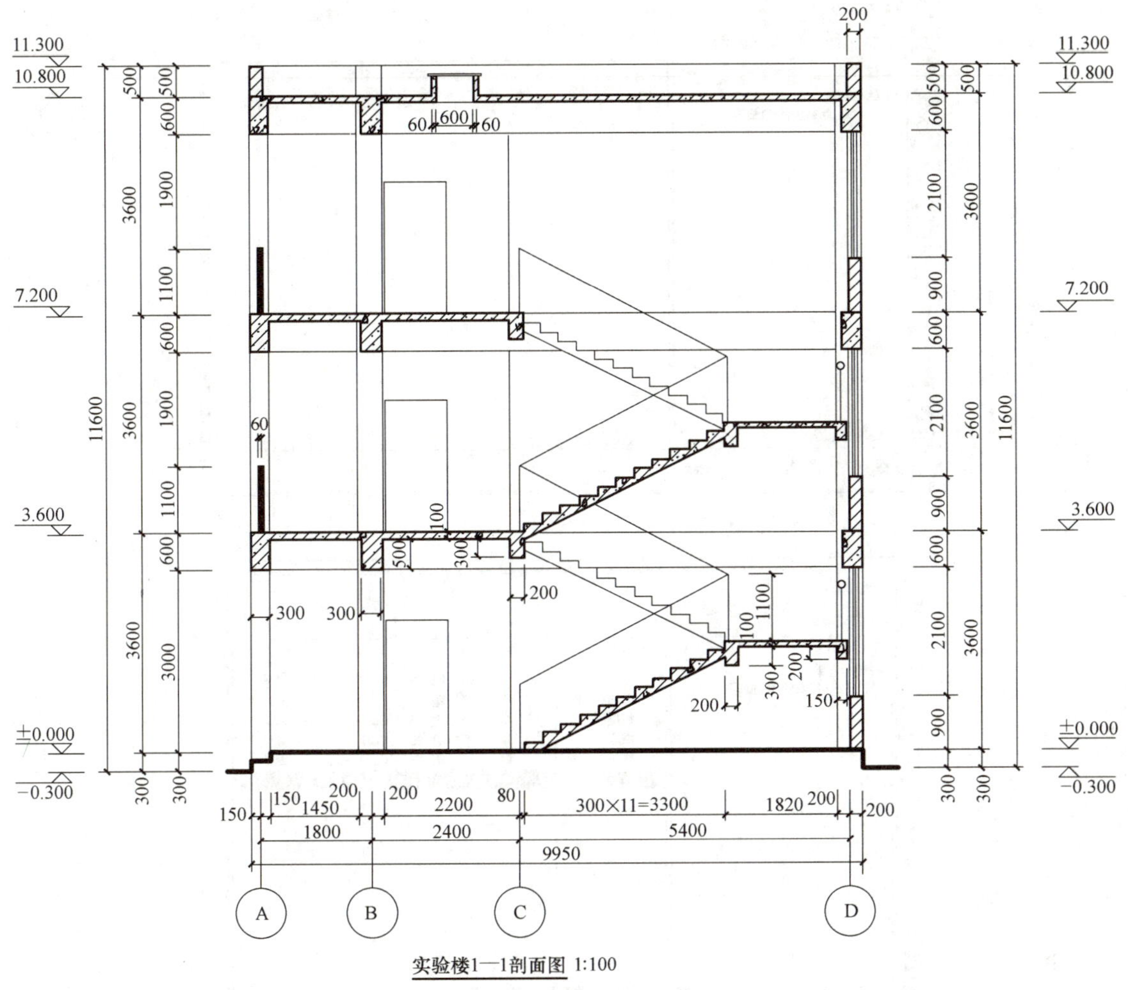

图 4-69

1. 绘图环境的设置

（1）新建图层

1）在命令行中输入“LA”回车，弹出“图层特性管理器”窗口，如图 4-70 所示。

2）新建 5 个空白图层，如图 4-71 所示。

3）根据要求建立图层，如图 4-72 所示。

①“辅助线”图层：颜色“红色”，线型“连续线”，线宽“默认”，不打印，用于作绘图辅助线。

②“加粗实线”图层：颜色“洋红”，线型“连续线”，线宽“0.9mm”，用于绘制室内、外地坪线。

③“粗实线”图层：颜色“蓝色”，线型“连续线”，线宽“0.6mm”，用于绘制被剖切到的建筑构造（如墙、梁、柱、板、楼梯等）。

④“中实线”图层：颜色“绿色”，线型“连续线”，线宽“0.3mm”，用于绘制被剖切到的次要建筑构造（如门扇、窗扇等）和未剖切到但可见的轮廓线。

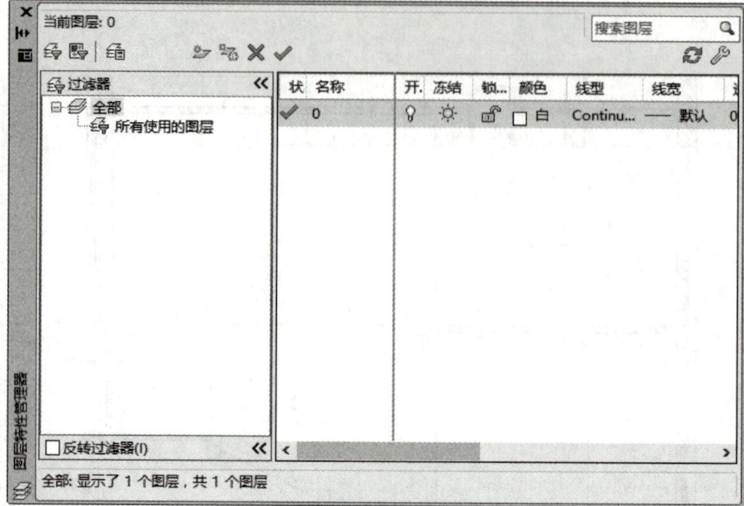

图 4-70

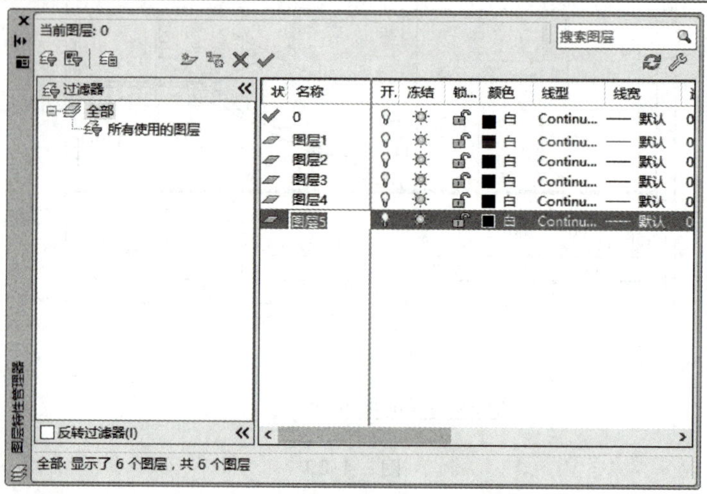

图 4-71

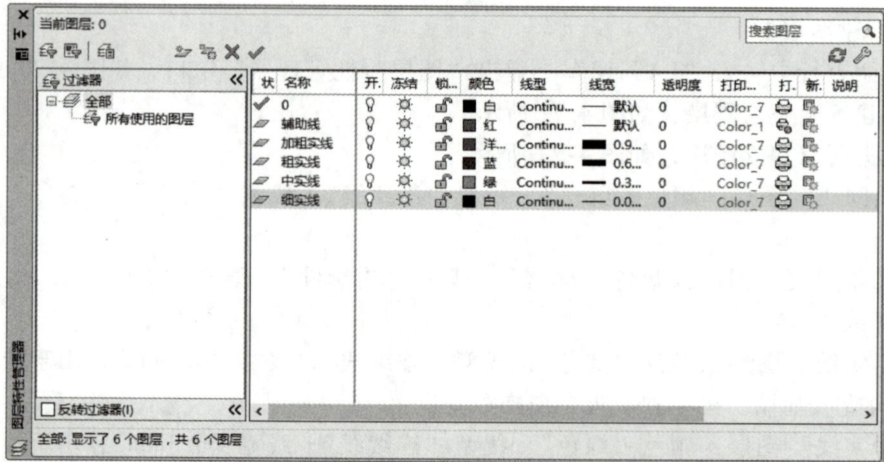

图 4-72

⑤“细实线”图层：颜色“白色”，线型“连续线”，线宽“0.05mm”，用于标注尺寸、标高、定位轴线、详图索引符号和填充图例等。

（2）设置文字样式

1）命令行输入“ST”回车，弹出“文字样式”对话框，如图 4-73 所示。

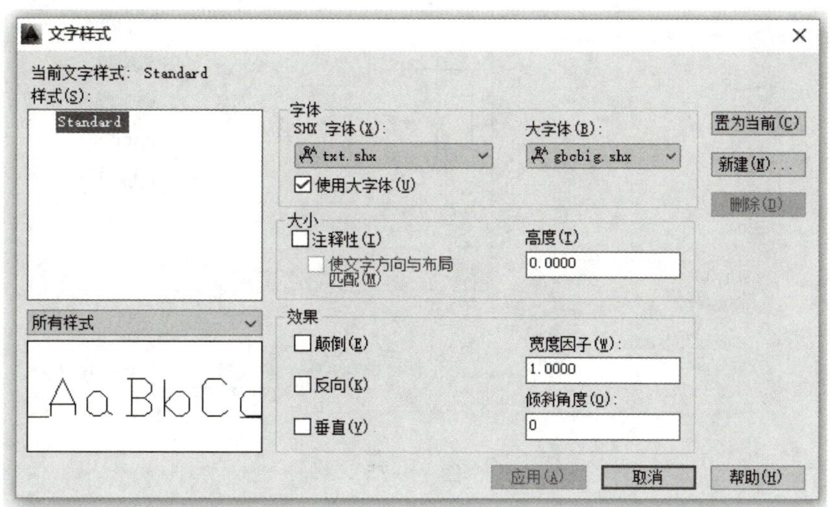

图　4-73

2）新建“汉字”样式，如图 3-4 所示。

3）设置“字体名”为“仿宋”，“宽度因子”为“0.7000”，如图 4-74 所示。

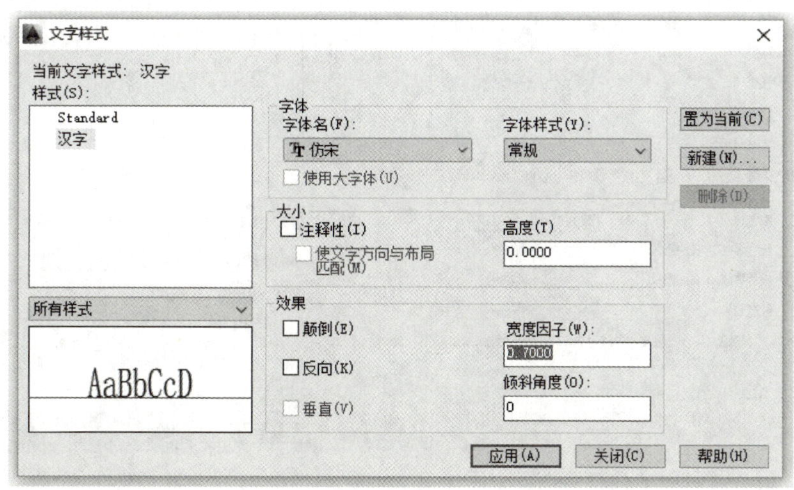

图　4-74

（3）设置标注样式

1）命令行输入“D”回车，弹出“标注样式管理器”对话框，如图 4-75 所示。

2）新建“建筑”样式，如图 3-16 所示。

3）单击“继续”按钮后，弹出“新建标注样式：建筑”对话框。在“线”选项卡上修改参数，将“基线间距”改为“400”，“超出尺寸线”改为“80”，“起点偏移量”改为“150”，如图 4-76 所示。

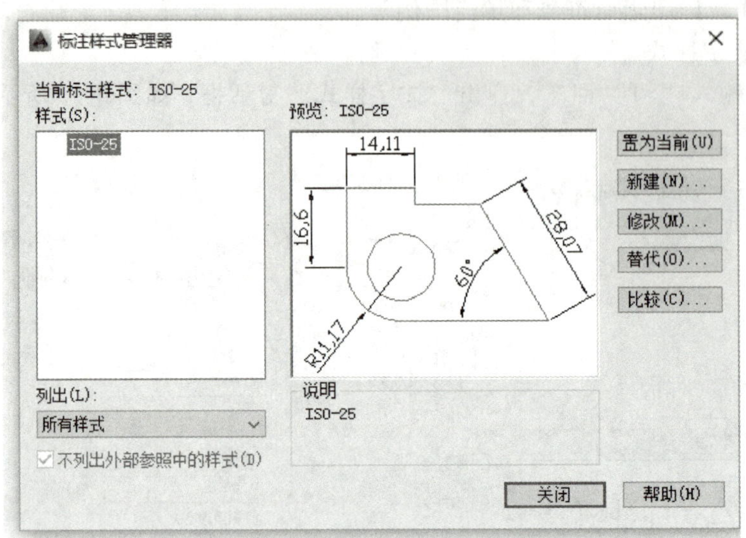

图 4-75

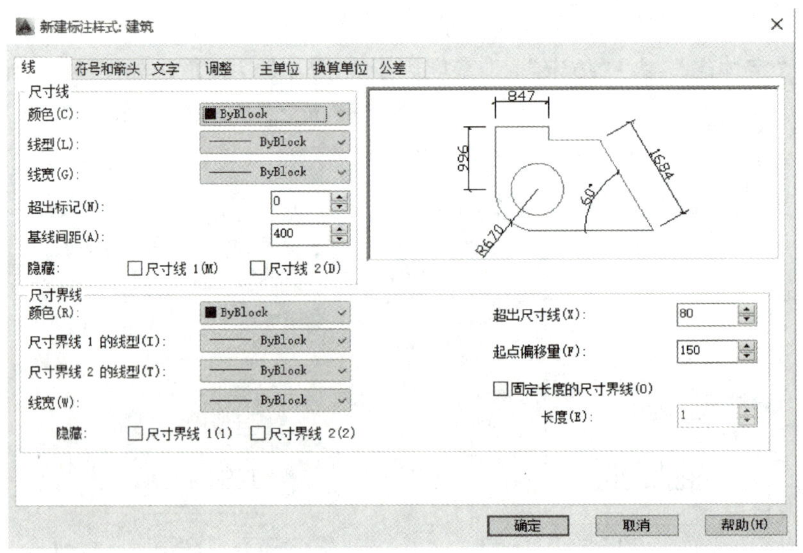

图 4-76

4）在“符号和箭头”选项卡中，将“箭头”改为“建筑标记”，“箭头大小”改为“80”，如图 4-77 所示。

5）在“文字”选项卡中，将“文字高度”改为“150”，“从尺寸线偏移”改为“20”，如图 4-78 所示。

6）在“调整”选项卡中，“文字位置”选项组里选择“尺寸线上方，不带引线”，如图 4-79 所示。

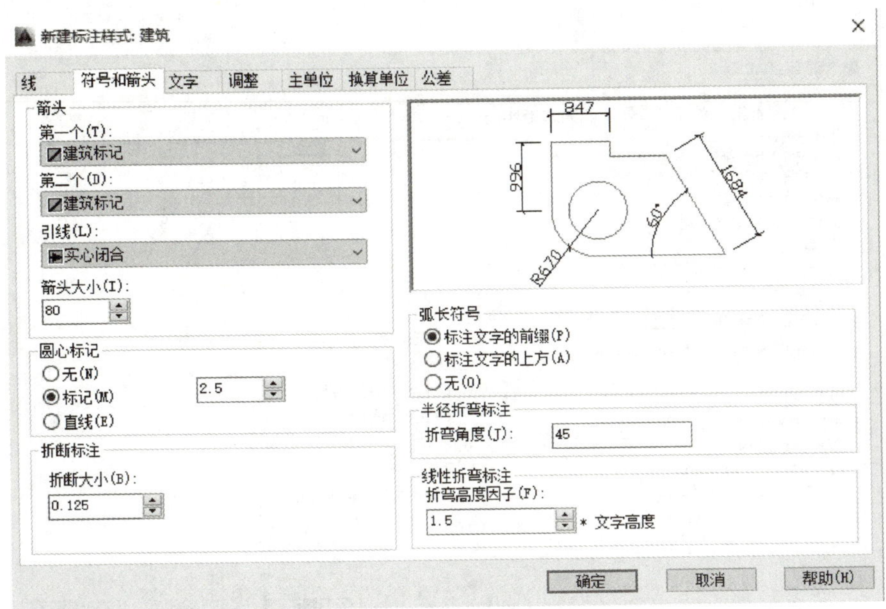

图　4-77

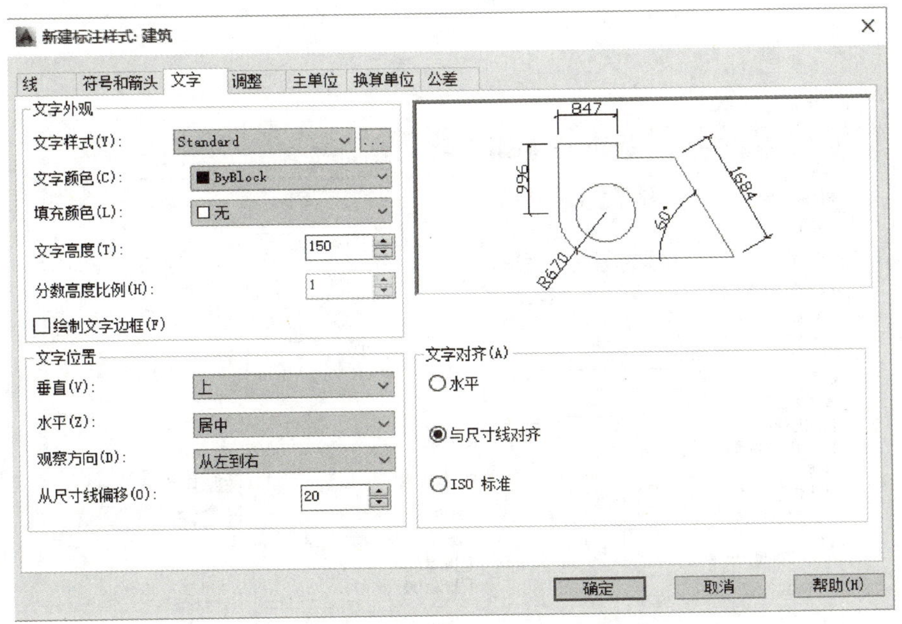

图　4-78

7）在“主单位”选项卡中，“精度”选“0”，如图 4-80 所示。

8）将“建筑”样式置为当前，如图 4-81 所示。

2. 绘制剖面图的步骤

（1）绘制剖面图辅助线

1）从已绘制好的平面图和立面图中复制剖面图需要的尺寸标注放到新位置，如图 4-82 所示。

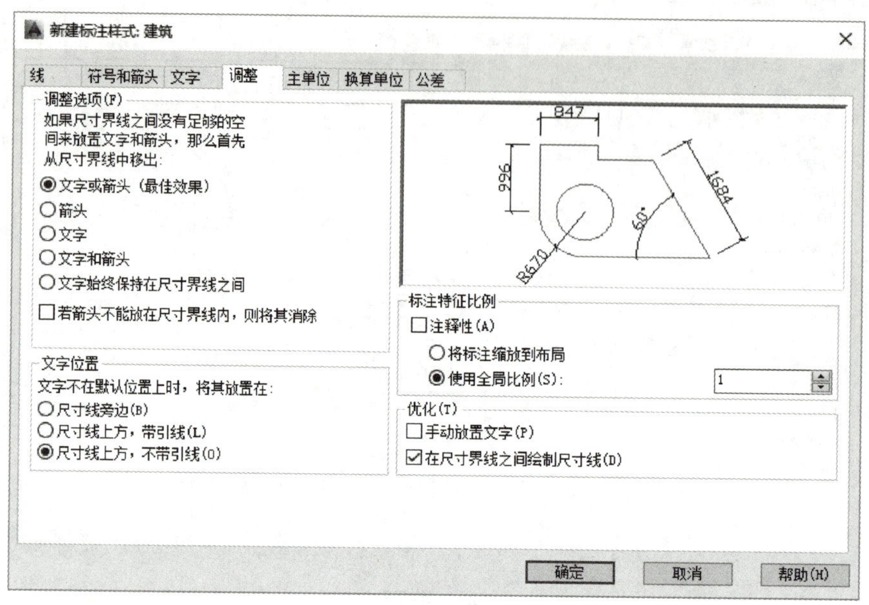

图 4-79

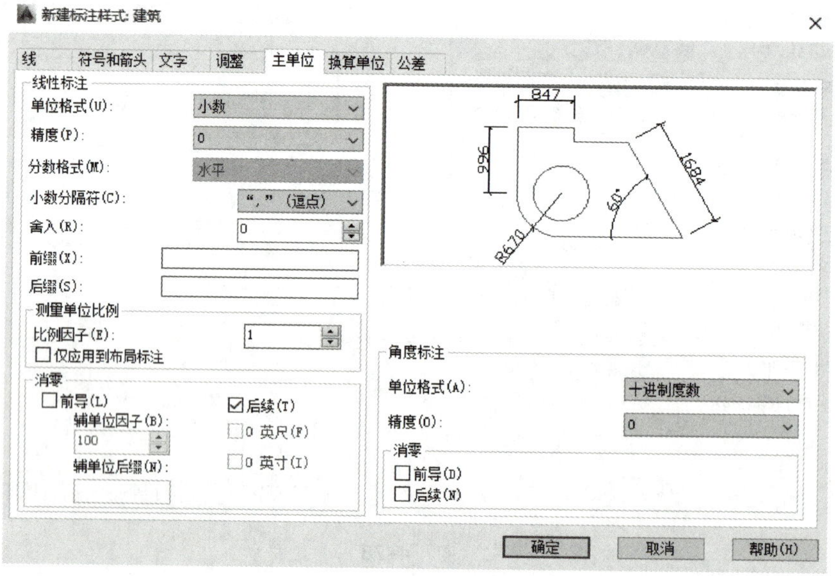

图 4-80

2）在“辅助线”图层上，根据标注尺寸，用“直线”命令（L）绘制横向和竖向辅助线，用“偏移”命令（O）根据轴线尺寸和层高尺寸绘制其余辅助线，如图 4-83 所示。

（2）绘制室内、外地坪线及台阶　切换到“加粗实线”图层，用“直线”命令绘制室内、外地坪线及台阶，如图 4-84 所示。

标注样式管理器
当前标注样式: jz
样式(S):
jz
Standard
建筑
预览: 建筑
置为当前(U)
新建(N)...
修改(M)...
替代(O)...
比较(C)...
列出(L):
所有样式
不列出外部参照中的样式(D)
说明
jz
关闭
帮助(H)

图　4-81

11.300
10.800
7.200
3.600
±0.000
-0.300
11600
A
B
C
D
9950
1800
2400
5400
300×11=3300

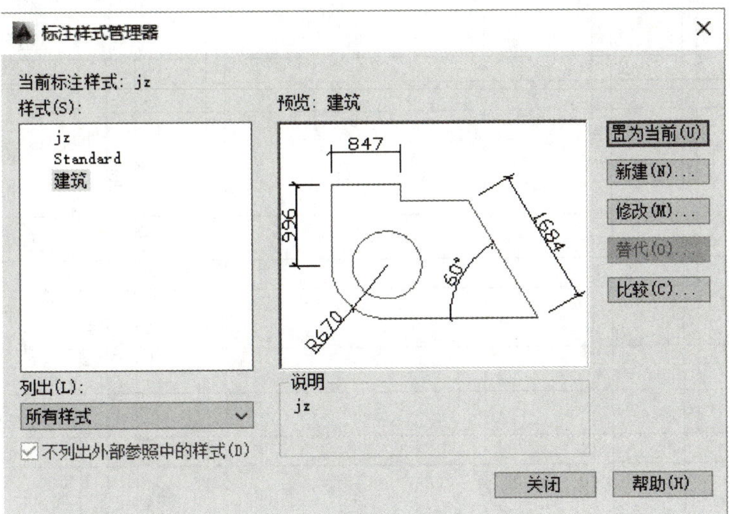

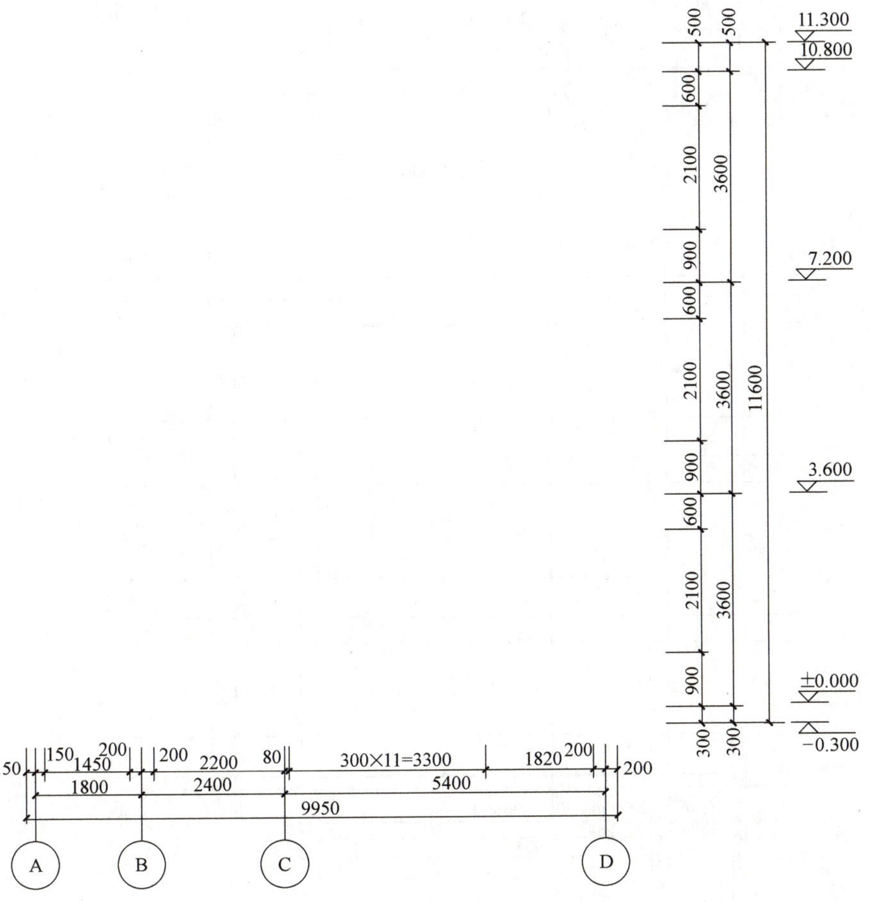

图　4-82

11.300
10.800
7.200
3.600
±0.000
−0.300
500
600
2100
900
300
3600
11600
150
1450
1800
200
2200
2400
80
300×11=3300
1820
5400
9950
A
B
C
D

图 4-83

11.300
10.800
7.200
3.600
±0.000
−0.300
500
600
2100
900
300
3600
11600
150
1450
1800
200
2200
2400
80
300×11=3300
1820
5400
9950
A
B
C
D

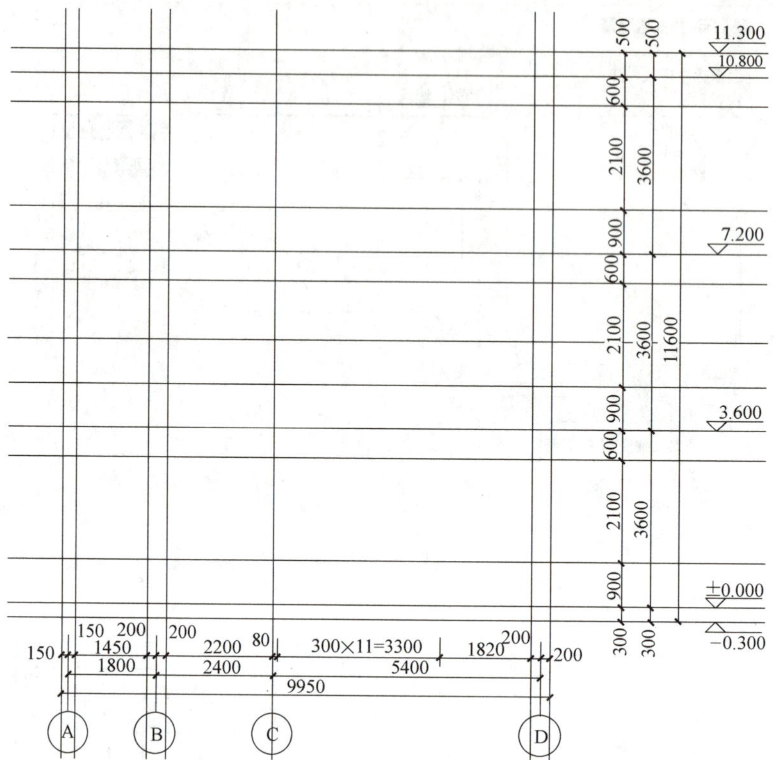

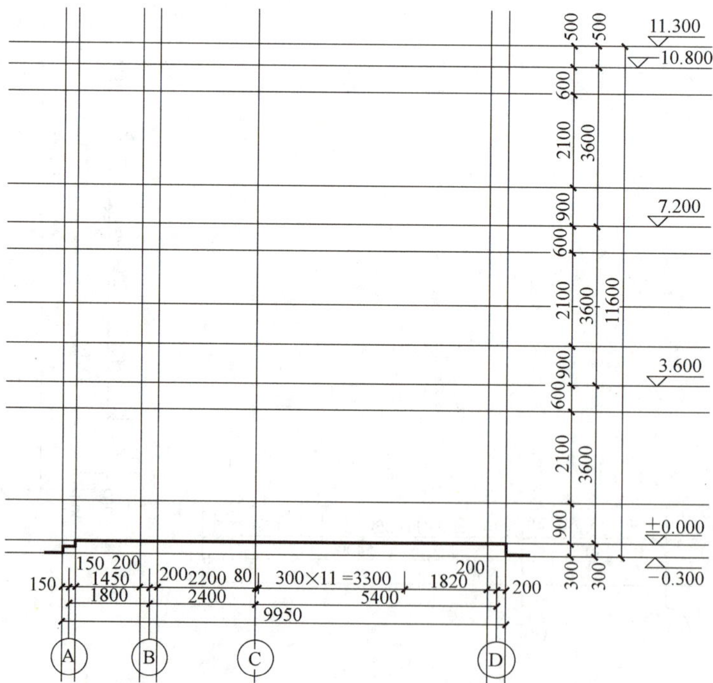

图 4-84

(3) 绘制建筑构造　换“粗实线”图层，绘制被剖切到的建筑构造，如墙、梁、柱、板、楼梯等。

1) 用“直线”命令在距离Ⓒ轴 80mm 处绘制第一个踏步，高 150mm，宽 300mm，如图 4-85 所示。

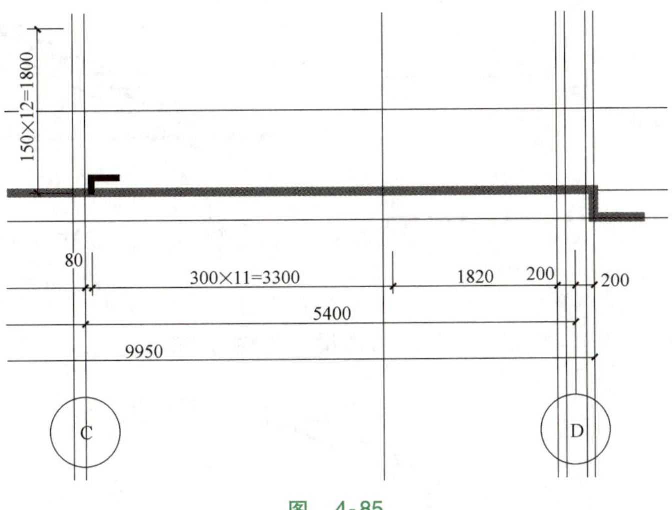

图　4-85

2) 用“复制”命令绘制其余踏步，如图 4-86 所示。

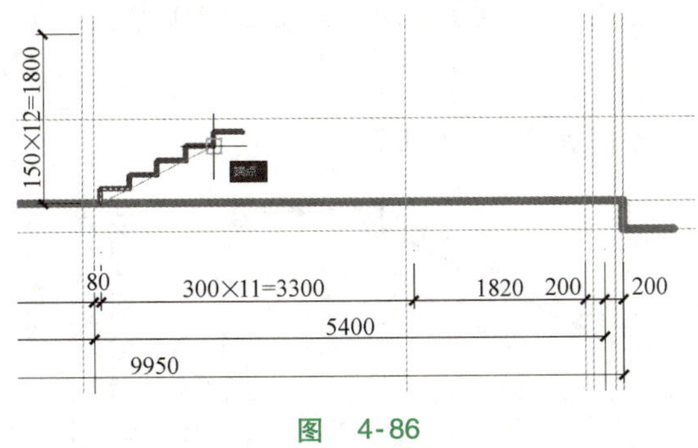

图　4-86

3) 用“直线”命令绘制休息平台，如图 4-87 所示。

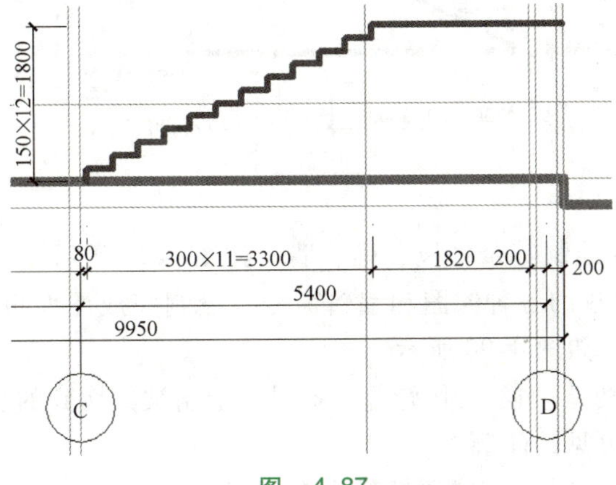

图　4-87

4）用“直线”命令连接本梯段的第一个踏步至最后一个踏步，如图 4-88 所示。

5）用“偏移”命令，输入偏移距离 150mm，偏移出梯段底板线，如图 4-89 所示。

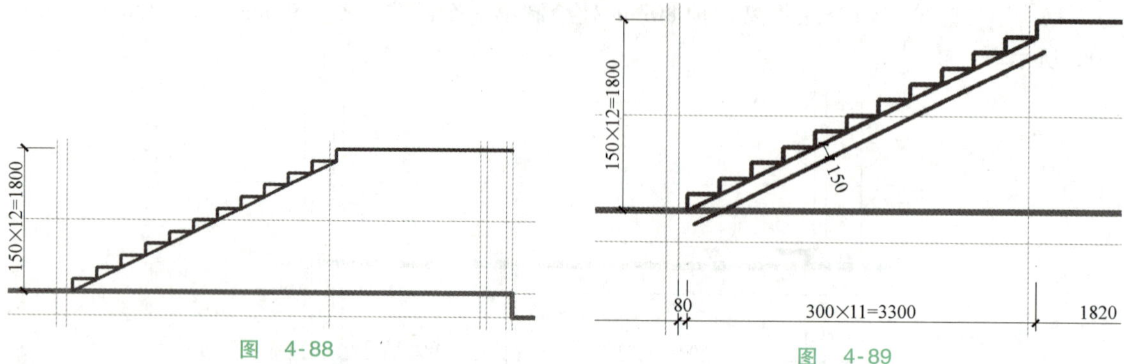

图 4-88　　图 4-89

6）用“直线”命令绘制休息平台板和梯梁，如图 4-90 所示。

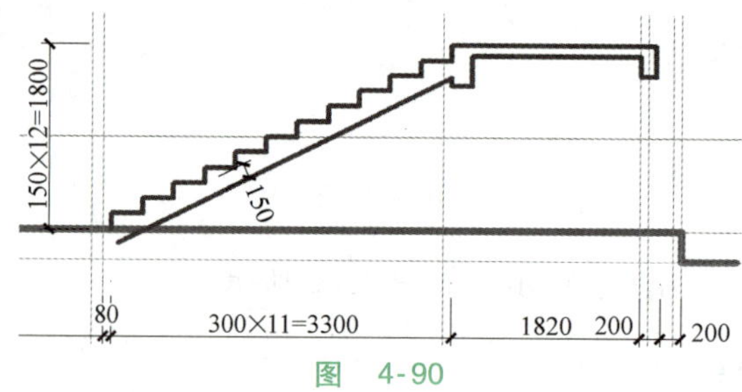

图 4-90

7）复制一楼梯段至二楼，如图 4-91 所示。

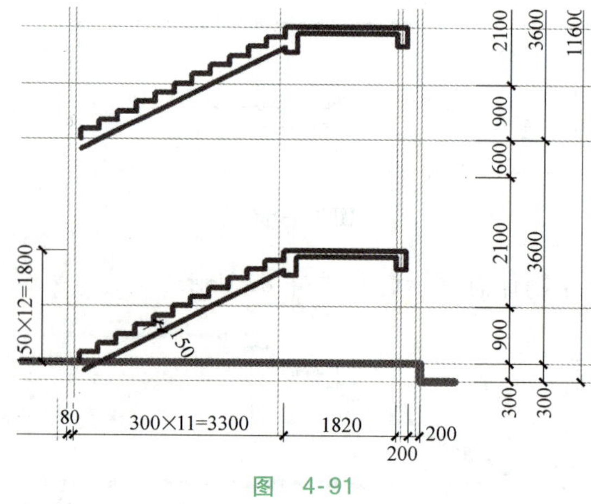

图 4-91

8）用“直线”命令绘制其余楼板、梁、墙，如图 4-92 所示。

9）灵活运用前面学过的各种绘图和编辑命令，绘制完成屋面板、检修孔，及其余被剖切到的结构受力的构件，如图 4-93 所示。

（4）绘制次要建筑构造　换“中实线”图层，绘制被剖切到的次要建筑构造（如门扇、窗扇等）和未剖切到但可见的轮廓线。

1）用“镜像”命令，从已有梯段镜像出未剖切到的梯段，如图 4-94 所示。

60
1100
600
3000
300
100
500
300
200
300
300
150×12=1800
150
2100
900
600
2100
900
300
3600
3600
300
11.300
10.800
7.200
3.600
±0.000
−0.300
500
500
600
2100
3600
900
600
2100
3600
11600
900
600
2100
3600
900
300
300
150
150
1450
200
200
2200
80
300×11=3300
1820
200
200
1800
2400
5400
9950
A
B
C
D

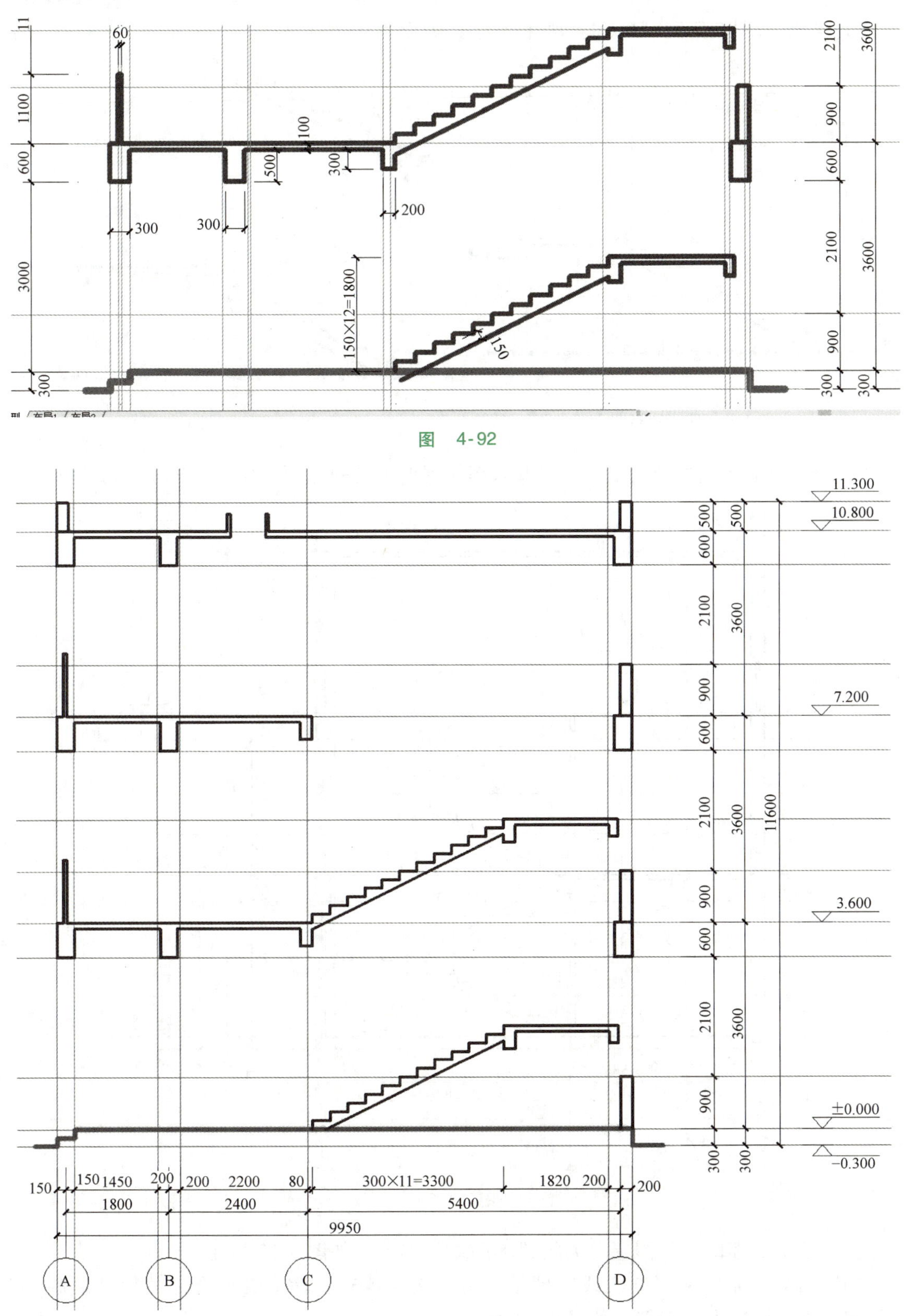

图　4-92

图　4-93

2）绘制未剖切到的梯段底板和栏杆扶手，如图 4-95 所示。

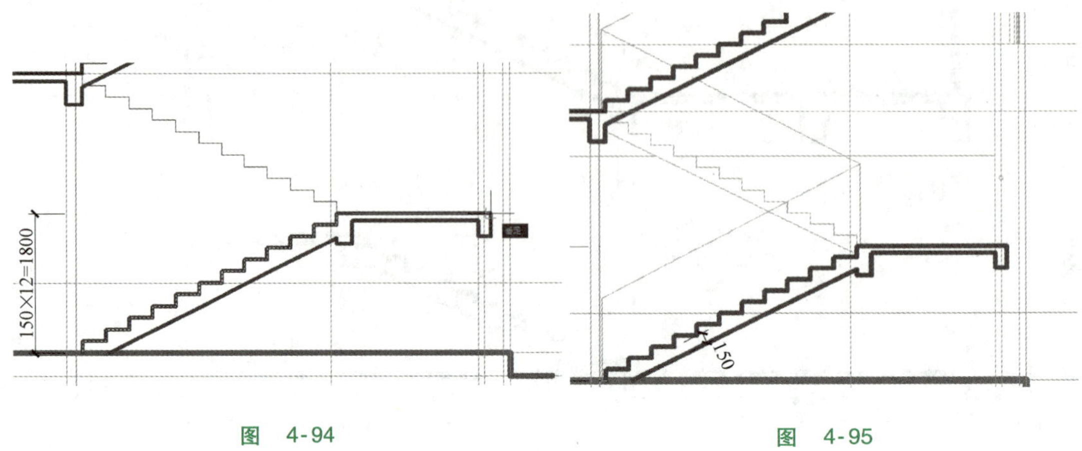

图 4-94　　　　图 4-95

3）绘制其余被剖切到的门窗，以及未剖切到但可见的轮廓，如图 4-96 所示。

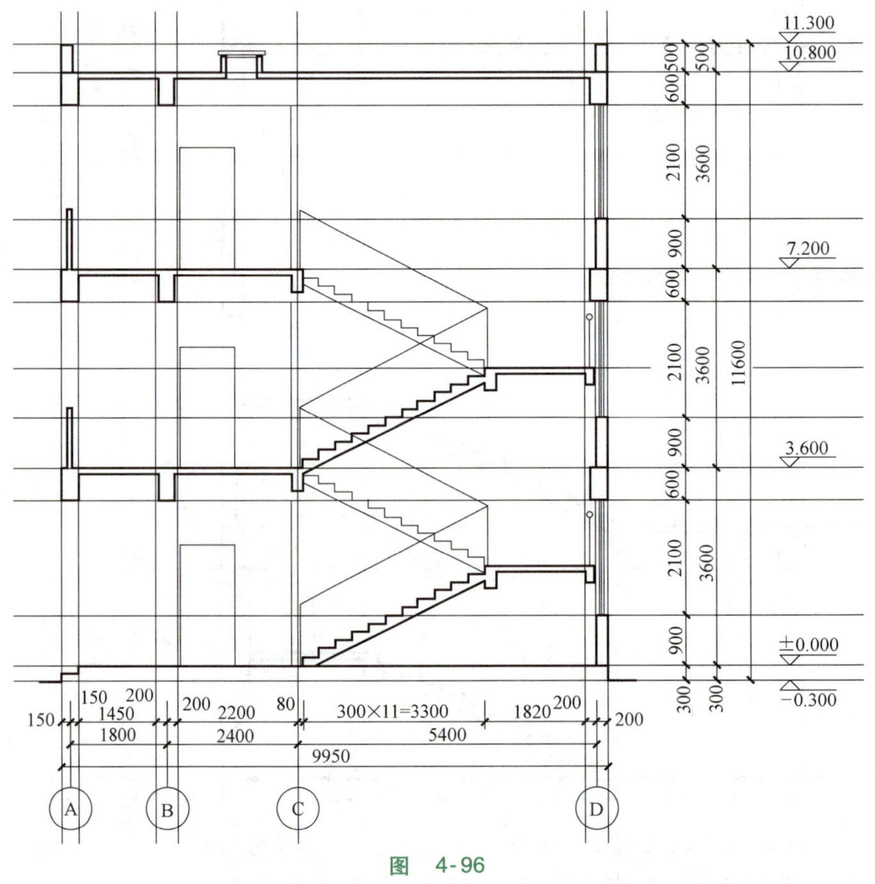

图 4-96

（5）关闭“辅助线”图层　关闭“辅助线”图层，如图 4-97 所示。

（6）图案填充　换“细实线”图层，用“图案填充”命令选取合适的比例绘制“砖墙”和“钢筋混凝土”图例，如图 4-98 所示。

11.300
10.800
7.200
3.600
±0.000
−0.300
500
600
2100
900
3600
11600
300
150
1450
200
1800
2400
2200
80
300×11=3300
1820
5400
9950
A
B
C
D

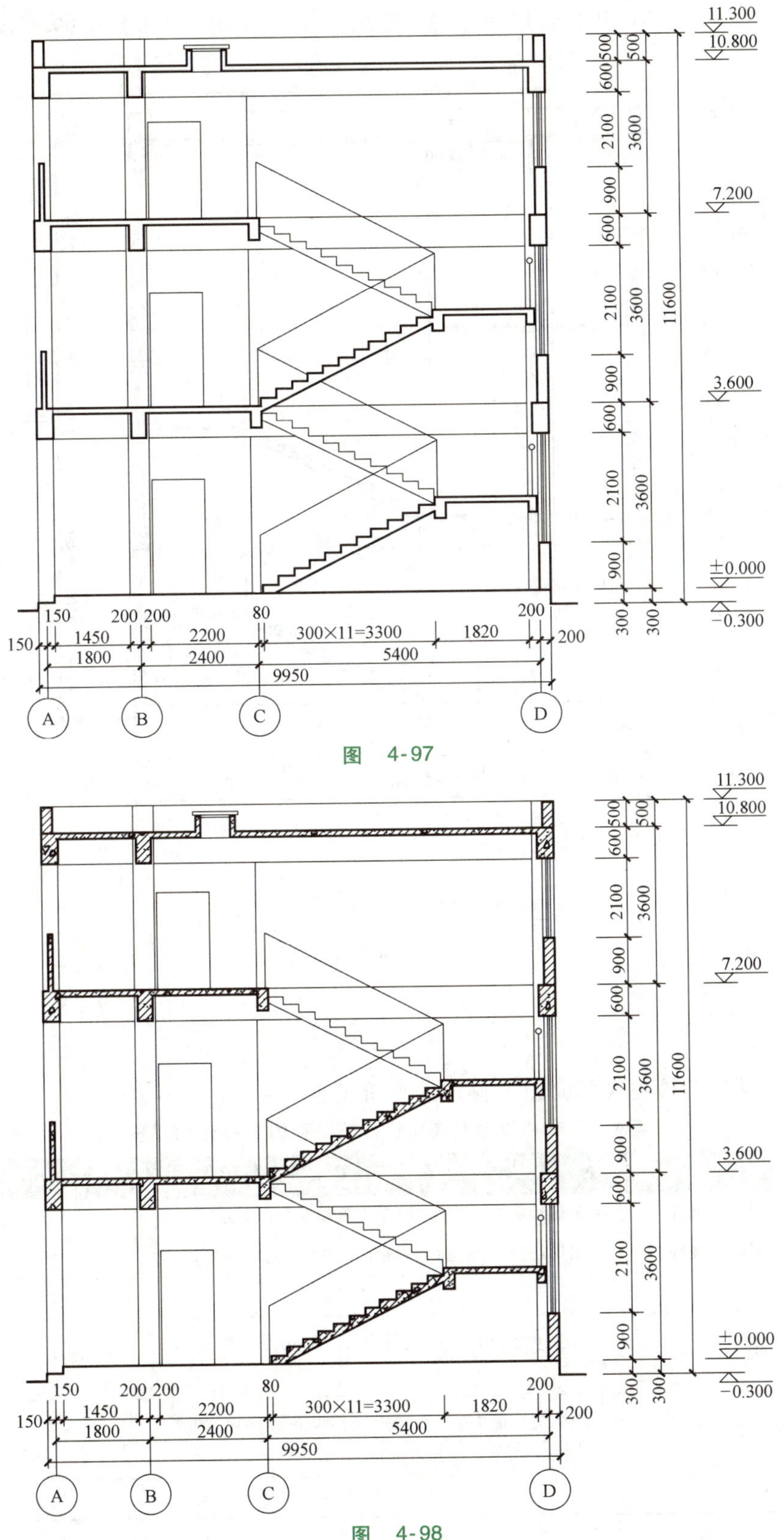

图　4-97

图　4-98

（7）完成剖面图　标注其余尺寸，书写图名，完成剖面图，如图 4-99 所示。

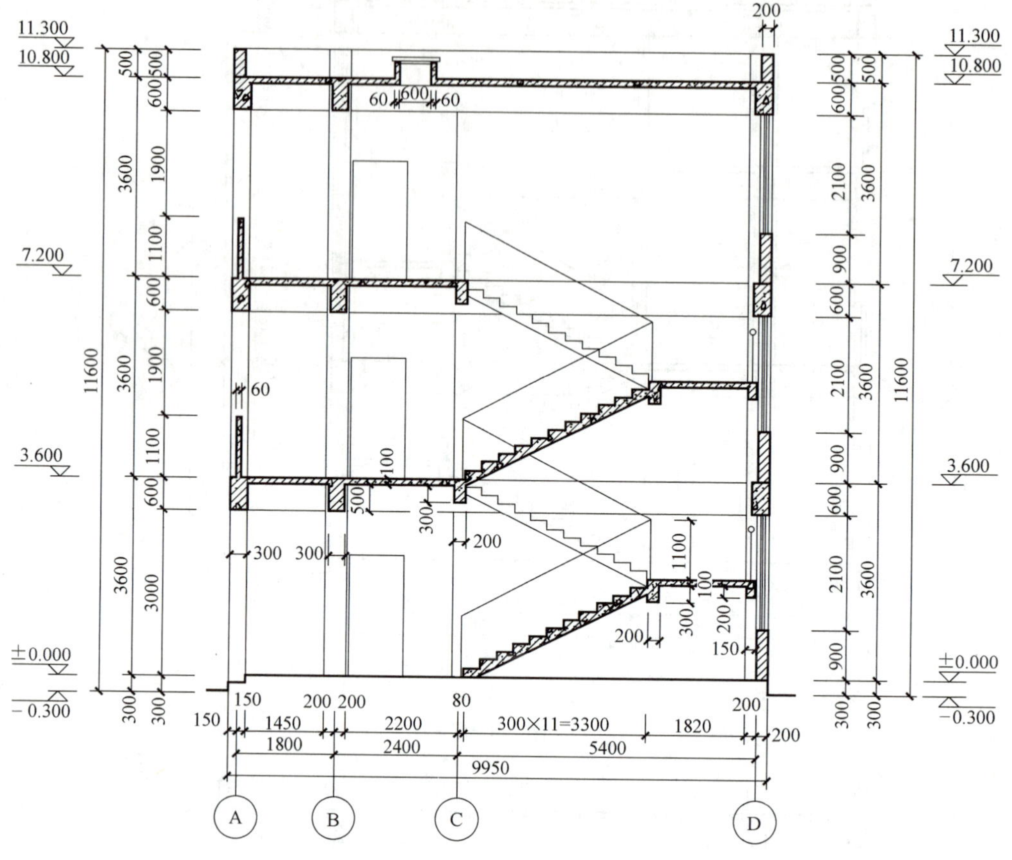

实验楼1—1剖面图 1:100

图 4-99

评价反馈

对“绘制某实验楼建筑剖面图”操作的评价见表 4-4。

表 4-4　对“绘制某实验楼建筑剖面图”操作的评价

序号	检测项目	评价任务及权重	自评	小组互评	教师评价
1	图形绘制的完整性	图形绘制是否完整，缺少 1 项扣 5 分(30 分)			
2	图形绘制的准确性	图形绘制是否准确，1 项不准确扣 5 分(30 分)			
3	图形布局	图形布局不美观，酌情扣 2~5 分(10 分)			
4	完成时间	规定时间内没完成每超过 10 分钟，扣 2 分(10 分)			
5	工作纪律和态度	团队协作能力差、不爱护仪器设备和环境，酌情扣 10~20 分(20 分)			
任务总评		优□　良□　中□　合格□　不合格□			

项目五

绘制楼梯、墙身详图

【项目概述】

建筑详图是对建筑的细部或构配件用较大的比例（如 1：20、1：10、1：5、1：2、1：1等）将其形状、大小、材料和做法，按正投影图的画法，详细地表示出来的图样。

详图的表示方法，视细部的构造复杂程度而定，有时只需一个剖面详图就能表达清楚（如墙身剖面图），有时还需另加平面详图（如楼梯间、卫生间等）或立面详图（如门窗）。

本项目以某实验楼的楼梯详图和外墙身详图为例，通过绘制步骤的示范讲解，使读者能分清线型的粗细，及分别应使用在哪些部位。

详图线型的选用与剖面图相同。

任务 1　绘制某实验楼的楼梯详图

【任务描述】

通过上机实践操作，绘制某实验楼的楼梯详图，如图 5-1 所示。

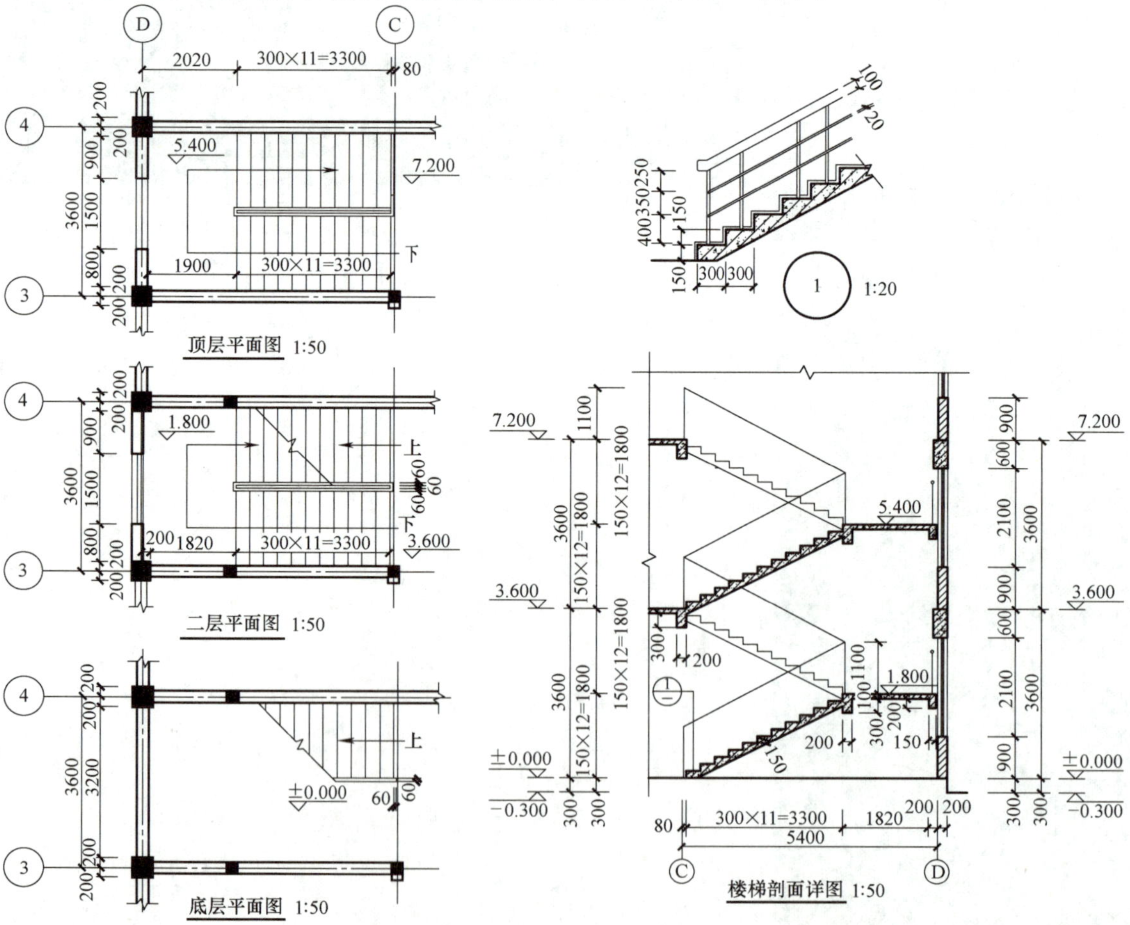

顶层平面图 1:50

二层平面图 1:50

底层平面图 1:50

1 1:20

楼梯剖面详图 1:50

图　5-1

【任务实施】

绘制楼梯详图视频

楼梯的构造一般较复杂，所以需要另画详图表示。

楼梯详图主要表示楼梯的类型、结构形式、各部位的尺寸及装修做法，是楼梯施工放样的主要依据。

楼梯详图一般包括平面图、剖面图及踏步、栏杆详图等，并尽可能画在同一张图纸内。平、剖面图比例要一致，以便对照读图。踏步、栏杆详图比例要大些，以便表达清楚该部分的构造情况。

楼梯详图的绘制内容应包括：

1）楼梯平面详图：一般每一层楼都要画一楼梯平面图。但三层以上的建筑，若中间各层楼梯都相同时，通常只画出底层、中间层和顶层三个平面图即可。楼梯平面图中，除注出楼梯间的开间和进深尺寸、楼地面和平台面的标高尺寸外，还需要注出各细部的详细尺寸。通常把梯段长度尺寸与踏面数、踏面宽的尺寸合并写在一起。三个平面图画在同一张图纸内，并互相对齐，这样既便于阅读，又可省略标注一些重复的尺寸。

2）楼梯剖面详图：应表达出建筑的层数、楼梯的梯段数、步级数以及楼梯的类型及其结构形式。应注明地面、平台面、楼面等的标高和梯段、栏杆的高度尺寸等。

3）踏步、栏杆、扶手的详图用更大的比例画出它们的形式、大小、材料以及构造情况等。

1. 绘制楼梯平面详图

1）调出已绘制好的实验楼底层、二层和顶层平面图，复制在旁边，在“辅助线”图层，用“矩形”命令画矩形，框出要截取的楼梯平面详图的部分，如图 5-2 所示。

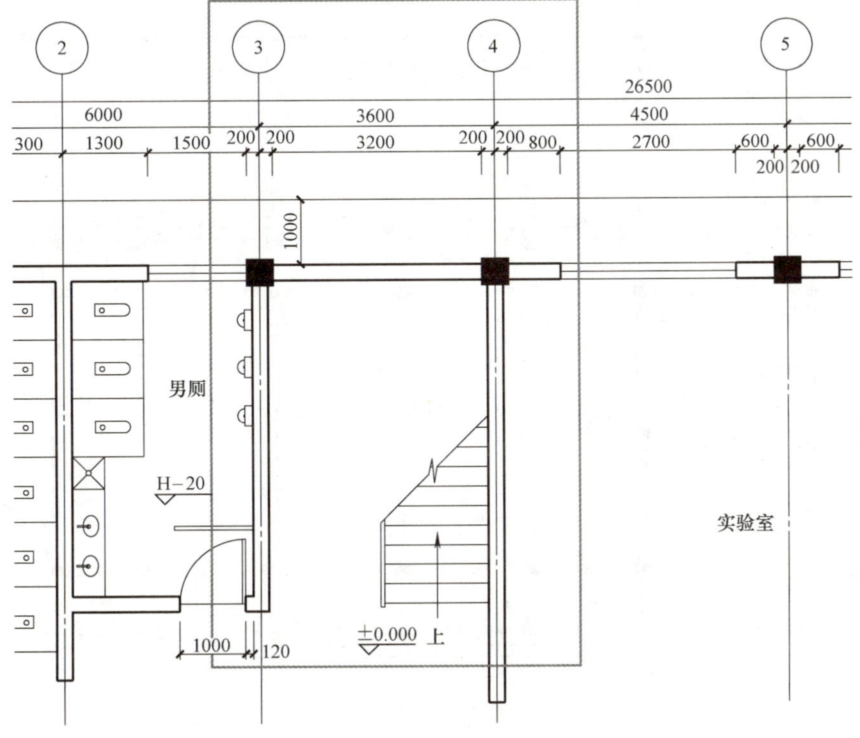

图　5-2

2）将截取框复制到二层和顶层平面图的相同位置上，如图 5-3 所示。

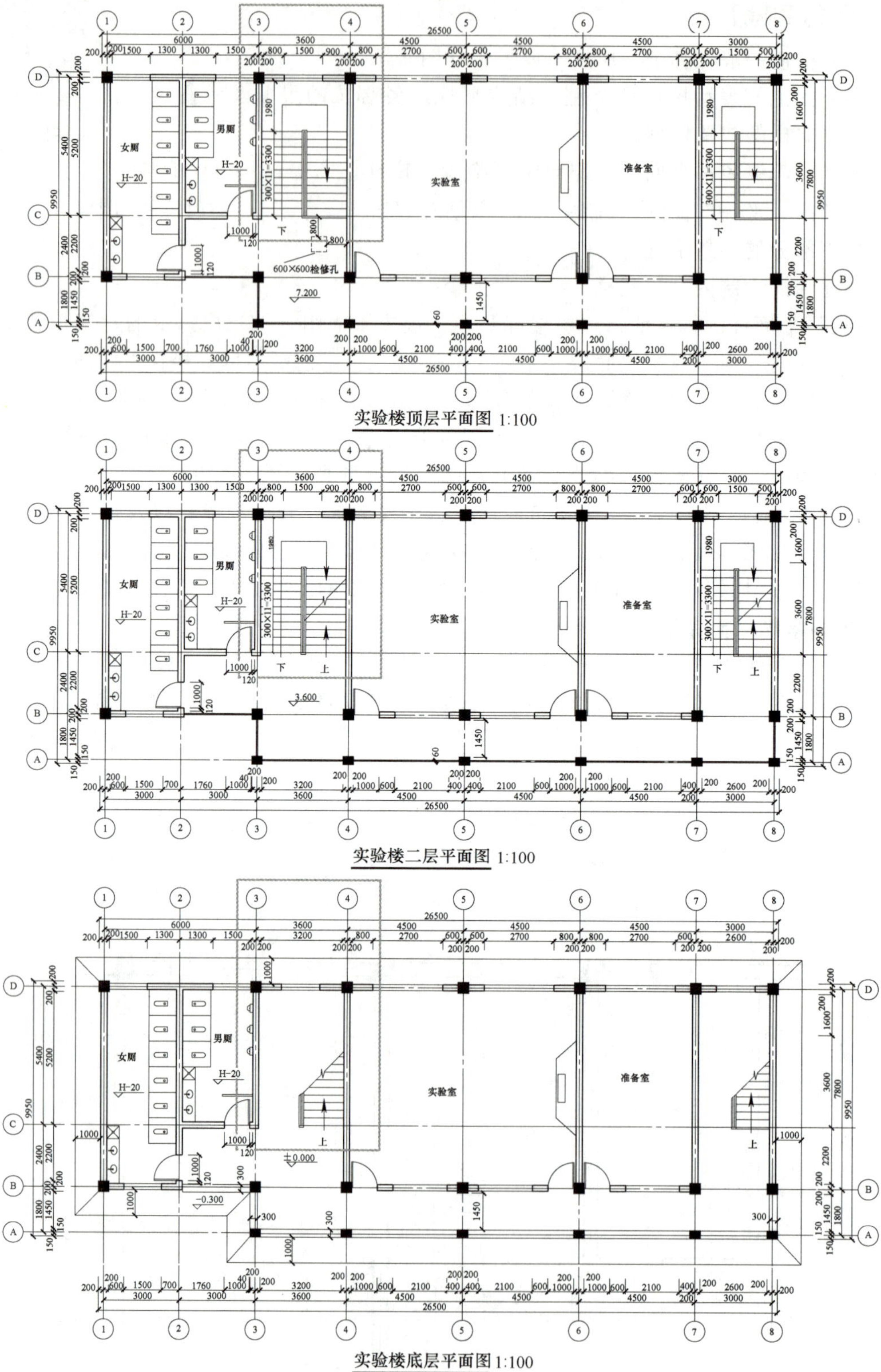

实验楼顶层平面图 1:100

实验楼二层平面图 1:100

实验楼底层平面图 1:100

图 5-3

3）用“分解”命令将与截取框相交的多线（如门、窗）分解，再用“修剪”命令，将截取框周围的线全部剪掉，如图 5-4 所示。

4）将截取框之外不需要的部分删除，如图 5-5 所示。

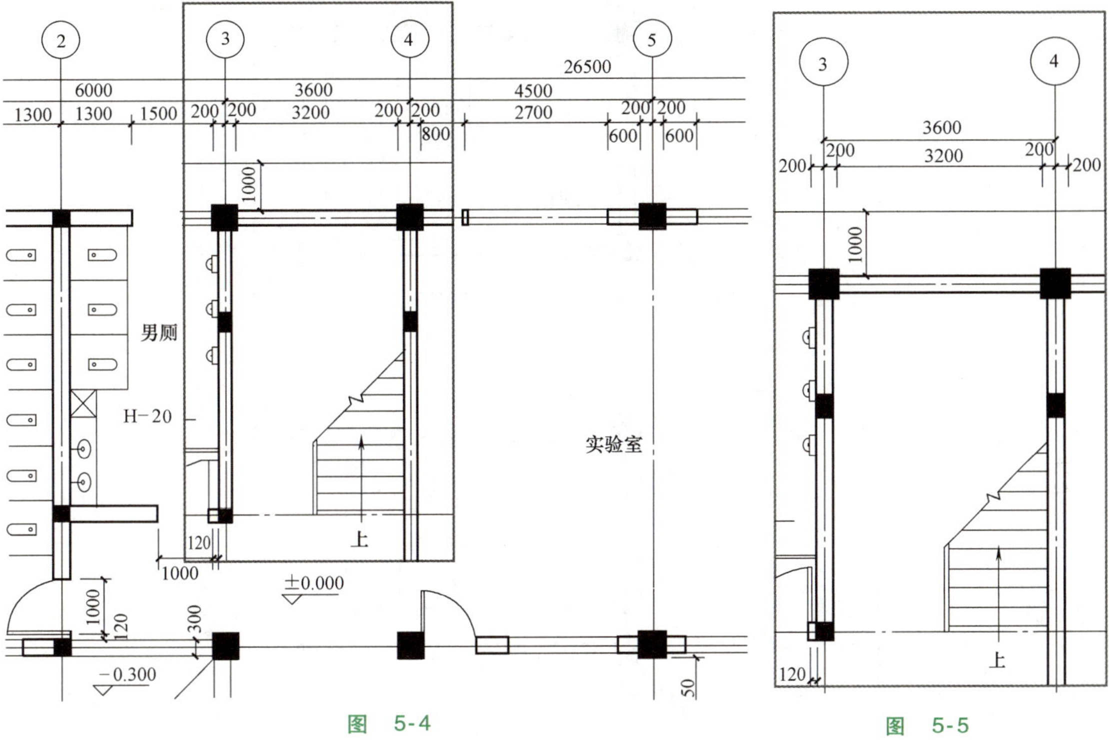

图　5-4　　　　图　5-5

5）同法将其余两层楼梯的平面截取之后，用“移动”命令移动并列在一起，并对齐，如图 5-6 所示。

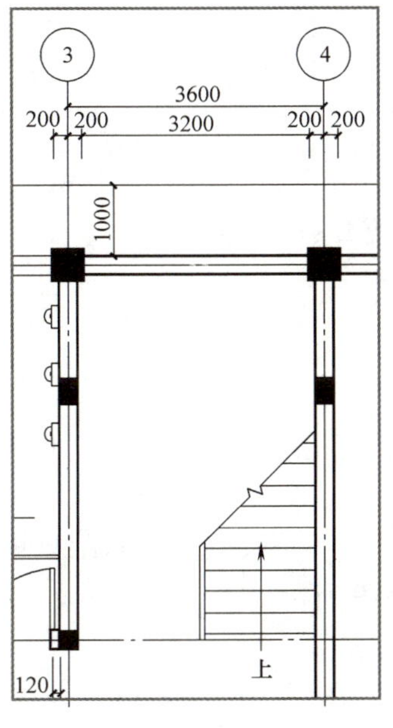

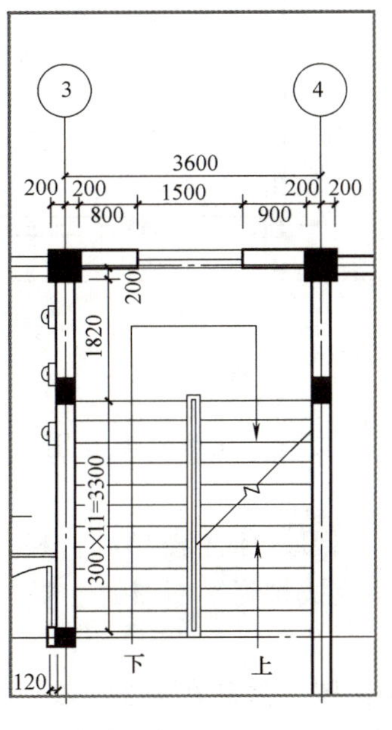

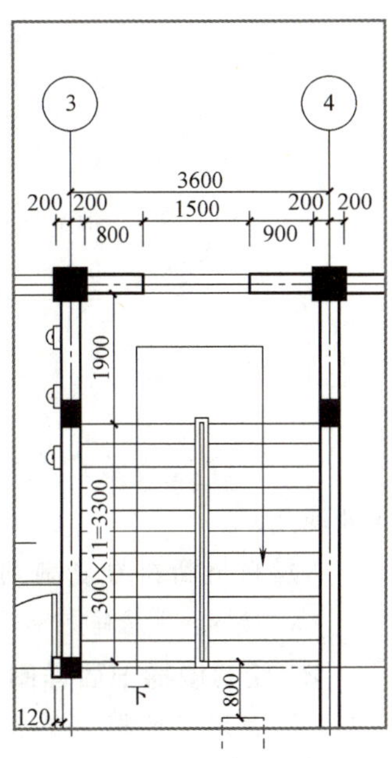

图　5-6

6）用“旋转”命令将三图同时逆时针旋转 90°，如图 5-7 所示。

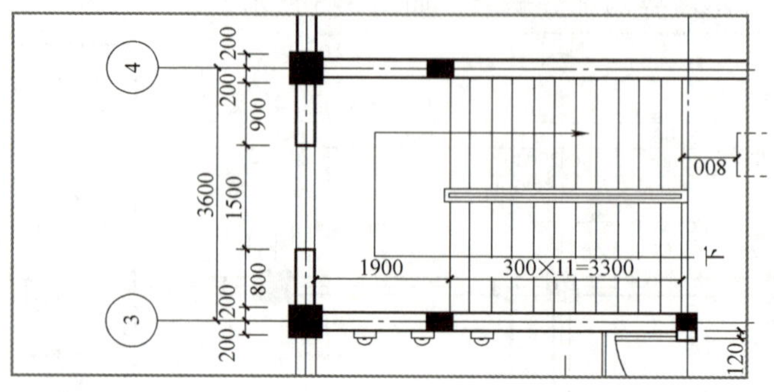

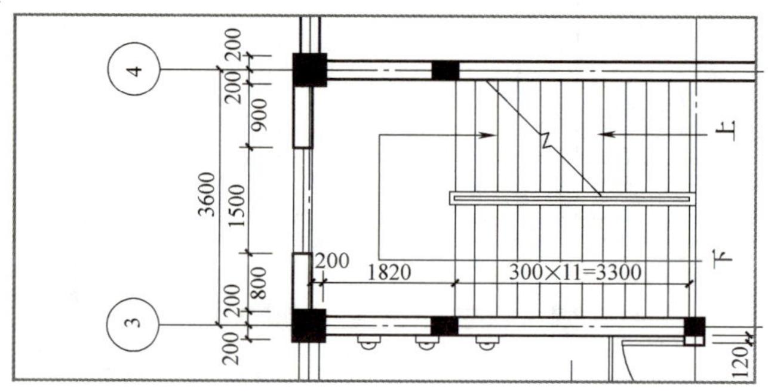

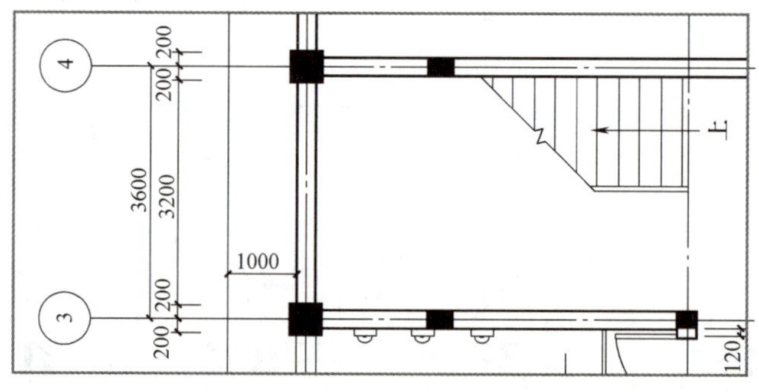

图 5-7

7）删除与楼梯无关的内容和截取框，在墙和窗处用“细实线”图层画折断符号，如图 5-8 所示。

8）将折断符号复制到另外两个图，标注楼梯井、栏杆扶手尺寸，标注Ⓒ、Ⓓ轴线编号，标注标高，书写图名和比例，完成楼梯平面图的绘制，如图 5-9 所示。

2. 绘制楼梯剖面详图

1）调出已绘制好的实验楼剖面图，复制在旁边，在“辅助线”图层，用“矩形”命令画矩形，框出要截取的楼梯剖面详图的部分，如图 5-10 所示。

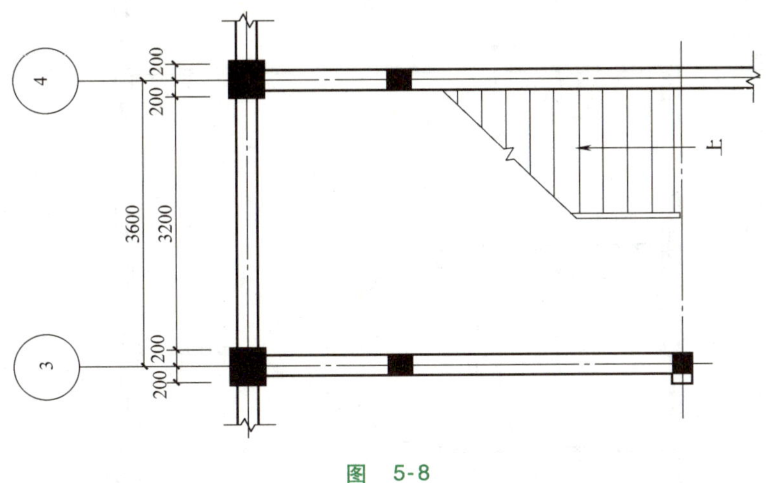

图　5-8

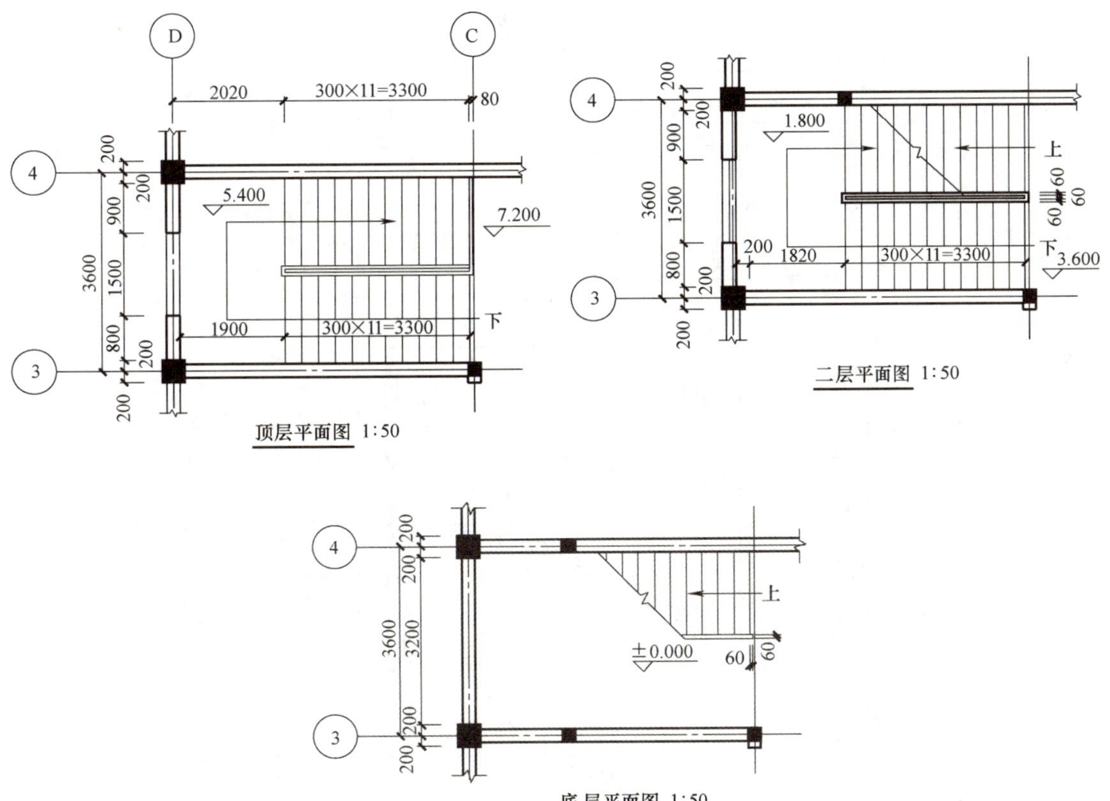

图　5-9

2）用“修剪”和“删除”命令删除截取框外的部分，留下左侧的标注、标高和图名，如图 5-11 所示。

11.300
10.800
7.200
3.600
±0.000
−0.300
11600
3600
3000
300×11=3300
1820
1450
1800
2400
2200
5400
9950
A
B
C
D
实验楼1—1剖面图 1:100

图 5-10

7.200
3.600
±0.000
−0.300
300×11=3300
1820
5400
C
D
实验楼1—1剖面图 1:100

图 5-11

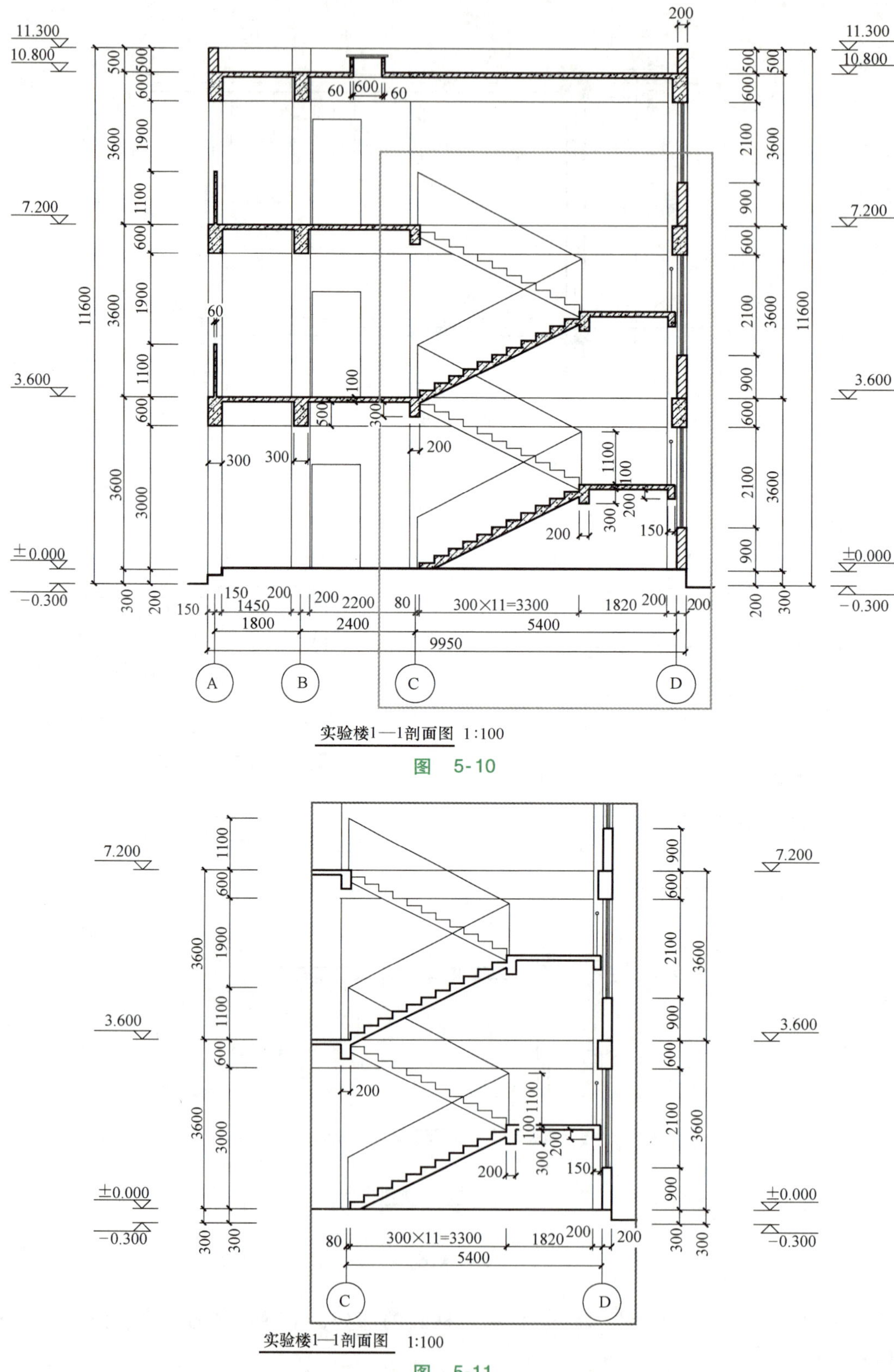

3）删除截取框，用“细实线”图层画折断线，用“移动”命令将左侧标注移至折断线旁，如图 5-12 所示。

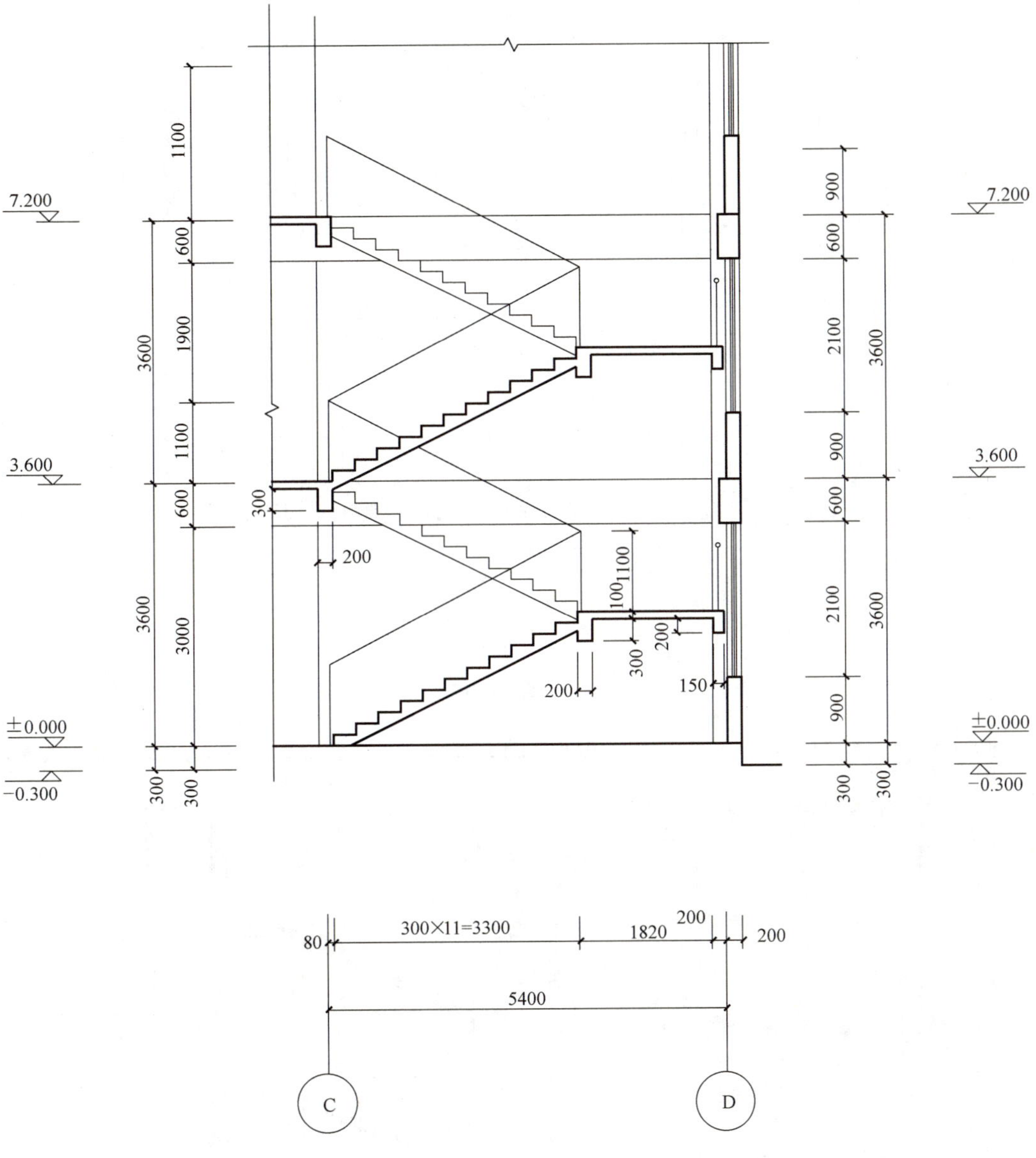

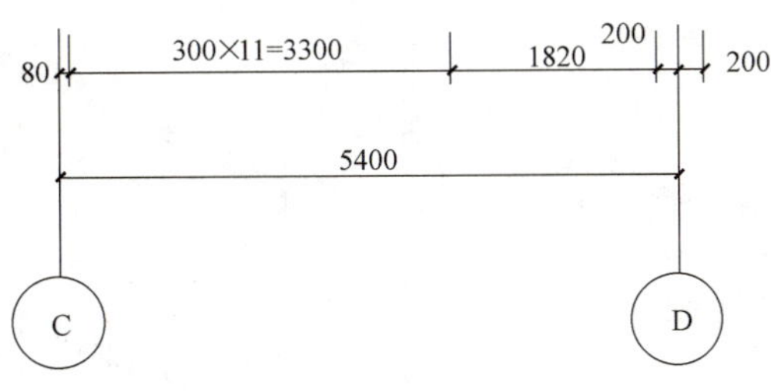

图 5-12

4）删除左侧最里面一道尺寸，重新标注休息平台尺寸，如图 5-13 所示。

5）调出“特性”对话框，选中一个梯段的竖向尺寸，如图 5-14 所示。

7.200
3.600
±0.000
−0.300
1100
1800
3600
300
200
100
150
900
600
2100
80
300×11=3300
1820
5400
C
D

图 5-13

转角标注
常规
颜色 ByLayer
图层 bz
线型 ByLayer
线型比例 1
打印样式 ByColor
线宽 ByLayer
透明度 ByLayer
超链接
关联 否
其他
标注样式 jz
注释性 否
直线和箭头
箭头 1 建筑标记
箭头 2 建筑标记
箭头大小 80
尺寸线线宽 ByBlock
尺寸界线线宽 ByBlock
尺寸线 1 开
尺寸线 2 开
尺寸线颜色 ByBlock
尺寸线的线型 ByBlock
尺寸线范围 0
特性

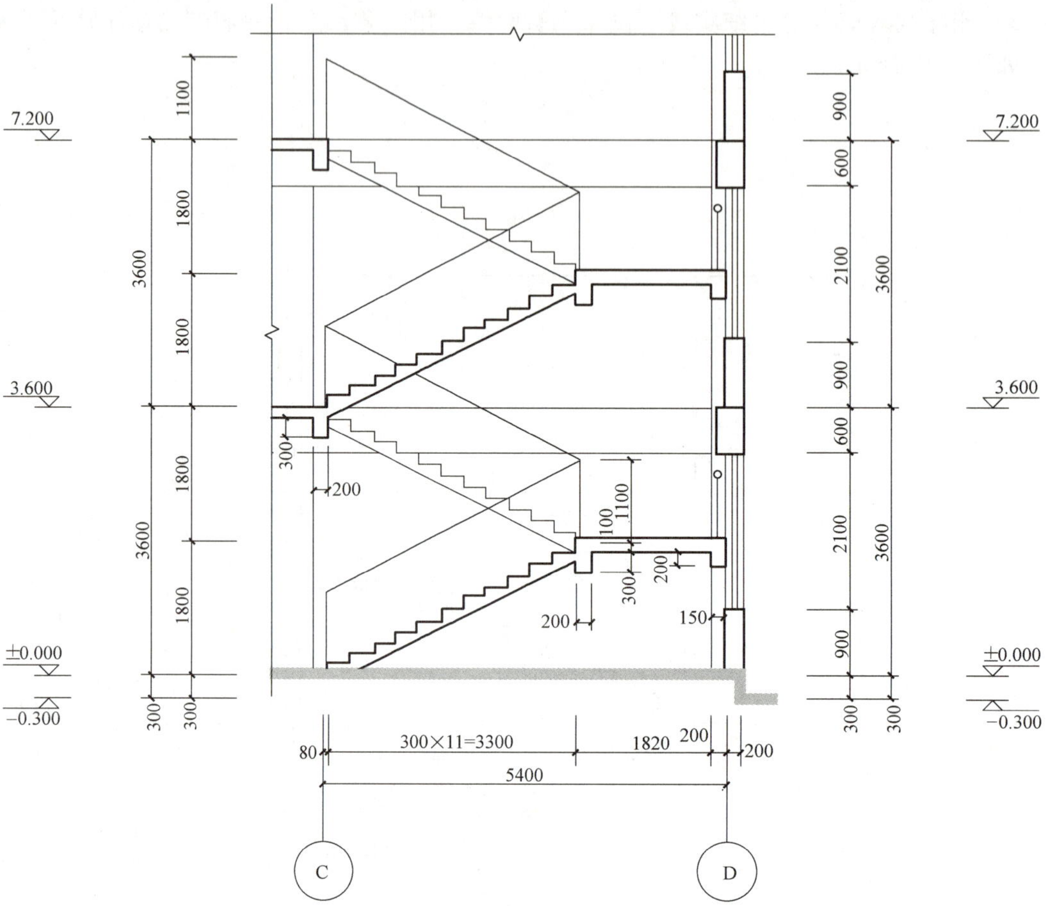

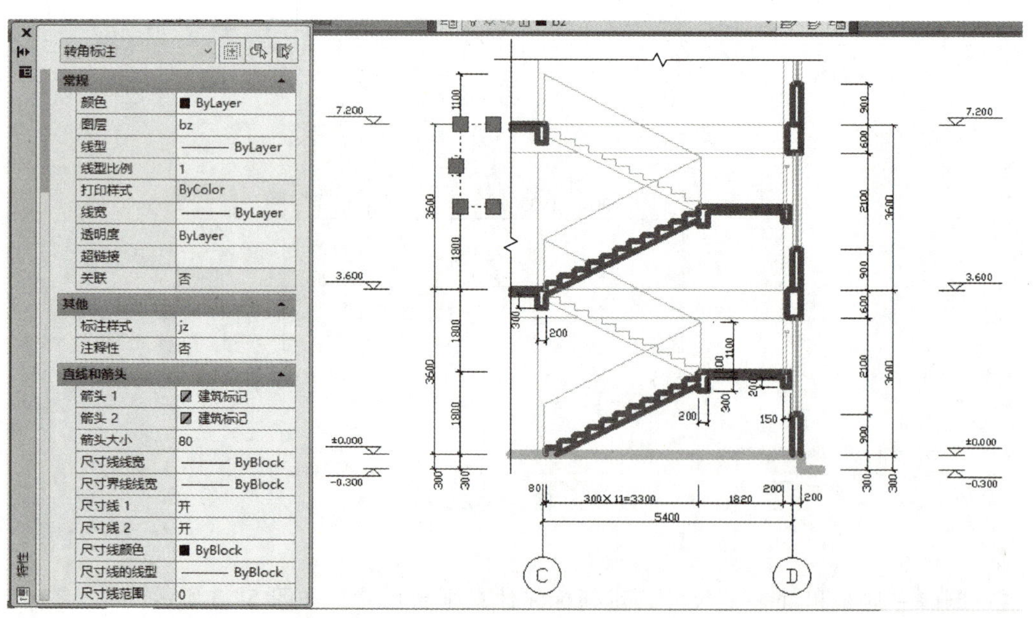

图 5-14

6）在“文字替代”一栏输入“150×12=1800”，如图 5-15 所示。

转角标注

尺寸界线偏移	150
文字	
填充颜色	无
分数类型	水平
文字颜色	■ ByBlock
文字高度	150
文字偏移	20
文字界外对齐	开
水平放置文字	置中
垂直放置文字	上方
文字样式	Standard
文字界内对齐	开
文字位置 X 坐标	1723.7733
文字位置 Y 坐标	11216.4537
文字旋转	0
文字观察方向	从左到右
测量单位	1800
文字替代	150X12=1800
调整	
尺寸线强制	开
尺寸线内	开
标注全局比例	1
调整	最佳效果
文字在内	关

特性

图　5-15

7）文字替换后的结果如图 5-16 所示。

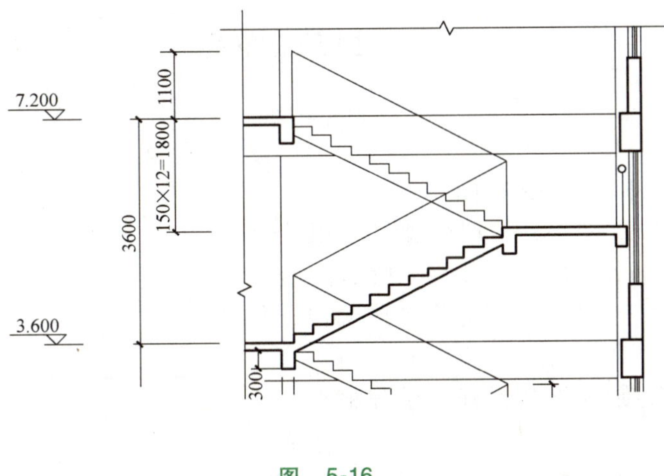

图　5-16

8）将替换后的标注复制到其余梯段，休息平台处添加标高，书写图名和比例，填充图例，楼梯剖面详图绘制完成，如图 5-17 所示。

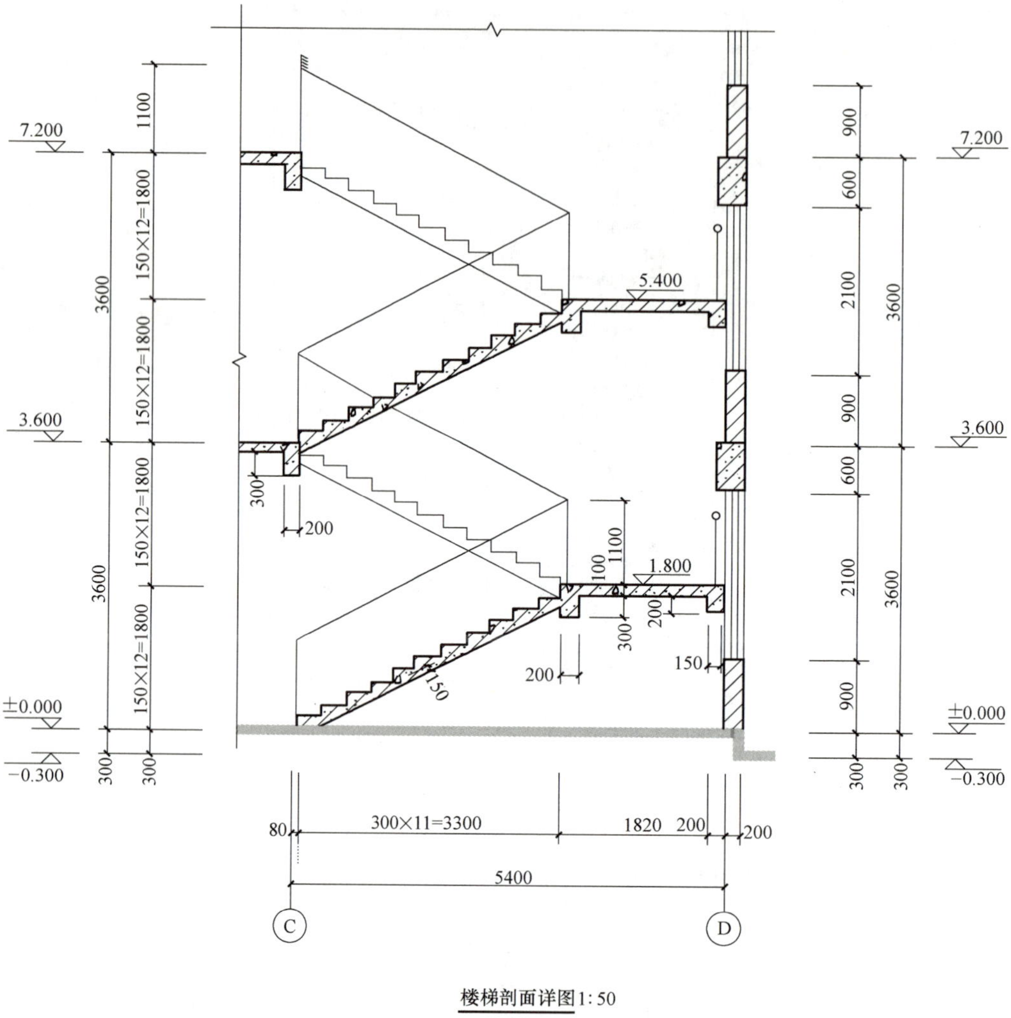

楼梯剖面详图1: 50

图 5-17

3. 绘制楼梯栏杆、扶手大样图

1）在“粗实线”图层，按照踏步尺寸用“直线”命令绘制出一部分梯段，如图 5-18 所示。

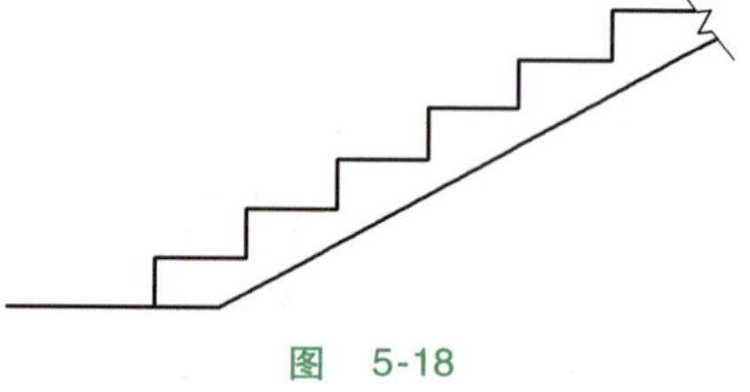

图 5-18

2）在“细实线”图层，绘制踏步抹灰层，并绘制栏杆的第一根立杆，如图 5-19 所示。

3）用“偏移”命令绘制栏杆扶手和横杆，如图 5-20 所示。

4）用“复制”命令绘制栏杆的其余立杆，用“修剪”命令修剪，如图 5-21 所示。

5）标注细部尺寸，填充图例，书写图名和比例，绘制完成楼梯栏杆、扶手大样图，如图 5-22 所示。

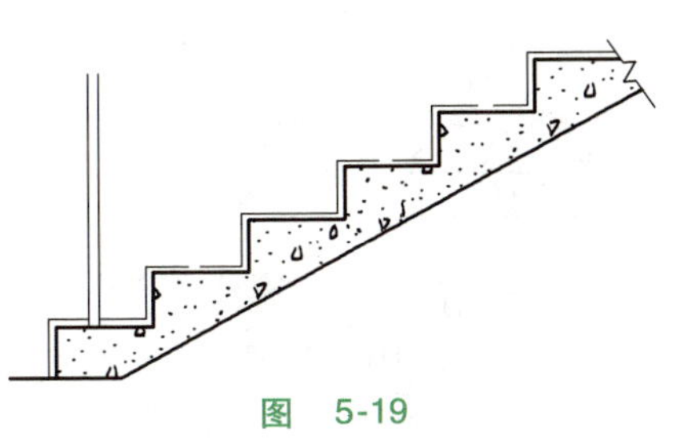
图　5-19

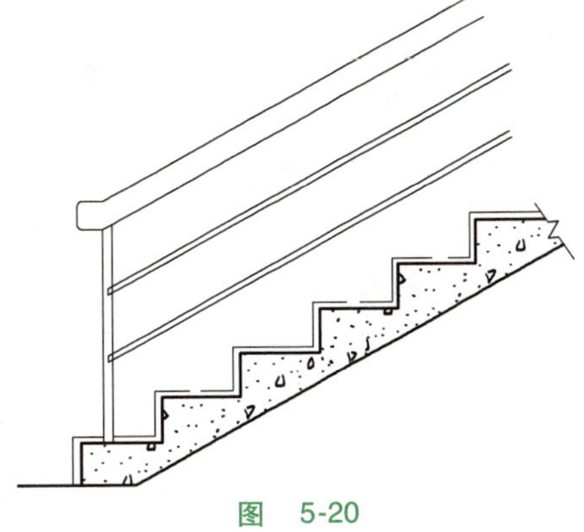
图　5-20

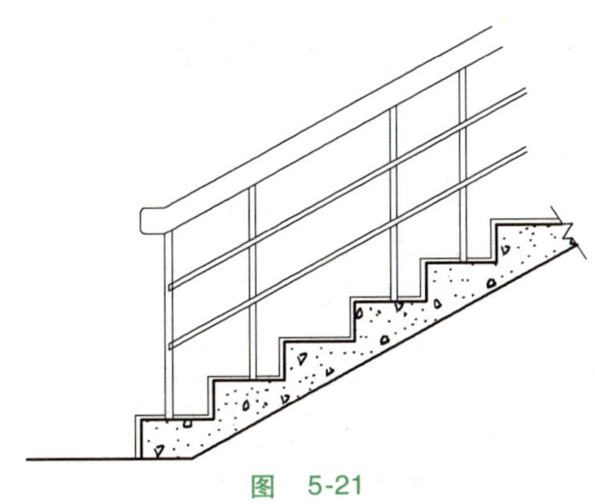
图　5-21

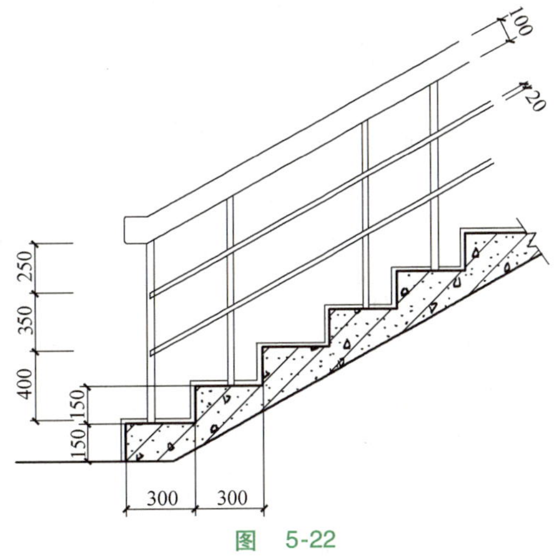

图　5-22

评价反馈

对“绘制某实验楼的楼梯详图”操作的评价见表 5-1。

表 5-1　对“绘制某实验楼的楼梯详图”操作的评价

序号	检测项目	评价任务及权重	自评	小组互评	教师评价
1	图形绘制的完整性	图形绘制是否完整，缺少 1 项扣 5 分(30 分)			
2	图形绘制的准确性	图形绘制是否准确，1 项不准确扣 5 分(30 分)			
3	图形布局	图形布局不美观，酌情扣 2~5 分(10 分)			
4	完成时间	规定时间内没完成每超过 10 分钟，扣 2 分(10 分)			
5	工作纪律和态度	团队协作能力差、不爱护仪器设备和环境，酌情扣 10~20 分(20 分)			
	任务总评	优□　良□　中□　合格□　不合格□			

任务 2　绘制某实验楼的外墙身详图

任务描述

通过上机实践操作，绘制某实验楼的外墙身详图，如图 5-23 所示。

预埋防腐木砖120mm×90mm×60mm中距1000mm
防腐木条40mm×60mm通长
西南11J201 4/26
20mm厚1:2.5水泥砂浆保护层，分格缝间距小于等于1.0m
改性沥青卷材一道，同材性胶粘剂两道
25mm厚1:3水泥砂浆找平层
聚苯乙烯挤塑板保温层兼找坡层最薄处40mm厚
20mm厚1:3水泥砂浆找平层
100mm厚钢筋混凝土现浇板
15mm厚1:1:6混合砂浆打底，1:1:4混合砂浆粉面，腻子嵌平
白色乳胶漆一底二涂
地砖面层水泥浆擦缝
20mm厚1:2干硬性水泥砂浆黏合层，上撒1~2mm厚干水泥并洒清水适量
水泥浆水灰比0.4~0.5结合层一道
100mm厚钢筋混凝土现浇板
15mm厚1:1:6混合砂浆打底，1:1:4混合砂浆粉面，腻子嵌平
白色乳胶漆一底二涂
滴水线
西南11J515 N09/7
西南11J516 5407/95
西南11J312 4108/69
油膏嵌缝
地砖面层水泥浆擦缝
20mm厚1:2干硬性水泥砂浆黏合层，上撒1~2mm厚干水泥并洒清水适量
水泥浆水灰比0.4~0.5结合层一道
100mm厚C10混凝土垫层
素土夯实
20mm厚1:2水泥砂浆粉面
60mm厚C15混凝土
100mm厚碎砖(石、卵石)黏土夯实垫层
素土夯实
11.300
10.800
(6.600) 10.200
(8.100) 4.500
(7.200) 3.600
(5.400) 3.000
0.900
±0.000
−0.300
320 120 90 30 60 20
3%
1000
墙身详图 1:20
D

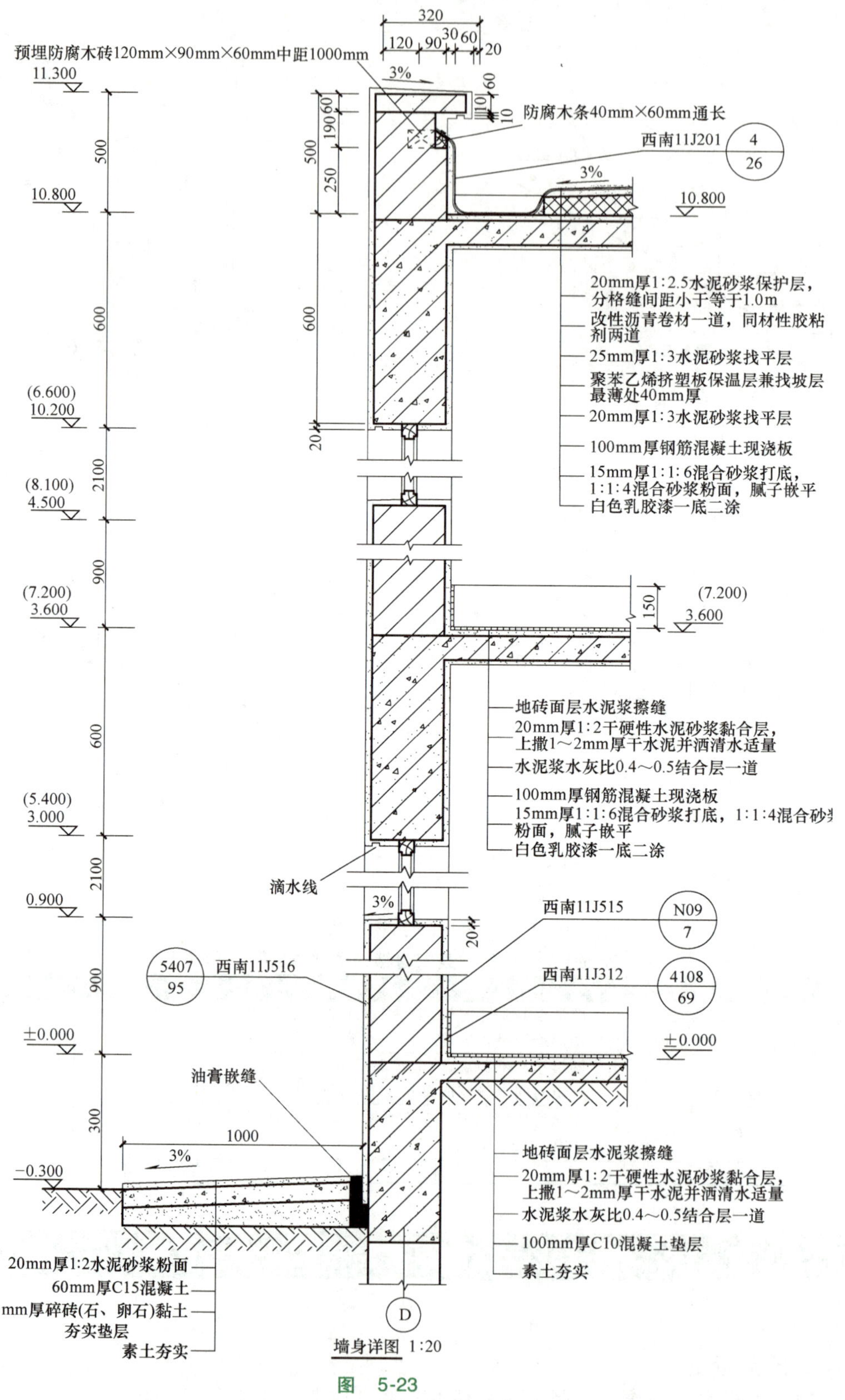

图 5-23

任务实施

外墙身详图实际上是建筑剖面图的局部放大图，它表达建筑的屋面、楼面、地面和檐口构造，楼板与墙的连接，门窗顶、窗台和勒脚散水等处构造的情况，是施工的重要依据。

此图用较大比例（如 1∶20）画出。

多层建筑中，若中间层情况一样，可只画底层、一个中间层、顶层来表示，一般在窗洞中间处断开，形成三个节点详图的组合。

1）调出已绘制好的剖面图，复制到旁边，将复制剖面图右侧高度尺寸和标高右移至旁边，如图 5-24 所示。

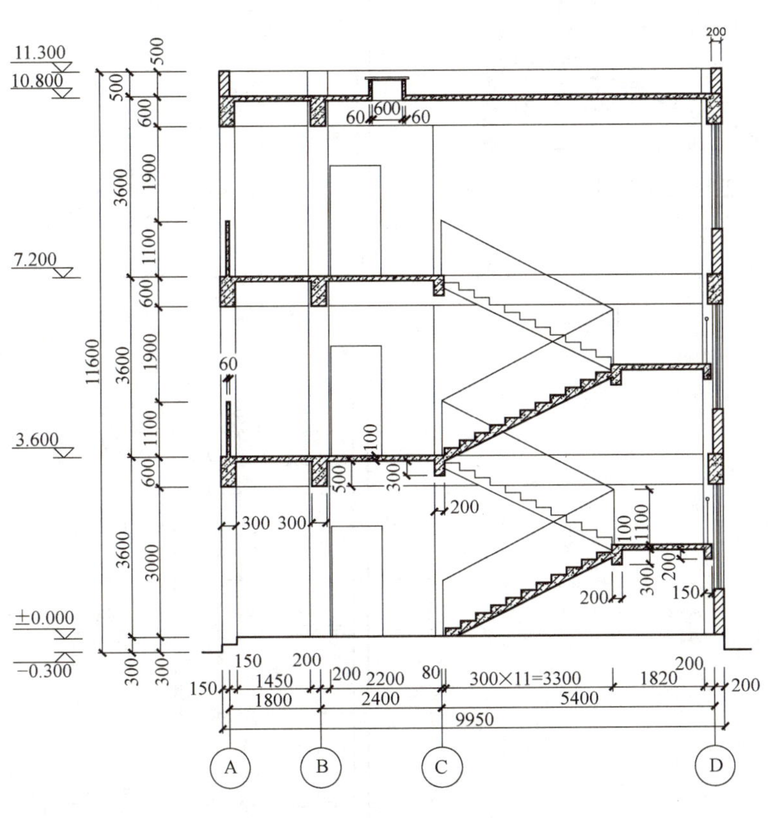

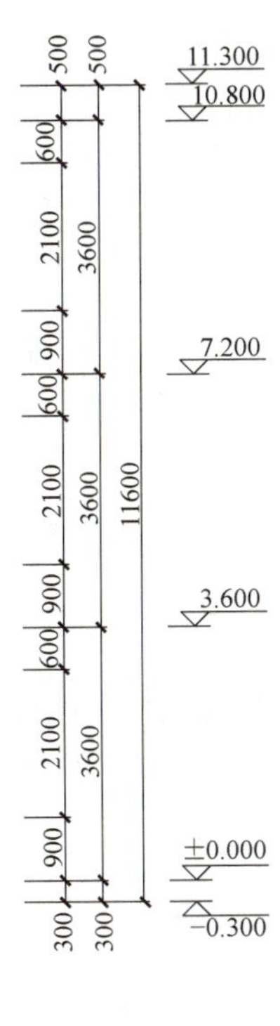

图　5-24

2）在“粗实线”图层，用“直线”和“偏移”命令绘制剖切到的外墙，如图 5-25 所示。

3）用“粗实线”图层，绘制梁、地面、楼板、屋顶结构层，如图 5-26、图 5-27 所示。

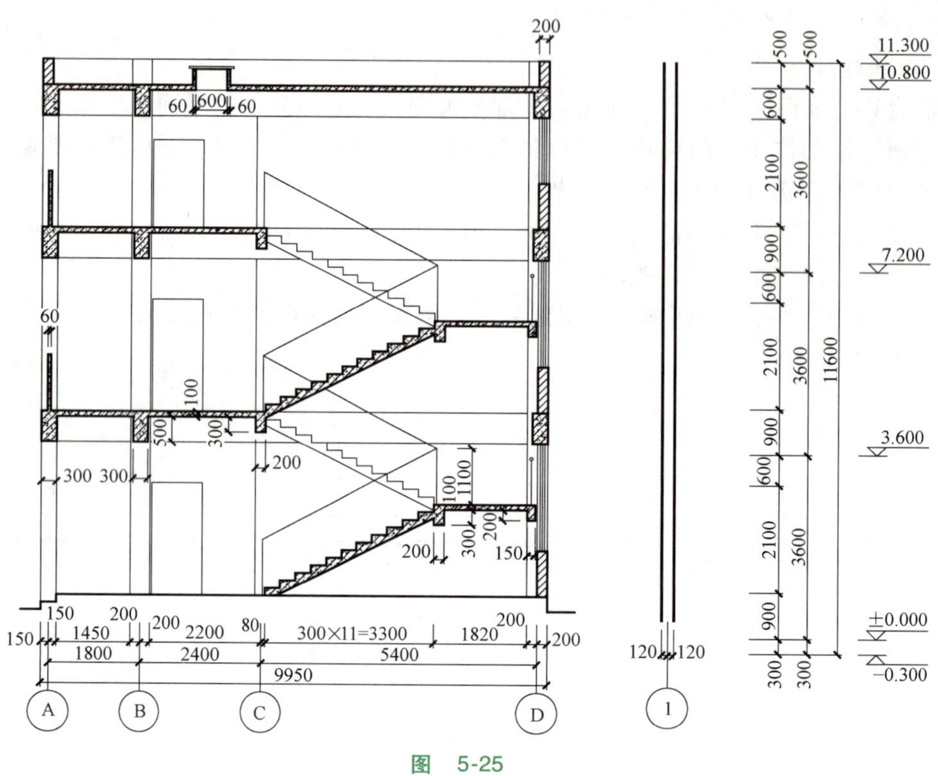

图 5-25

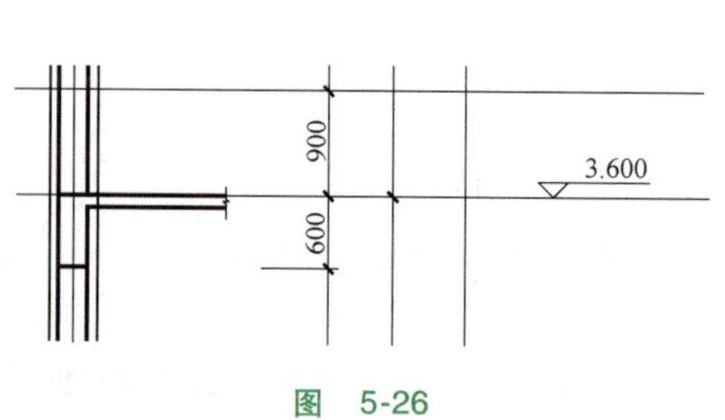

图 5-26

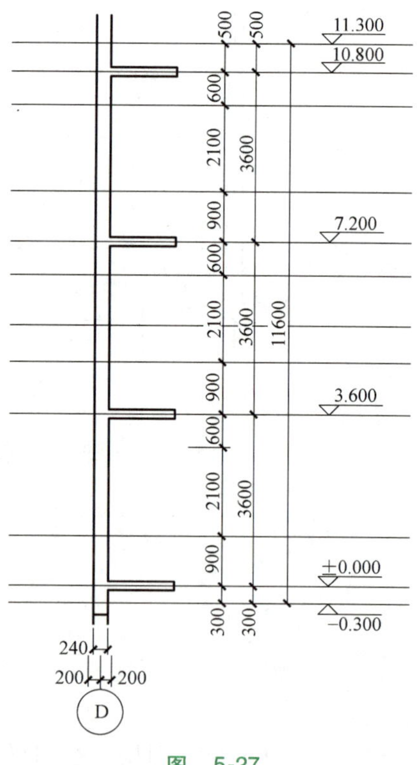

图 5-27

4）用“细实线”图层，绘制窗户、女儿墙，如图 5-28 所示。

5）将窗户、墙相同的部分截断、省略，压缩成三个墙身节点大样图对齐的样式，如图 5-29 所示。

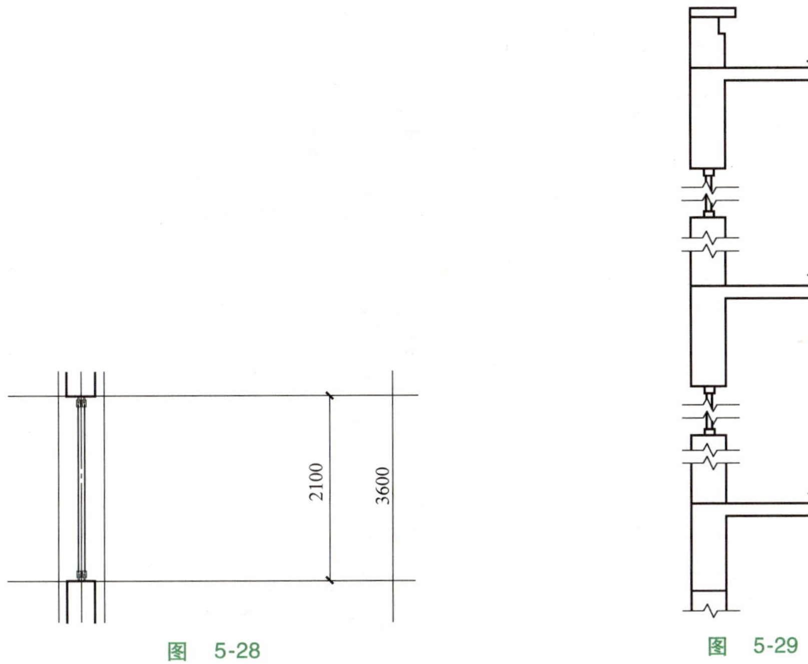

图　5-28

图　5-29

6）用“细实线”图层，绘制墙内外抹灰层，及地面、楼面抹灰层、室外散水，如图 5-30所示。

7）用“细实线”图层绘制图例，如图 5-31 所示。

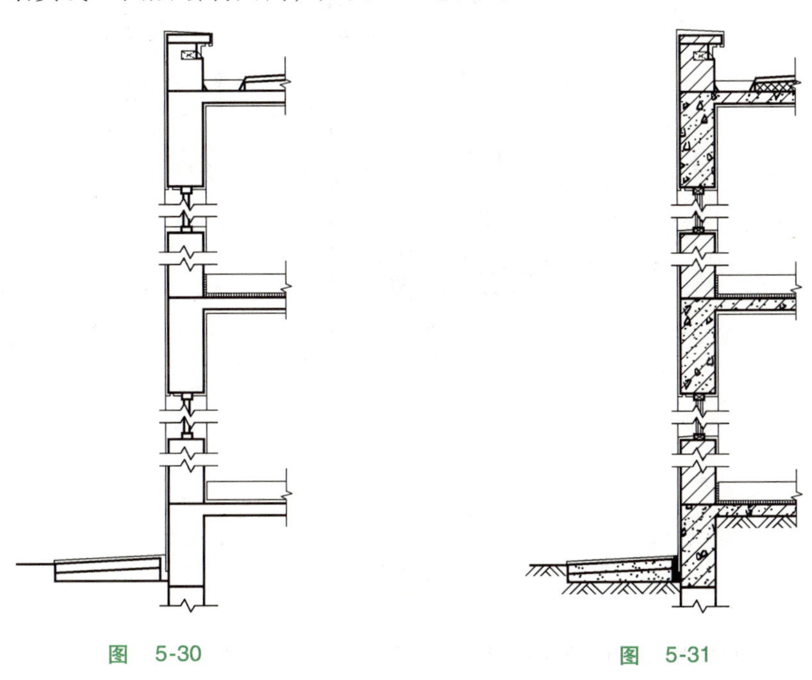

图　5-30

图　5-31

8）标注尺寸、标高、轴线编号，如图 5-32 所示。

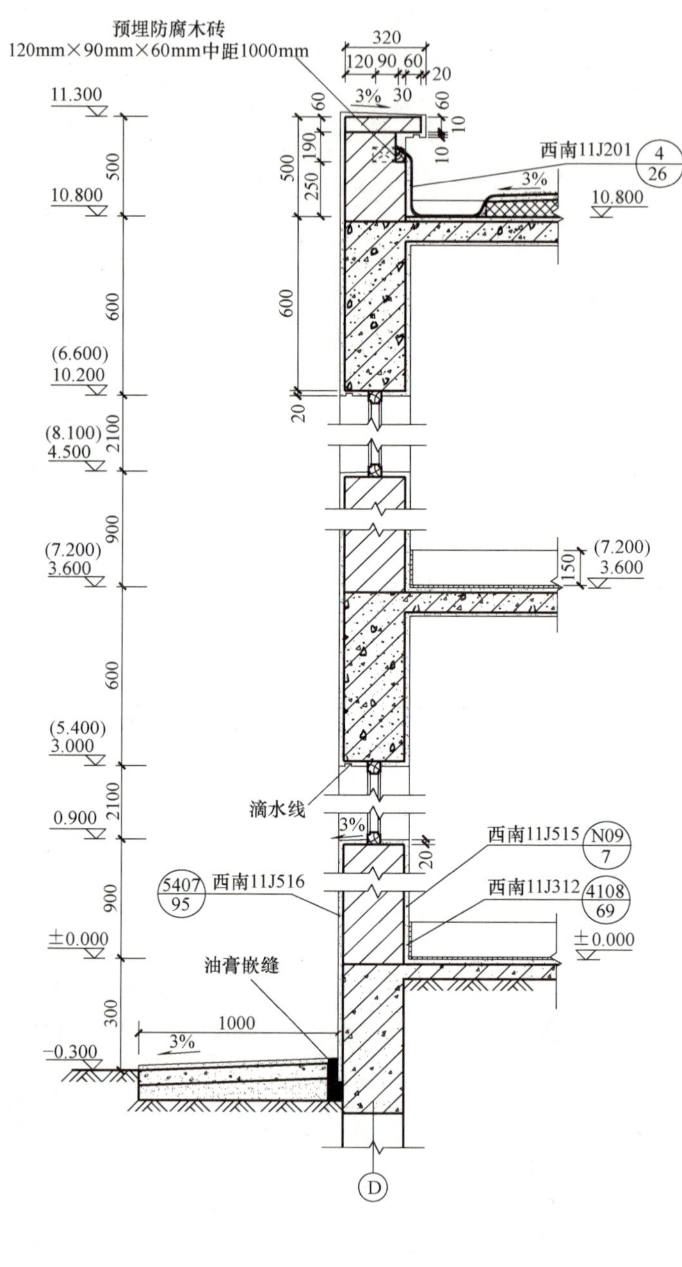

图 5-32

9）书写各部分构造做法和图名，绘制完成，如图 5-33 所示。

320
120 90 60
20
30
预埋防腐木砖120mm×90mm×60mm中距1000mm
3%
11.300
500
190 60
250
60
10 60
10
防腐木条40mm×60mm通长
西南11J201
4
26
3%
10.800
600
20mm厚1:2.5水泥砂浆保护层，
分格缝间距小于等于1.0m
改性沥青卷材一道，同材性胶粘剂两道
25mm厚1:3水泥砂浆找平层
聚苯乙烯挤塑板保温层兼找坡层
最薄处40mm厚
20mm厚1:3水泥砂浆找平层
100mm厚钢筋混凝土现浇板
15mm厚1:1:6混合砂浆打底，1:1:4
混合砂浆粉面，腻子嵌平
白色乳胶漆一底二涂
(6.600)
10.200
20
2100
(8.100)
4.500
900
(7.200)
3.600
150
600
地砖面层水泥浆擦缝
20mm厚1:2干硬性水泥砂浆黏合层，
上撒1～2mm厚干水泥并洒清水适量
水泥浆水灰比0.4至0.5结合层一道
100mm厚钢筋混凝土现浇板
15mm厚1:1:6混合砂浆打底，1:1:4
混合砂浆粉面，腻子嵌平
白色乳胶漆一底二涂
(5.400)
3.000
滴水线
2100
3%
20
0.900
西南11J515
N09
7
5407
95
西南11J516
西南11J312
4108
69
900
±0.000
油膏嵌缝
300
1000
3%
−0.300
地砖面层水泥浆擦缝
20mm厚1:2干硬性水泥砂浆粘合层，
上撒1～2mm厚干水泥并洒清水适量
水泥浆水灰比0.4～0.5结合层一道
100mm厚C10混凝土垫层
素土夯实
20mm厚1:2水泥砂浆粉面
60mm厚C15混凝土
100mm厚碎砖(石、卵石)黏土
夯实垫层
素土夯实
D
墙身详图 1:20

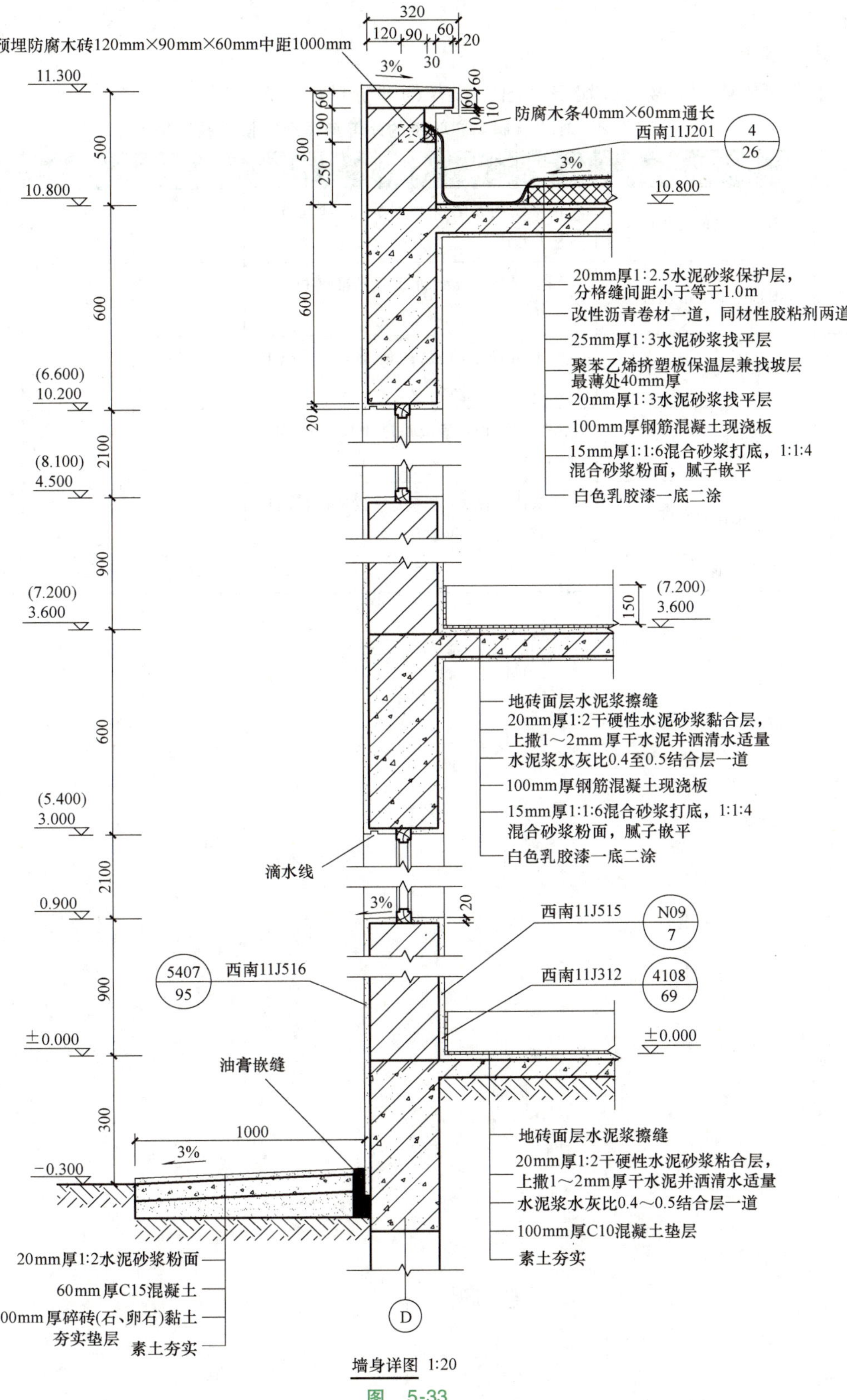

图　5-33

评价反馈

对“绘制某实验楼的外墙身详图”操作的评价见表 5-2。

表 5-2 对“绘制某实验楼的外墙身详图”操作的评价

序号	检测项目	评价任务及权重	自评	小组互评	教师评价
1	图形绘制的完整性	图形绘制是否完整,缺少 1 项扣 5 分(30 分)			
2	图形绘制的准确性	图形绘制是否准确,1 项不准确扣 5 分(30 分)			
3	图形布局	图形布局不美观,酌情扣 2~5 分(10 分)			
4	完成时间	规定时间内没完成每超过 10 分钟,扣 2 分(10 分)			
5	工作纪律和态度	团队协作能力差、不爱护仪器设备和环境,酌情扣 10~20 分(20 分)			
任务总评		优□ 良□ 中□ 合格□ 不合格□			

项目六

图纸的打印输出

【项目概述】

在完成建筑图纸的绘制后，需要将其进行打印输出或输出为其他格式文件，以便后期施工或其他后续工作使用。通过对 AutoCAD 软件中图纸打印输出命令的介绍，学习如何调整图纸布局模式，并将已绘制完成的 CAD 图打印成纸质图纸和其他所需格式电子文件，如 pdf 格式、jpg 格式等。

任务 1 图纸布局

任务描述

通过了解菜单栏下拉菜单中的“打印”工具，学习进行图纸布局的方法，如图 6-1 所示。

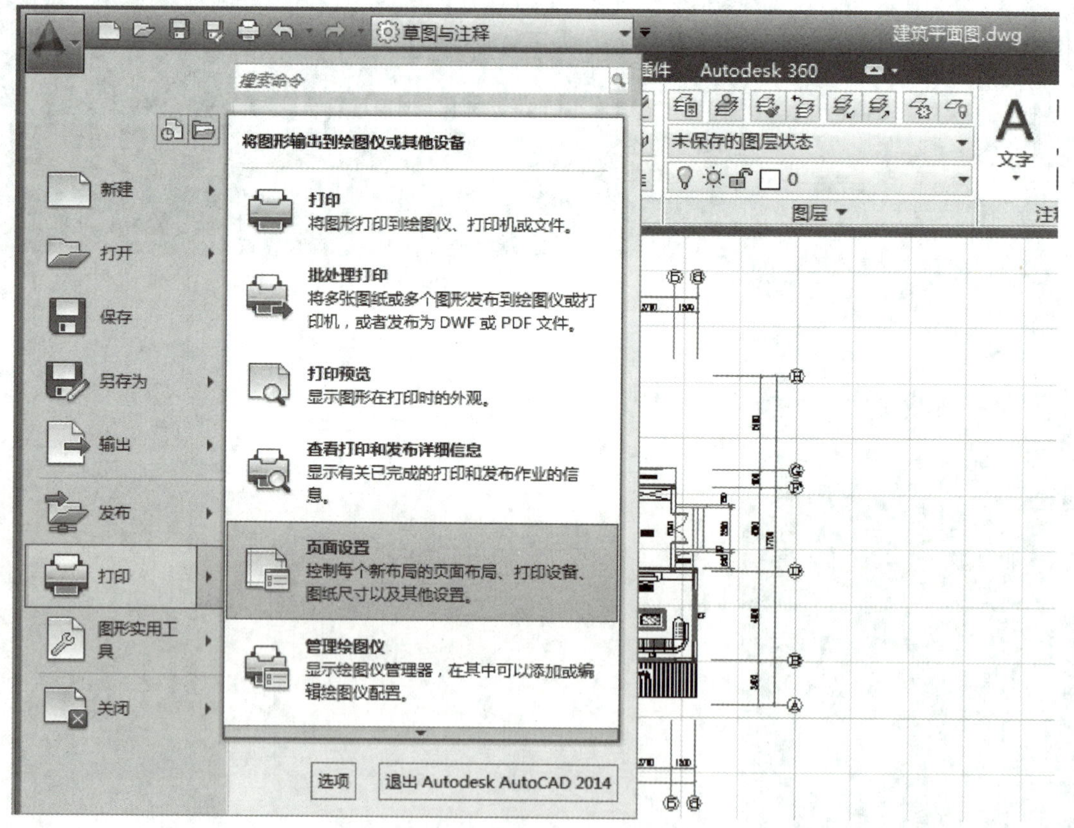

图 6-1

任务实施

图纸布局是在打印前对打印区的页面形式进行设置，可根据个人习惯先行设置常用打印页面模板，以便打印时直接调出使用，也可直接单击菜单栏中的“文件”→“打印”，在弹出对话框中对默认打印页面设置进行调整。

1. 进行页面设置

根据图纸所需打印要求，调出“页面设置管理器”对话框进行编辑，以确保打印图形的准确和规范性。

单击菜单栏中的，在下拉菜单中选择“打印”，在其子菜单中单击“页面设置”，将弹出“页面设置管理器”对话框，如图 6-2 所示。

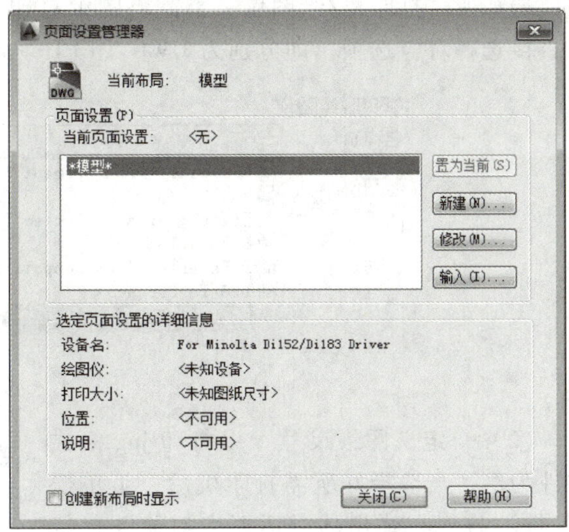

图　6-2

在“页面设置管理器”对话框中，根据需要确定当前编辑形式是否符合要求。如需修改，则有以下两种方式：

1）单击“新建”按钮，可新建页面设置形式，并在弹出的新建页面设置对话框中进行新建页面名称、基础样式的设置，单击“确定”按钮后进入新建页面设置窗口进行编辑。

2）单击“修改”按钮，可直接进入当前页面设置窗口进行编辑。

如当前页面设置有多个选项时，可根据需要点击所需页面设置形式，并单击“置为当前”按钮将其设为当前页面设置形式。

2. 编辑当前页面设置

单击“新建”或“修改”按钮后，在弹出的“页面设置”对话框中调整所需打印机/绘图仪，设置图纸尺寸、打印区域、打印比例、图形方向等内容，如图 6-3 所示。

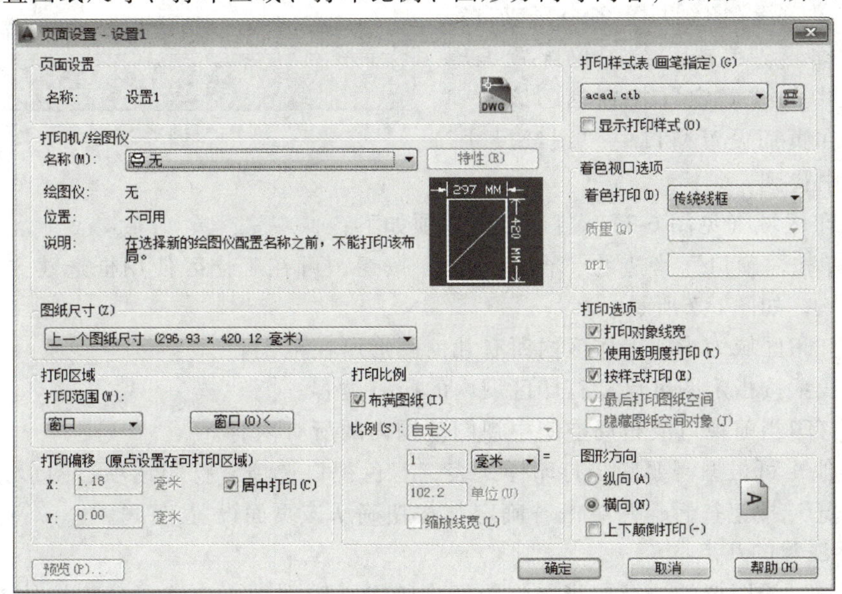

图　6-3

(1) 打印机/绘图仪设置　在“打印机/绘图仪”工具区，单击“名称”后的下拉列表框，选择所需打印机/绘图仪。当需将图纸打印为其他文件形式，如 pdf 文件、jpg 文件时，可直接选择对应选项，即分别为 DWG To PDF. pc3、PublishToWeb JPG. pc3，如图 6-4 所示。

图　6-4

(2) 自定义图纸尺寸　以打印 jpg 格式文件为例，当选择好所需打印机后，可单击“特性”按钮在弹出的对话框中对绘图仪特性进行编辑，如图 6-5 所示。

当默认图纸尺寸无法满足需求时，可在“绘图仪配置编辑器”对话框的“设备和文档设置”选项卡中单击“自定义图纸尺寸”，然后单击“添加”“删除”“编辑”按钮进行编辑。

单击“添加”按钮，添加新的图纸尺寸，可在弹出的对话框中依次进行如下操作：创建新图纸→设置图纸宽度、高度、单位（见图6-6）→定义图纸尺寸名→完成自定义图纸尺寸编辑。单击“绘图仪配置编辑器”对话框中的“确定”按钮后，该新建图纸尺寸可在页面设置窗口中“图纸尺寸”下拉列表框中找到。

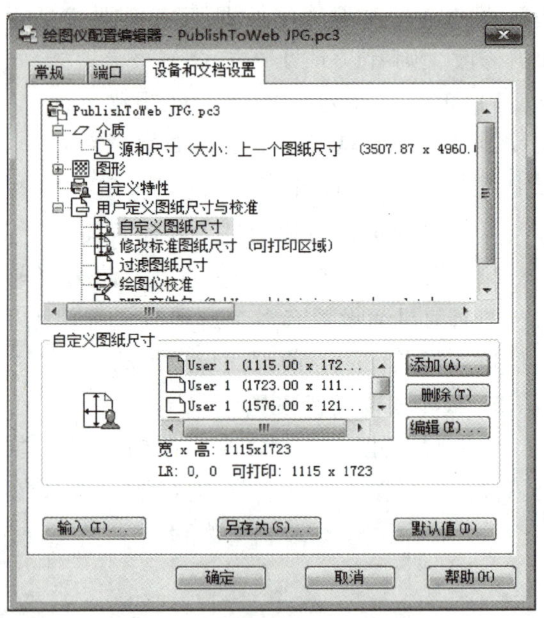

图　6-5

(3) 打印区域（见图 6-3）　打印范围选项如下：

窗口：单击“窗口”旁边的“窗口选择”按钮，可在工作区使用框选建立选区的方式选择打印区域，如图 6-7 所示。

范围：打印区域为当前工作区内所有几何图形所在范围。

图形界线：按指定图纸尺寸打印区域内的所有内容。

显示：打印当前视口或布局空间中视图范围内的所有内容。

(4) 其他　可根据需要确定打印样式表、着色视口选项、打印选项、图形方向等内容，可单击“预览”按钮查看，并单击“确定”按钮确认该页面设置。

3. 需要注意的几点

1）打印机/绘图仪的选择。当需将图纸打印成纸质文件，应选择已连接的打印机名称；当需将图纸打印成其他格式文件，应选择名称下拉列表框中默认的对应格式打印机。

自定义图纸尺寸 - 介质边界

开始
介质边界
可打印区域
图纸尺寸名
文件名
完成

当前图纸尺寸为 5940 x 4200 像素。要创建新的图纸尺寸，请调整“宽度”和“高度”，然后选择“英寸”或“毫米”。只有光栅格式才能使用“像素”选项。

宽度(W): 5940
高度(H): 4200
单位(U): 像素
预览

< 上一步(B)　下一步(N) >　取消

图　6-6

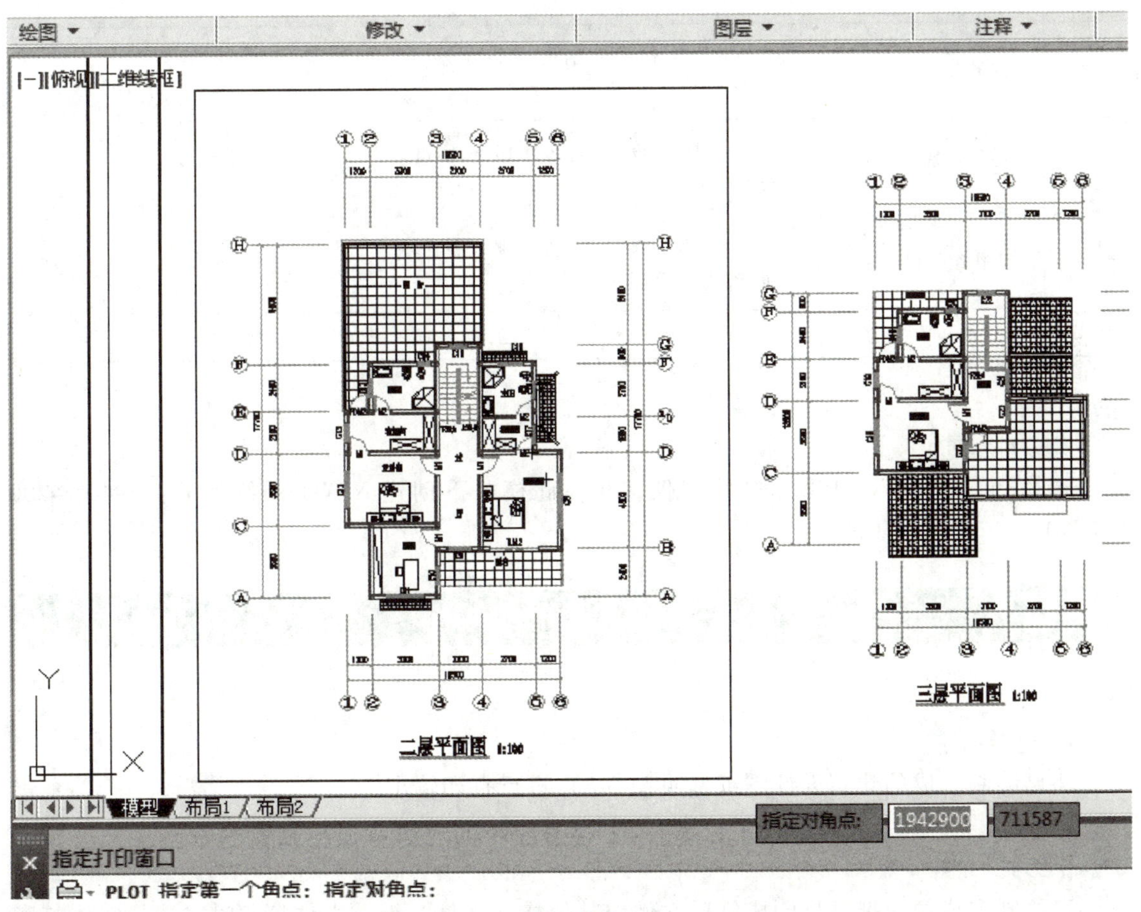

图　6-7

2）在不同的打印机/绘图仪模式下，默认图纸尺寸也有所不同，当无法满足所需尺寸时，需在“特性”对话框中选择添加自定义图纸尺寸。

3）一般情况下，“打印范围”选择“窗口”选项，可在工作区以框选的形式自由选择打印范围；“打印偏移”选择“居中打印”，“打印比例”则为“满布图纸”。

4）若多次使用同一打印页面设置方式，可在首次打印完成后，在页面设置区“名称”下拉列表框中选择“上一次打印”，可快速完成打印操作。

评价反馈

对“图纸布局”操作的评价见表 6-1。

表 6-1　对“图纸布局”操作的评价

序号	检测项目	评价任务及权重	自评	小组互评	教师评价
1	图纸布局操作完整性	图纸布局操作是否完整，缺少 1 项扣 5 分(30 分)			
2	页面设置的准确性	页面设置是否准确，1 项不准确扣 5 分(30 分)			
3	图形布局	图形布局不美观，酌情扣 2～5 分(10 分)			
4	完成时间	规定时间内没完成每超过 10 分钟，扣 2 分(10 分)			
5	工作纪律和态度	团队协作能力差、不爱护仪器设备和环境，酌情扣 10～20 分(20 分)			
任务总评		优□　良□　中□　合格□　不合格□			

能力拓展

选择 PublishToWeb JPG. pc3 绘图仪，并在此模式下创建 NEW1 图纸尺寸：5940×4200（像素）。

任务 2　图形的输出

任务描述

将已绘制完成的建筑设计图纸（见图 6-8）进行打印输出。

任务实施

已绘制完成的图纸可打印成纸质文件或其他格式文件。纸质文件打印时需选择实体打印机；其他格式文件的打印可在下拉列表框中选择对应的绘图仪。

将已绘制完成的图纸布置在图框内适当位置，根据具体情况可选择在模型空间或布局空间完成打印操作。

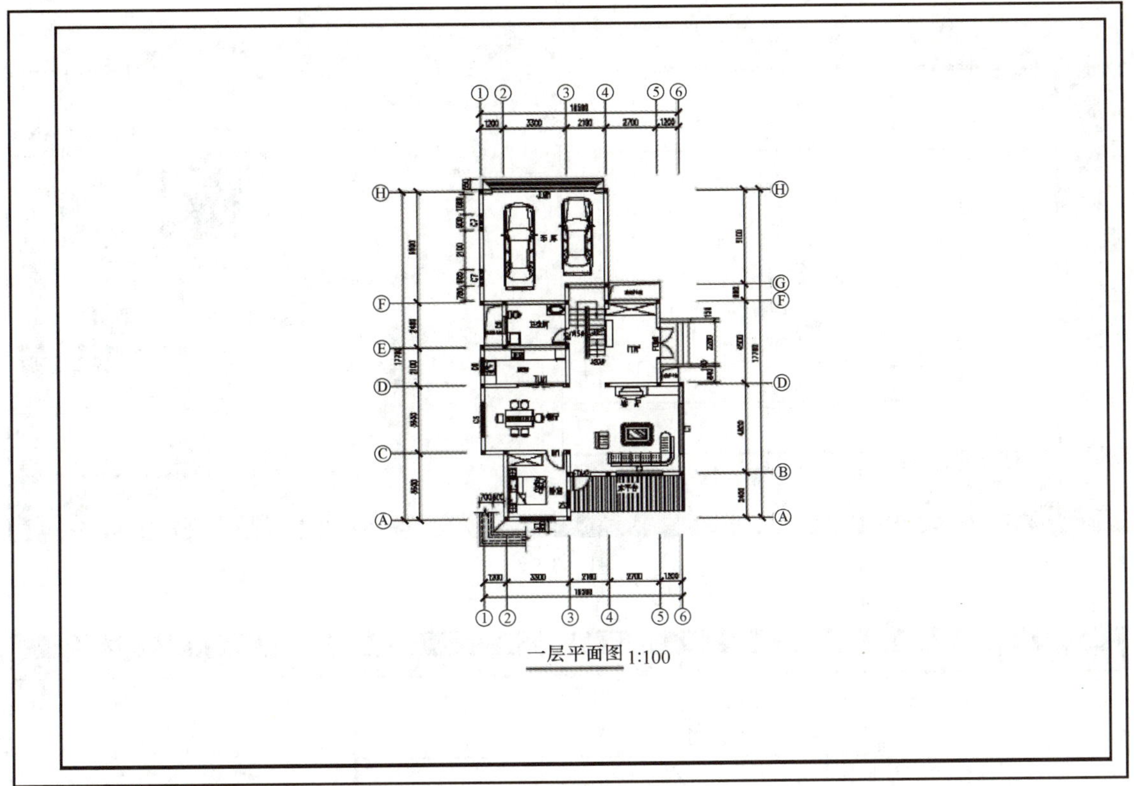

图　6-8

1. 在模型空间打印输出图纸

1）在模型空间绘制好图纸后，按打印比例插入图框，将图纸布置好后按快捷键<Ctrl+P>或单击菜单栏中的“文件”→“打印”。

2）在弹出的“打印-模型”对话框中，可在“页面设置”的“名称”选项中直接选择已经设置好的页面布局形式，也可根据需要临时设置打印参数，或选择上一次打印数据。若需设置打印参数，可在“打印机/绘图仪”的“名称”选项中选择所需打印机/绘图仪，并调整图纸尺寸、打印区域、打印偏移和打印比例等参数后开始打印。以打印 jpg 格式文件为例（见图 6-9）：

打印机/绘图仪：PublishToWeb JPG. pc3；图纸尺寸：NEW1；打印区域：使用“窗口”命令框选图纸；打印偏移：居中打印；打印比例：布满图纸。

单击“预览”按钮进入预览模式查看打印效果（见图 6-10），确认无误则单击“打印”按钮或按<Enter>键开始打印输出，若需修改则返回修正后再重新打印。

3）输出文件。确认打印输出后，若打印纸质文件，则等待打印机打印完成即可。若打印其他格式电子文件，则在弹出对话框中编辑确定文件名称、存储路径后单击“保存”按钮确定，可在保存路径找到所需格式文件：建筑平面图 1，如图 6-11 所示。

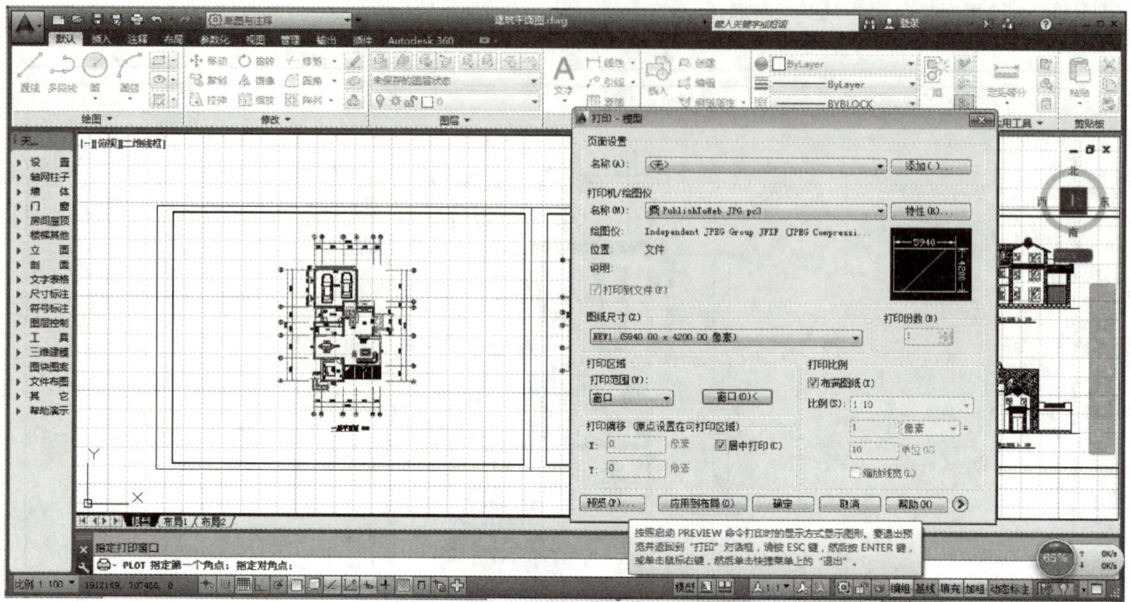

图 6-9

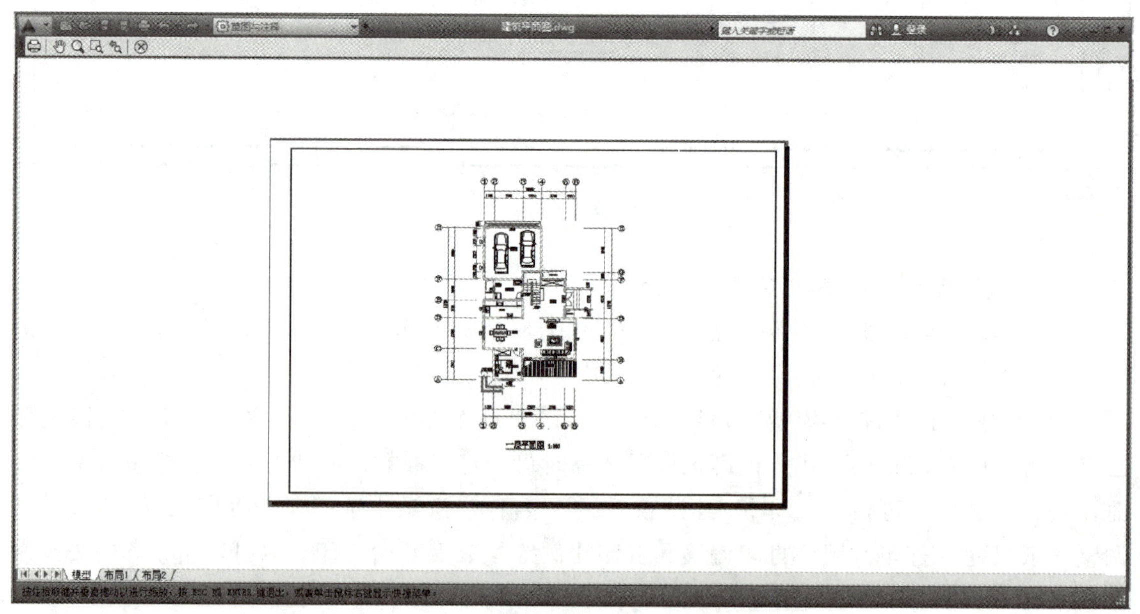

图 6-10

2. 在布局空间打印输出图纸

在模型空间绘制好图纸后，可选择在模型或布局空间打印图纸，但当同一图纸幅面需放置不同比例图形时，在模型空间难以满足要求，而布局空间可满足同一幅面不同比例布图的打印，且在布局空间所进行的其他操作，并不影响模型空间。

使用布局空间进行打印输出图纸：

1）在操作界面左下方单击“布局 1”按钮可进入布局空间，如图 6-12 所示。

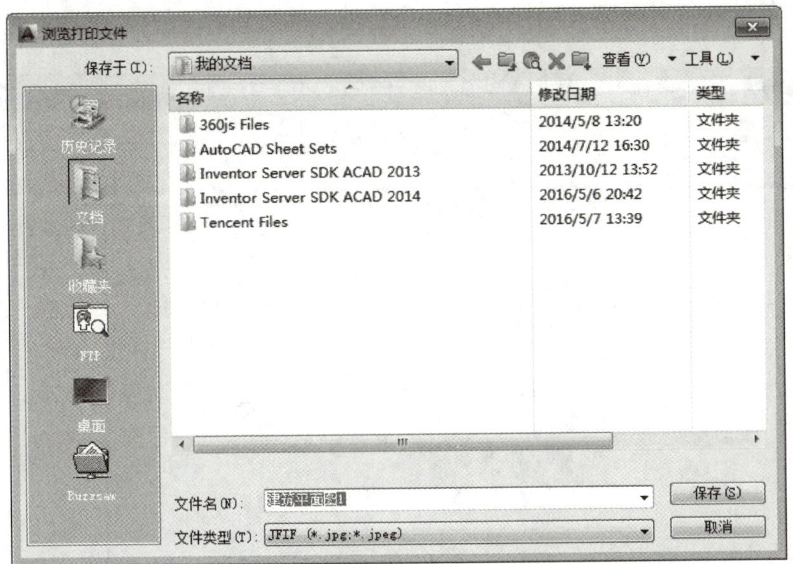

图　6-11

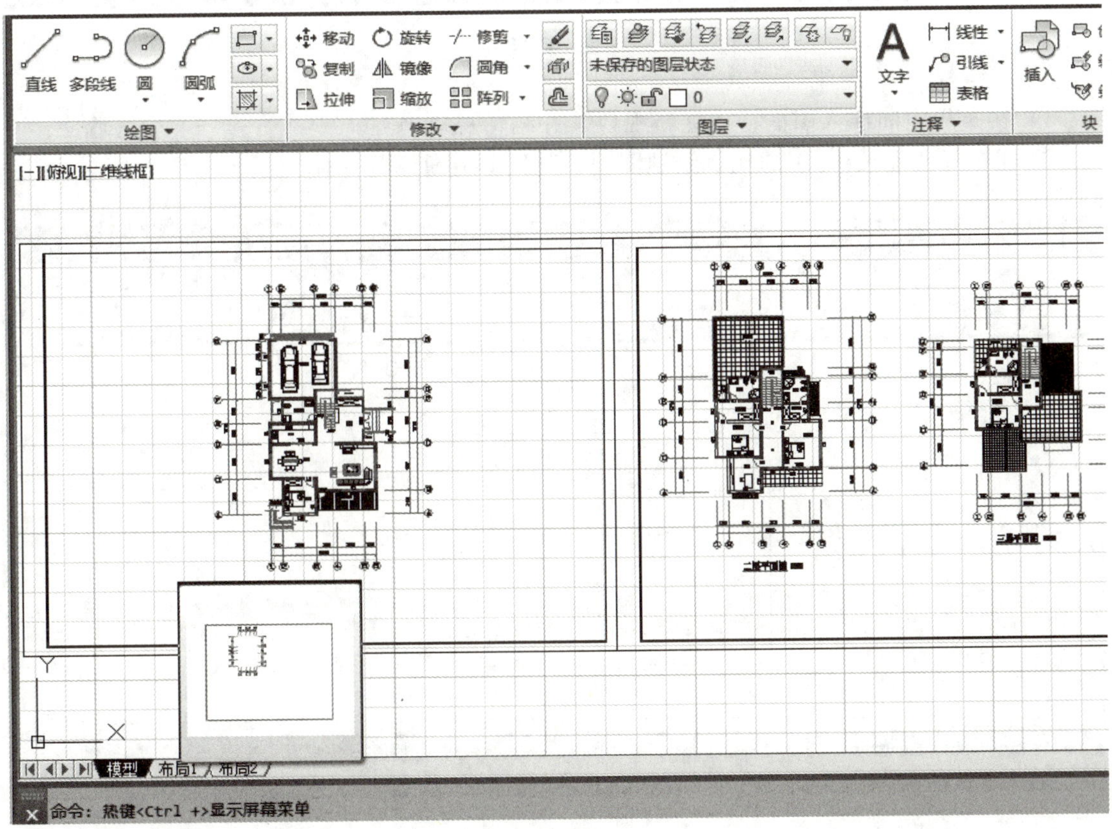

图　6-12

2）进入布局空间，在默认视口中可查看所有模型空间绘制图案，同时也可双击视口外区域退出视口，在布局空间进行其他操作，如图 6-13 所示。其中，在模型空间中可进行的绘图、编辑操作在布局空间也可同样进行。

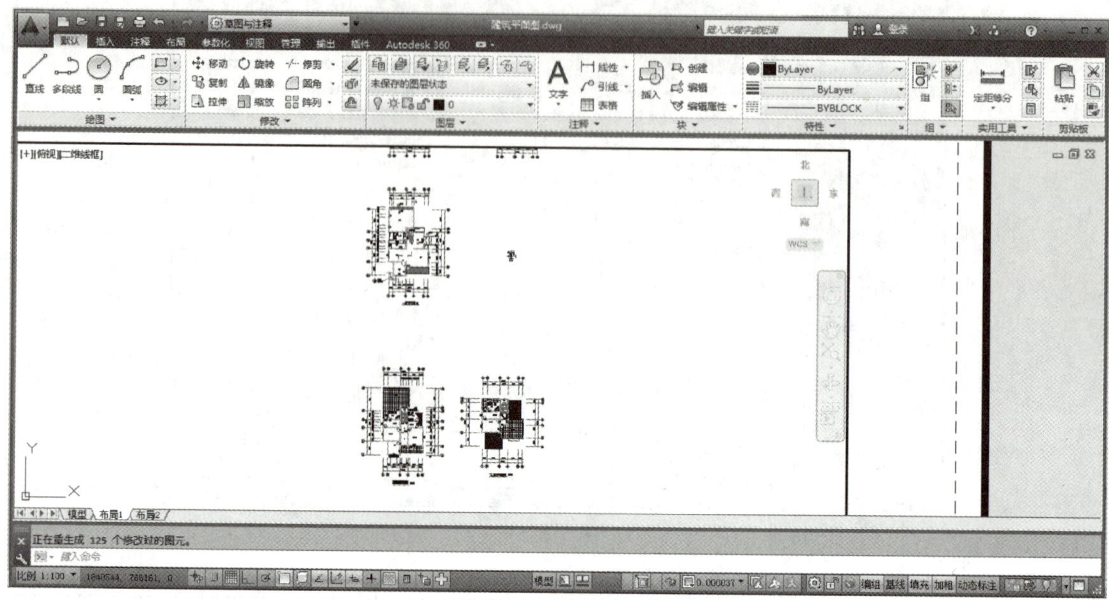

图 6-13

3）在布局空间插入图框，建立新视口，并编辑视口内容。

① 在布局空间按 1∶1 的比例绘制图框，如图 6-14 所示。

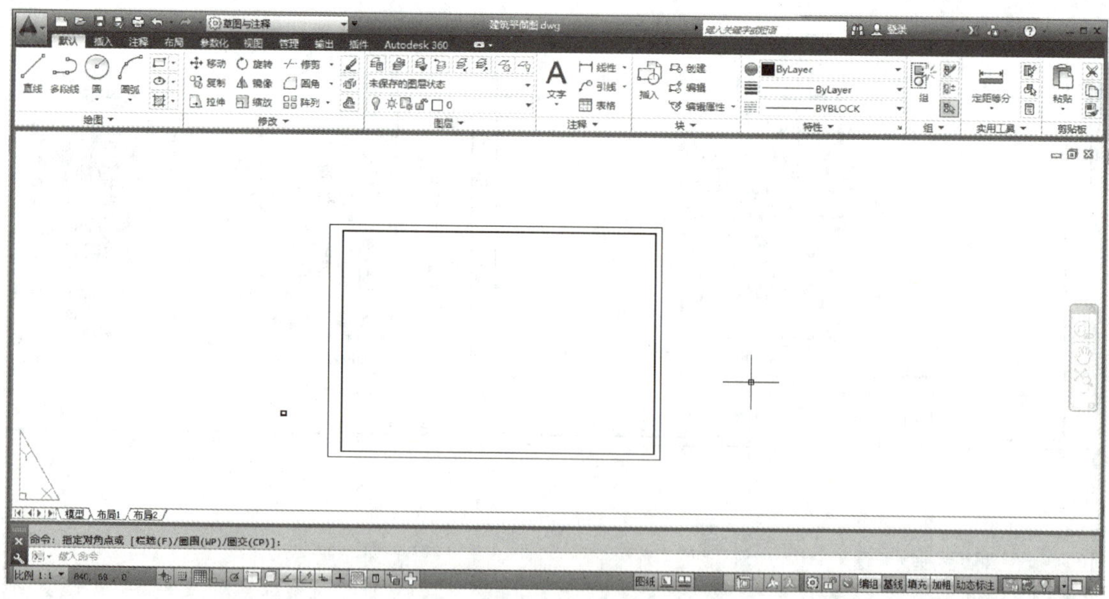

图 6-14

② 在命令行输入新建视口快捷命令：MV，按<Enter>键确认。根据命令行的提示框选新视口区域，建立新视口，如图 6-15 所示。

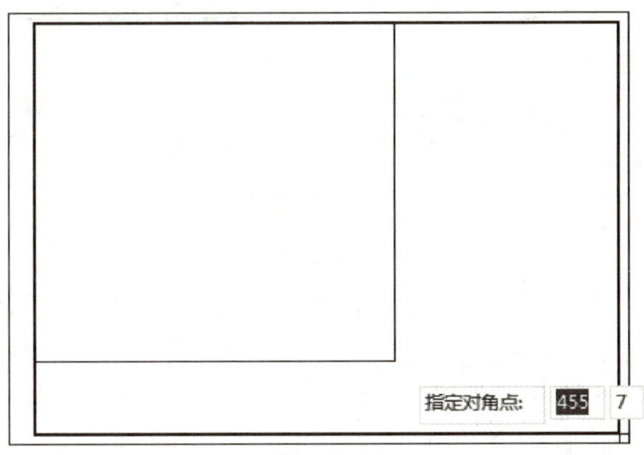

图　6-15

双击新视口范围进入视口空间，此时视口范围将变为加粗黑线。利用鼠标滚珠调整视口可见视图范围，将需打印图纸部分调整到视口中间位置，并使用以下命令调整视口比例。

命令行：Z（输入后回车）

命令行：1/100XP（输入打印图纸比例+XP，按回车键确认）

此时，视图空间内图纸显示比例已调整为1∶100，若需修正图纸位置，可使用右侧平移工具稍作调整，完成后右击选择退出。注意勿使用鼠标滚珠，因滚动滚珠将直接调整视口显示比例。

调整完成后将鼠标移动到视口范围以外任意工作区域内双击，退出视口空间，如图6-16所示。

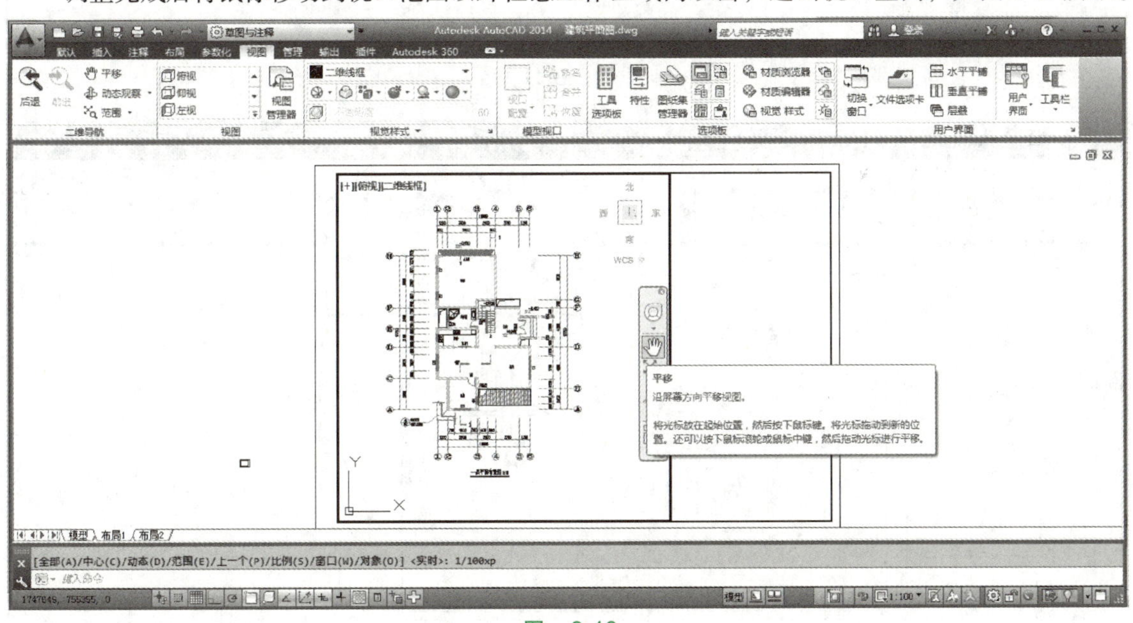

图　6-16

③ 当此纸幅范围内还需布置其他比例图纸时，重复上一步骤。即新建视口空间：MV；双击视口空间调整视口显示比例：Z；打印比例：1/20XP（如1∶20的打印比例）。

完成后退出视口空间，如图6-17所示。

④ 可在布局空间对新建视口进行微调，以确保图纸布置合理。框选所有视口边界，将其放置到“Defpoints”图层，以确保最终打印图纸时视口边界不被显示，如图6-18所示。

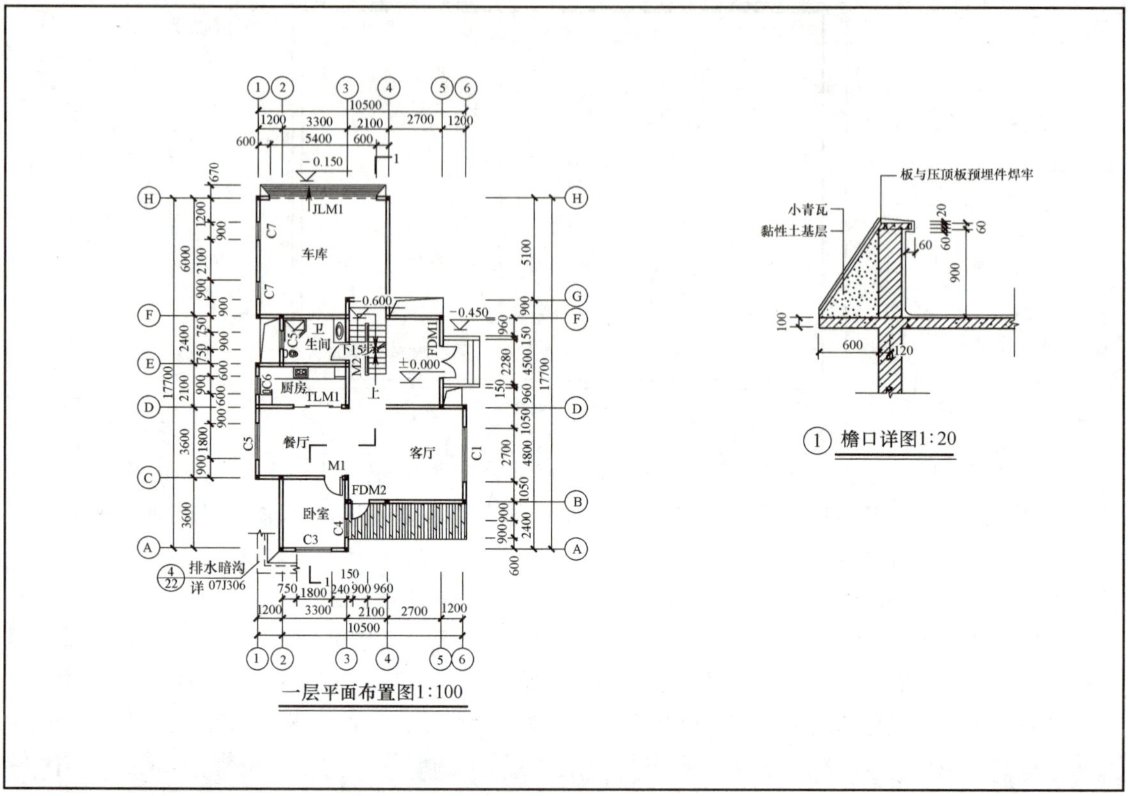

图 6-17

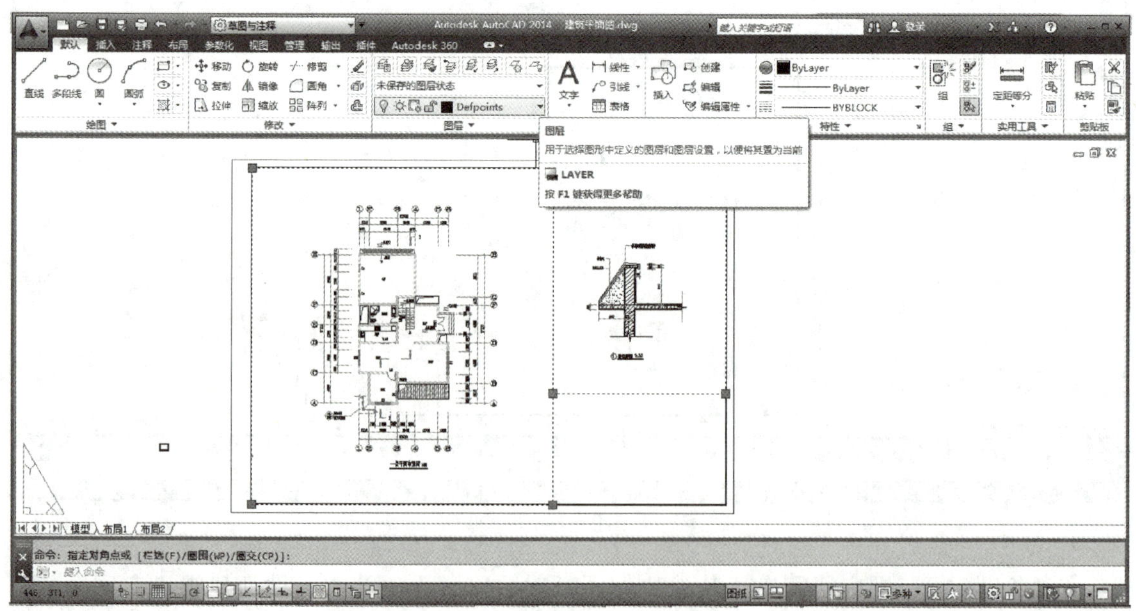

图 6-18

4）打印输出图纸。单击菜单栏中的“文件”→“打印”，在“打印-布局 1”对话框中选择所需打印机/绘图仪，选择好图纸尺寸，选择打印范围为窗口，打印偏移为居中打印，打印比例为布满图纸，如图 6-19 所示。

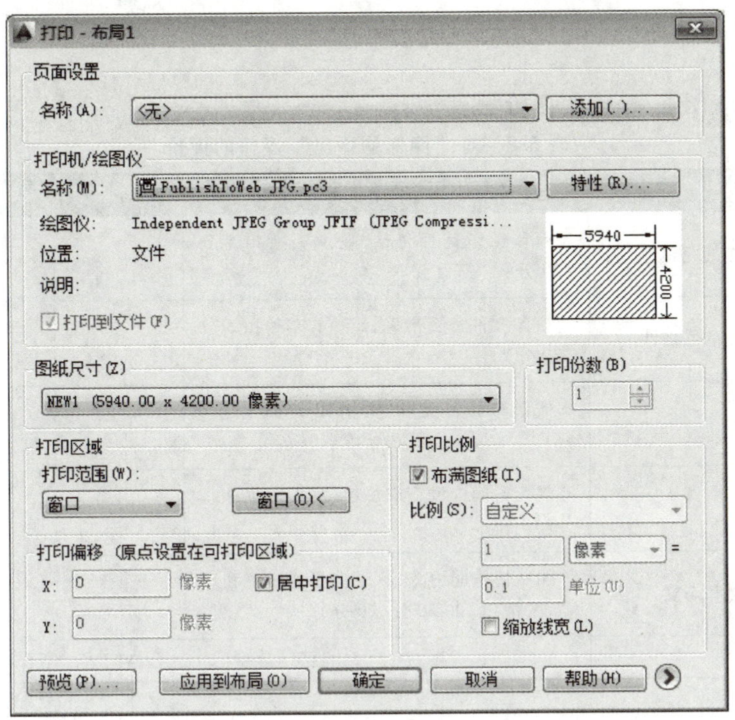

图　6-19

选择完毕后，单击“预览”按钮对图纸进行预览，确认无误后单击“确定”按钮或按回车键直接打印，如图 6-20 所示。

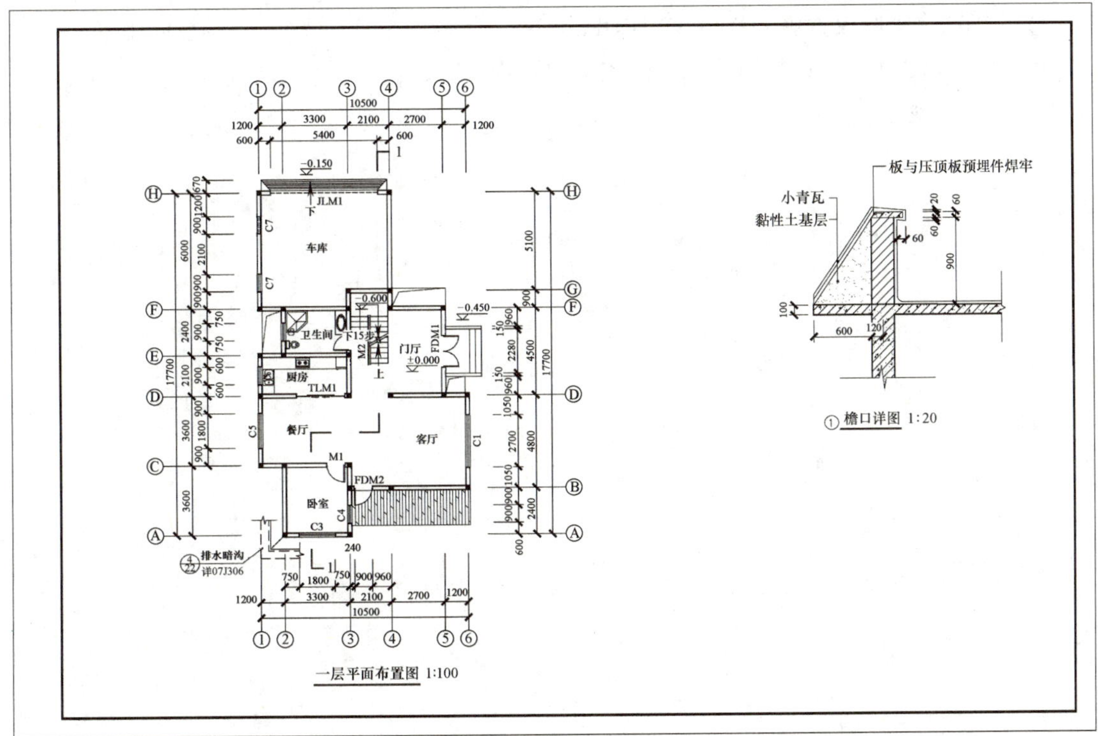

图　6-20

评价反馈

对“图形的输出”操作的评价见表 6-2。

表 6-2 对“图形的输出”操作的评价

序号	检测项目	评价任务及权重	自评	小组互评	教师评价
1	打印操作的完整性	打印操作是否完整，缺少 1 项扣 5 分（30 分）			
2	打印文件的准确性	打印文件是否准确，1 项不准确扣 5 分（30 分）			
3	图形布局	图形布局不美观，酌情扣 2～5 分（10 分）			
4	完成时间	规定时间内没完成每超过 10 分钟，扣 2 分（10 分）			
5	工作纪律和态度	团队协作能力差、不爱护仪器设备和环境，酌情扣 10～20 分（20 分）			
任务总评		优□　良□　中□　合格□　不合格□			

能力拓展

使用布局或模型空间，将图纸打印成 pdf 格式文件。操作要点为：

1）选择模型或布局空间打印。

2）打印机/绘图仪选择：DWG To PDF. pc3。

3）图纸尺寸选择：选择所需 pdf 格式文件页面尺寸。

项目七

运用天正建筑 TArch 2014 绘制建筑施工图

【项目概述】

通过对天正建筑 TArch 2014 软件的介绍，认识并了解天正建筑 TArch 2014 软件的基本情况，包括主要功能、软件发展等内容，并在此基础上依据给定的绘图任务，学习如何运用 TArch 2014 准确而快速地完成建筑平面图、建筑立面图和建筑剖面图的绘制。

任务 1　认识天正建筑 TArch 2014

任务描述

通过对天正建筑 TArch 2014 软件的介绍，了解软件的主要功能、软件发展等情况，并通过上机实践操作，完成软件开启并了解天正建筑菜单栏。

任务实施

1. 天正建筑 TArch 2014 软件的介绍

（1）TArch 2014 软件简介　天正建筑 TArch 2014 是在 AutoCAD 图形平台基础上研发的新一代建筑设计软件，依据建筑设计初步方案设计至施工图设计全程设计需求，采用二维图形描述与三维空间一体化的方式，参考建筑设计基本制图规范，以建筑构件模型作为基本单元，以先进的建筑对象概念服务于建筑设计，提供了步骤简化且易于操作的设计制图方式。

（2）天正建筑软件的发展　天正建筑软件从 TArch 3 到 TArch 2014 经历了“工具集”概念建筑软件至“自定义对象”建筑软件的发展，天正建筑 TArch 2014 基于 AutoCAD 2000 以上的版本而开发，对硬件要求取决于 AutoCAD 平台。同时版本采用了全新的开发技术，对软件各方面都进行了较大提升。

1）突破原来因每次大版本升级造成的文件格式兼容性问题。

2）应建筑设计信息模型化和协同设计化的需求，在建筑设计一体化方面为节能、日照、环境等软件提供基础信息模型，也为建筑结构、给排水、暖通、电气提供数据交流平台；在协同设计方面则提供了完全基于外部参照绘图模式下的全专业协同解决技术。

3）其他功能更新。

2. 天正建筑 TArch 2014 软件的介绍

（1）天正建筑 TArch 2014 软件的开启　双击桌面快捷方式或者单击“开始”→“所有程序”→“天正建筑 2014”（见图 7-1）。

（2）TArch 2014 操作界面　进入 TArch 2014 操作界面后，请仔细观察与 AutoCAD 的不同，在其左侧可以看到天正建筑菜单栏，如图 7-2 所示。开启或关闭天正菜单栏的快捷方式是<Ctrl>+<+>或在命令窗口中输入“TMNLOAD”。菜单栏中提供了建筑主要构件绘制、参数设置、布图打印等模块，具体如下：

1）设置：该模块下拉菜单提供天正建筑基本设置编辑选项，包括自定义、天正选项、当前比例、文字样式、尺寸样式、图层管理选项，如图 7-3 所示。

图　7-1

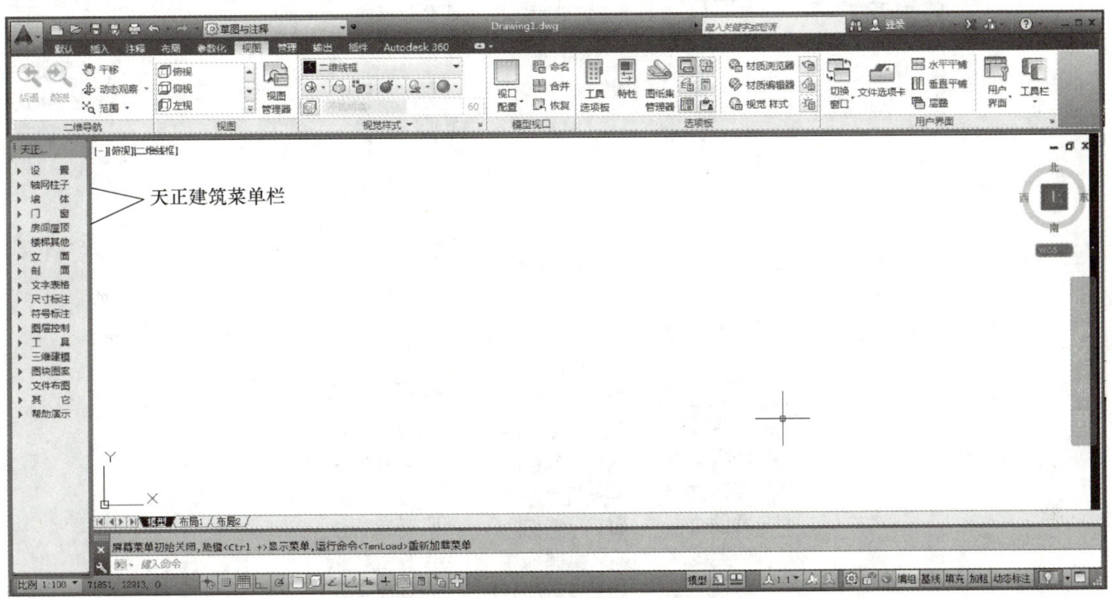

图　7-2

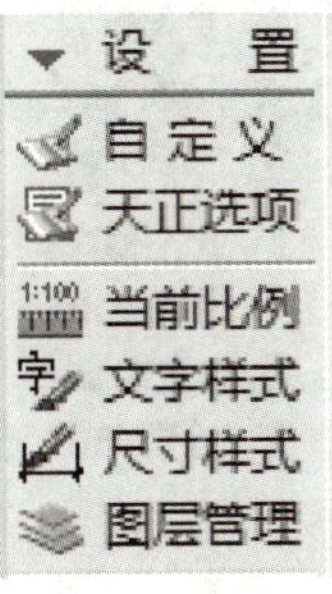

图　7-3

2）建筑构件模块：建筑构件模块包括轴网柱子、墙体、门窗、房间屋顶、楼梯其他、立面、剖面。各模块包含工具如图 7-4 所示。

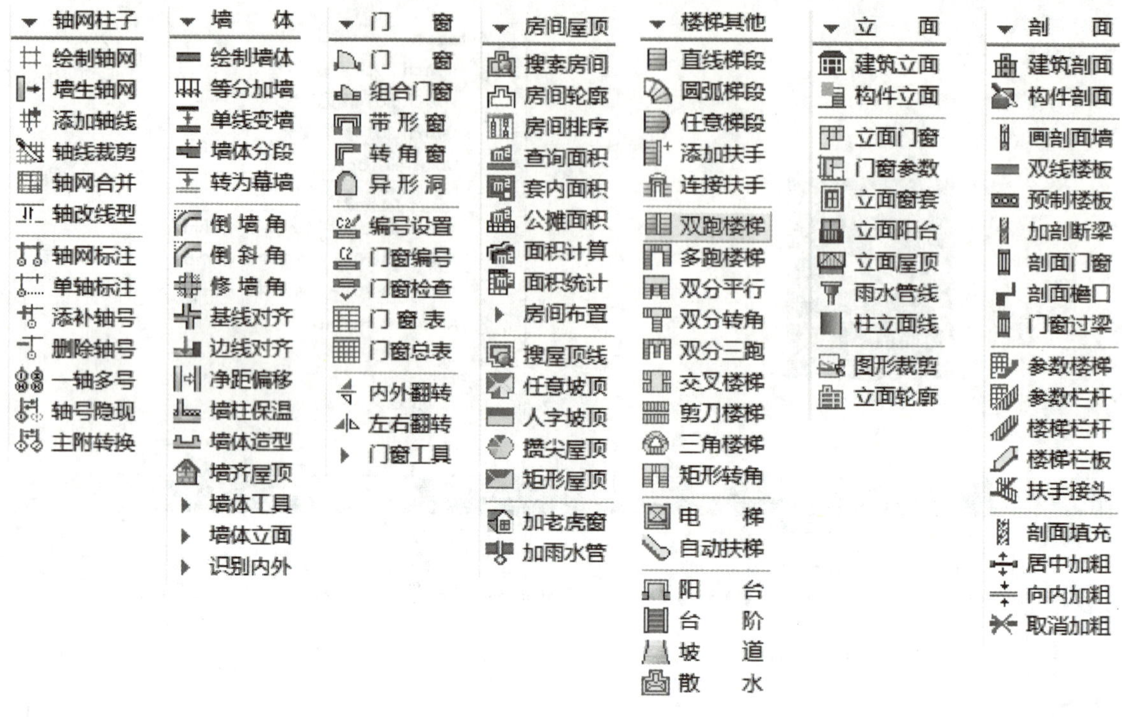

图 7-4

3）标注模块：标注模块包括文字表格、尺寸标注、符号标注等，如图 7-5 所示。

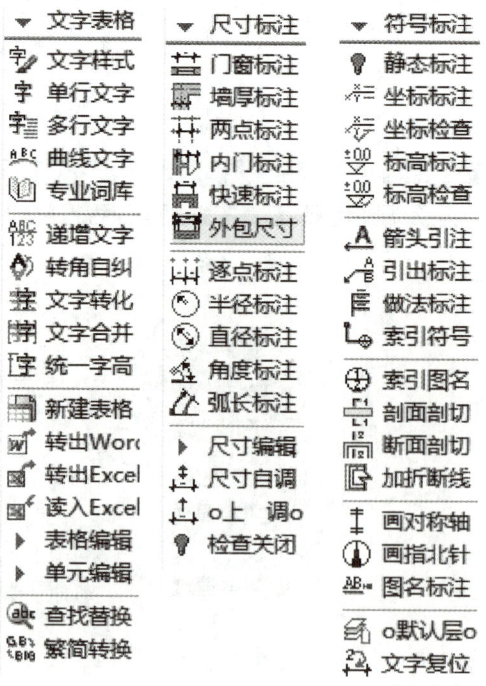

图 7-5

4）其他工具模块：图层控制、工具、三维建模、图块图案、文件布图，如图 7-6 所示。

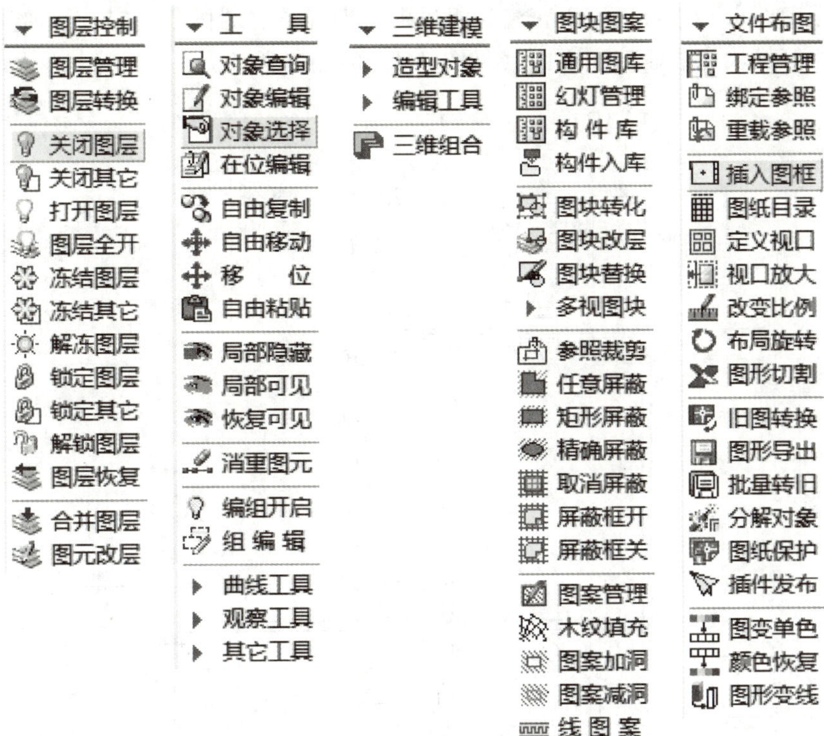

图 7-6

5）其他、帮助演示。

评价反馈

对“认识天正建筑 TArch 2014”操作的评价见表 7-1。

表 7-1 对“认识天正建筑 TArch 2014”操作的评价

序号	检测项目	评价任务及权重	自评	小组互评	教师评价
1	软件界面认识的完整性	软件界面认识是否完整，缺少 1 项扣 5 分（35 分）			
2	模块查找操作的准确性	模块查找操作是否准确，1 项不准确扣 5 分（35 分）			
3	完成时间	规定时间内没完成每超过 10 分钟，扣 2 分（10 分）			
4	工作纪律和态度	团队协作能力差、不爱护仪器设备和环境，酌情扣 10～20 分（20 分）			
任务总评		优□ 良□ 中□ 合格□ 不合格□			

任务 2 运用天正建筑 TArch 2014 绘制住宅建筑平面图

任务描述

了解建筑平面施工图深度要求。通过上机实践操作，完成建筑平面图绘制。掌握建筑平面施工图的深度要求，通过运用天正建筑提供的轴网柱子、墙体、门窗、楼梯其他、尺寸标注、符号标注等模块完成建筑平面图（见图 7-7）的绘制任务。

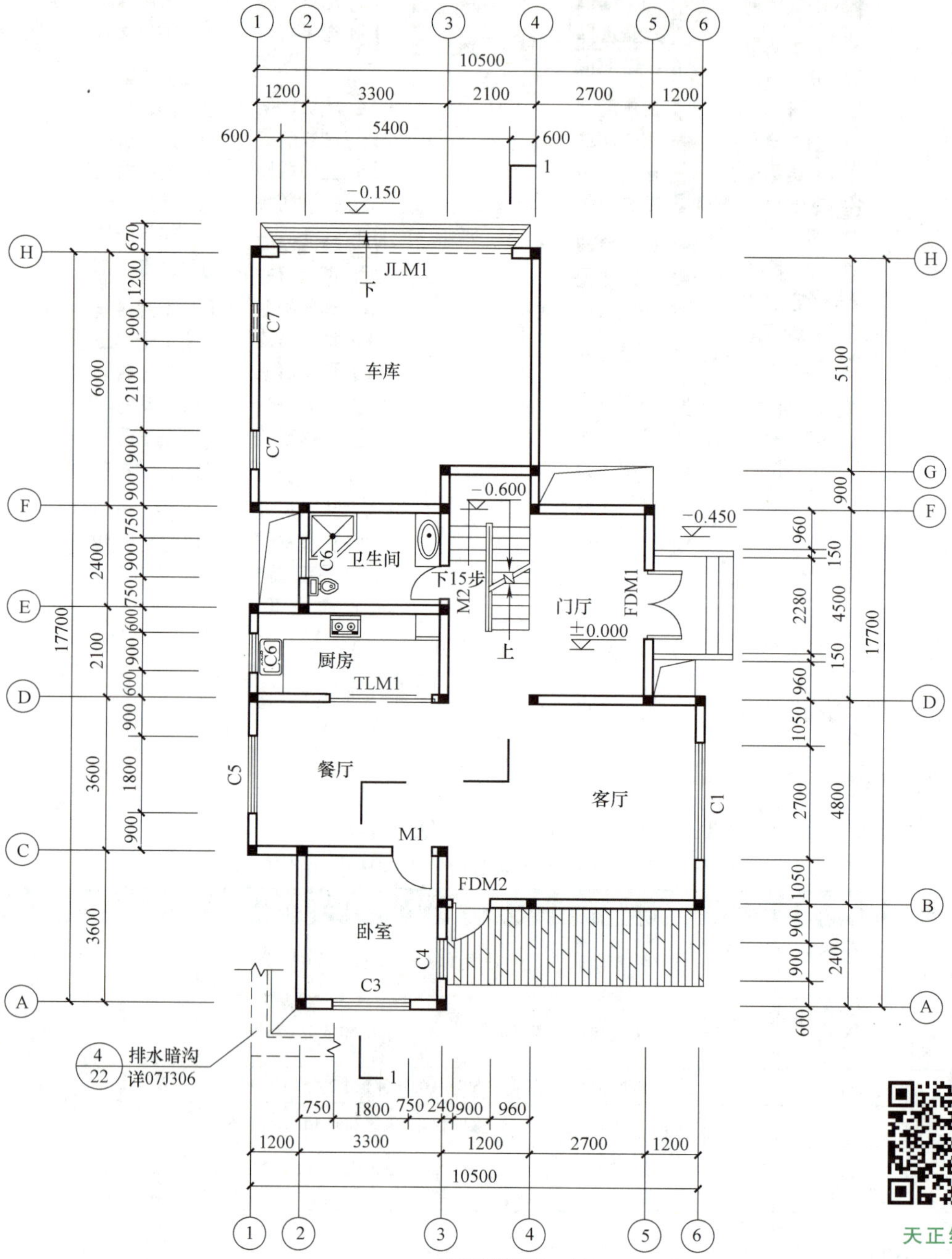

一层平面布置图 1:100

图 7-7

天正绘制
住宅建筑
平面图视频

任务实施

绘图时天正建筑菜单栏按构件形式划分模块，提供了便捷的绘图模式，但针对绘图中非常规构件，应利用 AutoCAD 进行绘制，或结合相似模块利用 AutoCAD 进行编辑、修改，完成绘图。

利用天正建筑菜单栏绘制施工平面图时，每个绘图模块都提供了多种形式，绘图方式多样，并不唯一，故绘图时可根据个人绘图习惯选择最合适的方式准确而快速地完成图纸绘制。

1. 总体绘图步骤

1）分析平面图组成，确定平面轴网布置。

2）在绘制好的轴网上绘制墙、柱、门窗等主要构件部分。

3）绘制楼梯、管井、台阶、坡道等细部。

4）进行文字、尺寸、符号标注。

5）完成卫生间、厨房家具布置。

6）检查图纸，调整细部。

2. 具体绘图步骤

（1）新建文件　运行天正建筑 TArch 2014，进入操作界面，默认新建文件 Drawing1. dwg 文件，也可新建并选择 ACAD 文件。

（2）绘制轴网、柱子

1）建立轴网。在天正建筑菜单栏中选择“轴网柱子”菜单选项，并在其下拉菜单中单击“绘制轴网”命令按钮。在弹出的“绘制轴网”对话框中选择“下开”，并从左至右输入轴网间距。输入间距时，可依次直接单击右侧对应数字，如 1800、2100、3600 等，也可直接在“轴间距”栏下依次直接输入对应数据。完成横向轴网绘制后，单击弹出对话框右下角“左进”选项，从下至上依次输入轴网间距，如图 7-8 所示。

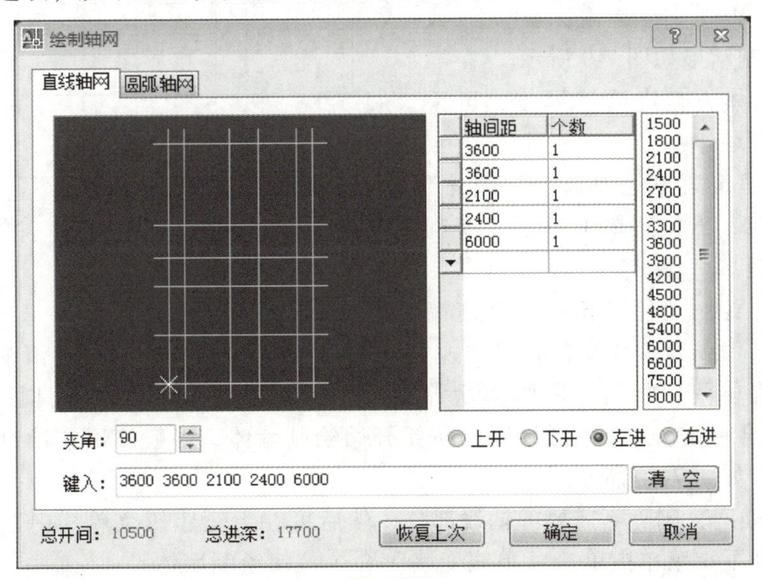

图 7-8

当主轴网参数设置完成后，单击下方“确定”按钮插入该轴网。根据命令栏提示，在模型空间点取轴网插入位置，完成主轴网绘制。主轴网局部编辑及附加轴绘制方法与 CAD 软件相同，可直接使用偏移工具或直线绘制工具完成绘制。

在天正建筑菜单栏中选择“轴网柱子”菜单选项，并在其下拉菜单中单击“轴网标注”命令按钮。

可在左上角的弹出菜单中选择“单侧标注”或“多侧标注”，并在“起始轴号”后的输入框中直接输入起始轴号，当输入框为空白时则默认：轴线编号从左至右为阿拉伯数字1、2、3……，从下至上为大写字母 A、B、C……。当轴网标注参数设置完成后，根据命令行提示，先选择起始轴线，选择终止轴线，选择不需要标注轴线，之后直接右击完成该操作。

因建筑两侧墙体布置不同等原因，两侧轴线标注一般要求不同，此时，可使用“添补轴号”/“删除轴号”命令对轴网标注进行编辑。

在天正建筑菜单栏中选择“轴网柱子”菜单选项，并在其下拉菜单中单击“添补轴号”/“删除轴号”命令按钮。

根据命令行提示完成以下操作：

① 添补轴号：先单击选择参考轴线，一般为需添加区域临近轴线，确认新增轴线是否为附加轴线，是否需要重排轴号，然后确认距参考轴线的距离，一般可用坐标定位。

② 删除轴号：框选需要删除的轴号，右击确认，根据提示选择删除轴号后是否需要对原轴网编号进行重新排列，直接选择“是”或“否”，或者输入“Y”或“N”确定，绘制结果如图 7-9 所示。

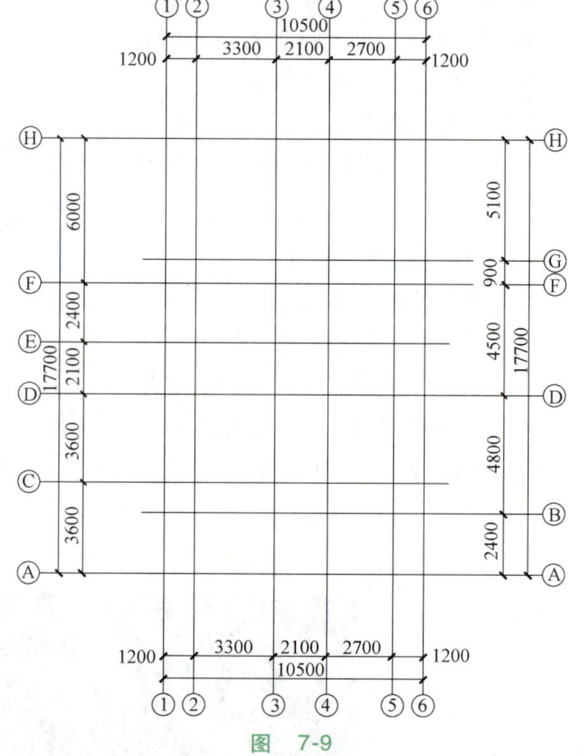

图 7-9

2）绘制墙体。确定墙体厚度，可采用以下方式绘制墙体：

① 在天正建筑菜单栏中选择“墙体”菜单选项，并在其下拉菜单中单击“绘制墙体”命令按钮。

在弹出的“绘制墙体”窗口中确定墙体参数，以墙体中线为参考线，确定“左宽”和“右宽”参数，并可在该窗口中同时确定层高、底高、墙体使用材料、墙体用途等参数。完成参数设置后根据具体情况单击下方“绘制直墙”“绘制弧墙”“矩形绘墙”按钮开始绘制墙体，一般使用“绘制直墙”可完成直线墙体绘制，如图 7-10 所示。

② 先修剪轴网，删除不需要的轴线部分，然后可在天正建筑菜单栏中选择“墙体”菜单选项，并在其下拉菜单中单击“单线变墙”命令按钮绘制墙体。

在左上方弹出的“单线变墙”窗口中输入外墙外侧宽度和内侧宽度、内墙宽度，并可确定当前层高、底高、墙体使用材料等参数。然后根据命令栏提示选择要变成墙体的直线、圆弧或多短线，完成选择后右击完成绘图，如图 7-11 所示。

3）绘制柱子。在天正建筑菜单栏中选择“轴网柱子”菜单选项，并在其下拉菜单中单击“标准柱”命令按钮。

在弹出的“标准柱”窗口中，选择柱子材料、形状，并输入柱子尺寸参数，然后单击左下角“点选插入柱子”，根据命令行提示以柱子中心为基点点选柱子位置，完成柱子的绘制。

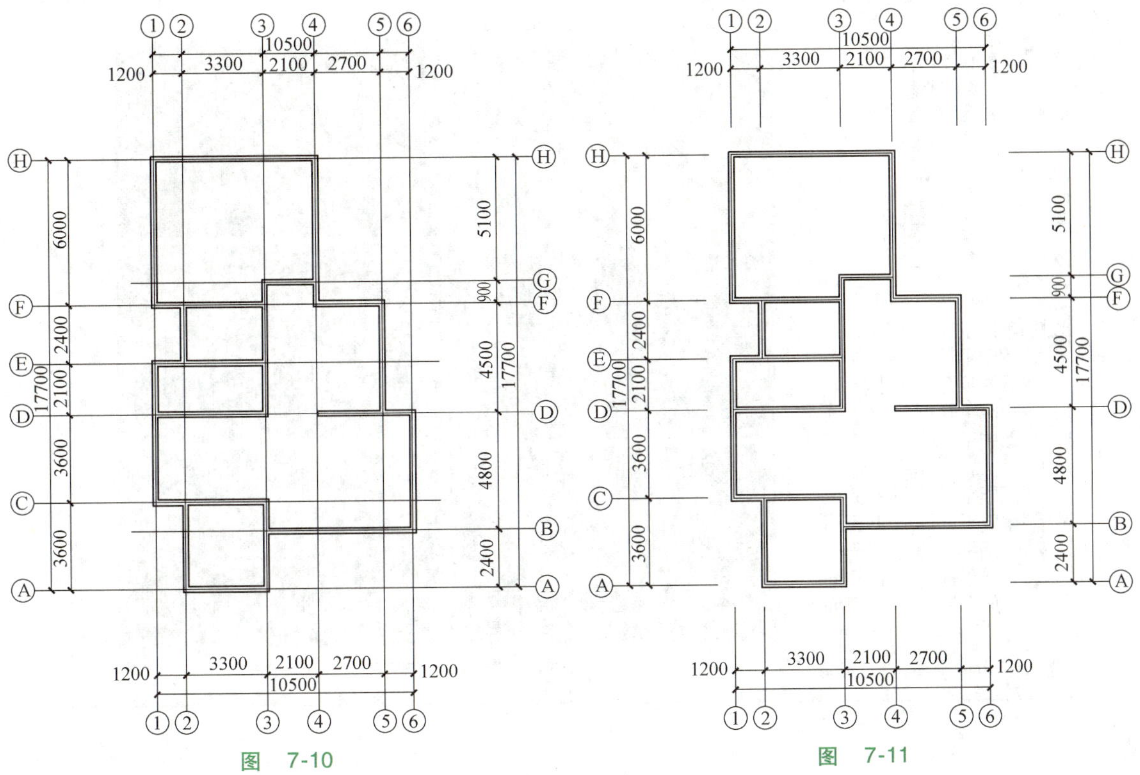

图　7-10　　　　图　7-11

（3）绘制门窗　在天正建筑菜单栏中选择“门窗”菜单选项，并在其下拉菜单中单击“门窗”命令按钮。在弹出的“门/窗”窗口中确定门窗编号、类型、尺寸，并插入图中对应位置。在该弹出窗口中在对门、窗参数进行确定，当单击按钮时为门的参数编辑状态，当单击按钮时为窗的参数编辑状态，如图 7-12 所示。

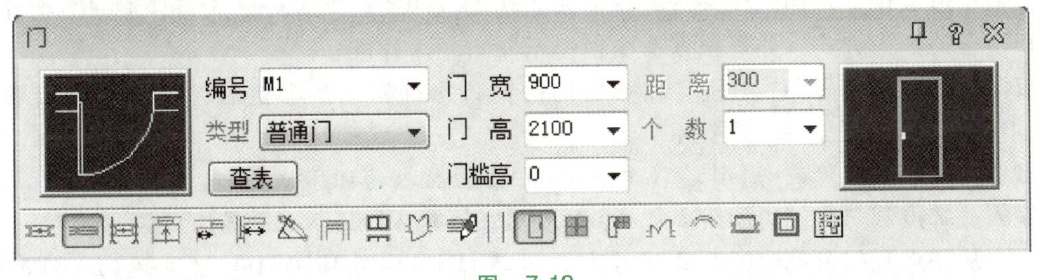

图　7-12

以插入门为例，单击按钮。单击窗口左上角门窗预览区域可弹出“天正图库管理系统”中门图库部分，如图 7-13 所示。单击左上方门窗类型区域，选择所需门窗类型，然后在其下方扩展目录区域选择具体门窗形式，或者直接在右侧预览区域单击选择，双击预览图可确定选择并返回门窗弹出窗口。

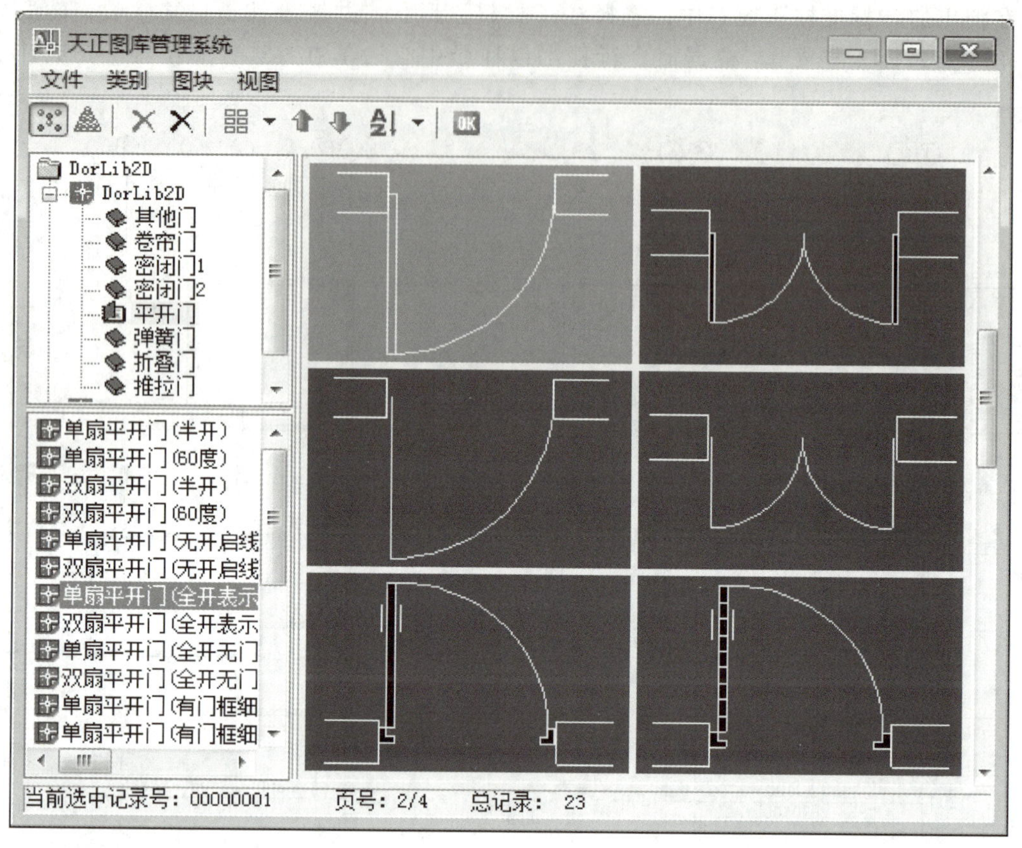

图 7-13

完成门样式选择后，在门弹出窗口中确定门宽、门高、门槛高的参数，可在下拉选择项中选择或直接输入。在弹出窗口中可在“类型”选项中对门的类型进行选择，同时可对门进行自由编号，如 M1；编号也可选择自动编号，自动编号由门/窗首字母大写、门宽、门高组成，如 M0921：表示宽 900mm、高 2100mm 的门。当门的参数设置完成后，开始在图中具体位置进行插入。门的插入方式选项位于弹出窗口最下方，插入方式有自由插入、沿墙顺序插入、依据点取位置两侧轴线进行等分插入、在点取的墙段上等分插入等。根据图纸具体情况选择适合的插入方式，并可根据命令栏提示左右、内外翻转。

以沿墙顺序插入门 M1 为例，在弹出门的窗口中确定门的参数后，单击“沿墙顺序插入”的图标，然后可见命令栏提示：

点取门窗插入位置或<退出>：（*单击选择 M1 应插入的墙体位置*）

输入从基点到门窗侧边的距离或<退出>：120（*输入 120，右击确认*）

输入从基点到门窗侧边的距离或［左右翻转（S）/内外翻转（D）/区间距（L）<退出>］：S（*输入 S，后右击确定完成 M1 插入*）

以插入窗 C3 为例，单击按钮，在弹出窗口中单击窗预览区域，将弹出“天正图库管理系统”中窗图库部分，单击左下方目录选择窗的样式，或直接在右侧窗的预览样式中进行选择，选好所需样式后双击预览图纸确定。退回窗的弹出窗口后，在编号中直接输入所需编号，如 C1；或直接选择自动编号，自动编号由窗首字母大写、门宽、门高组成，如 C1815：表示宽 1800mm、高 1500mm 的窗。当窗的参数设置完成后开始在图中具体位置进行插入。窗的插入方式与门相同，可根据图纸具体情况选择适合的插入方式。

以沿墙顺序插入窗 C3 为例，在弹出窗的窗口中确定窗的参数后，单击“依据点取位置两侧轴线进行等分插入”的图标，然后可见命令栏提示：

点取门窗大致的位置和开向或<退出>：（单击选择 C3 应插入的墙体位置）

指定参考轴线或<退出>：（默认轴线此时变为虚线，若默认轴线无误可右击确认；若需重新确定参考轴线，则直接单击所需轴线即可，确定后右击确认完成窗的插入）

门窗绘制完成后如图 7-14 所示。

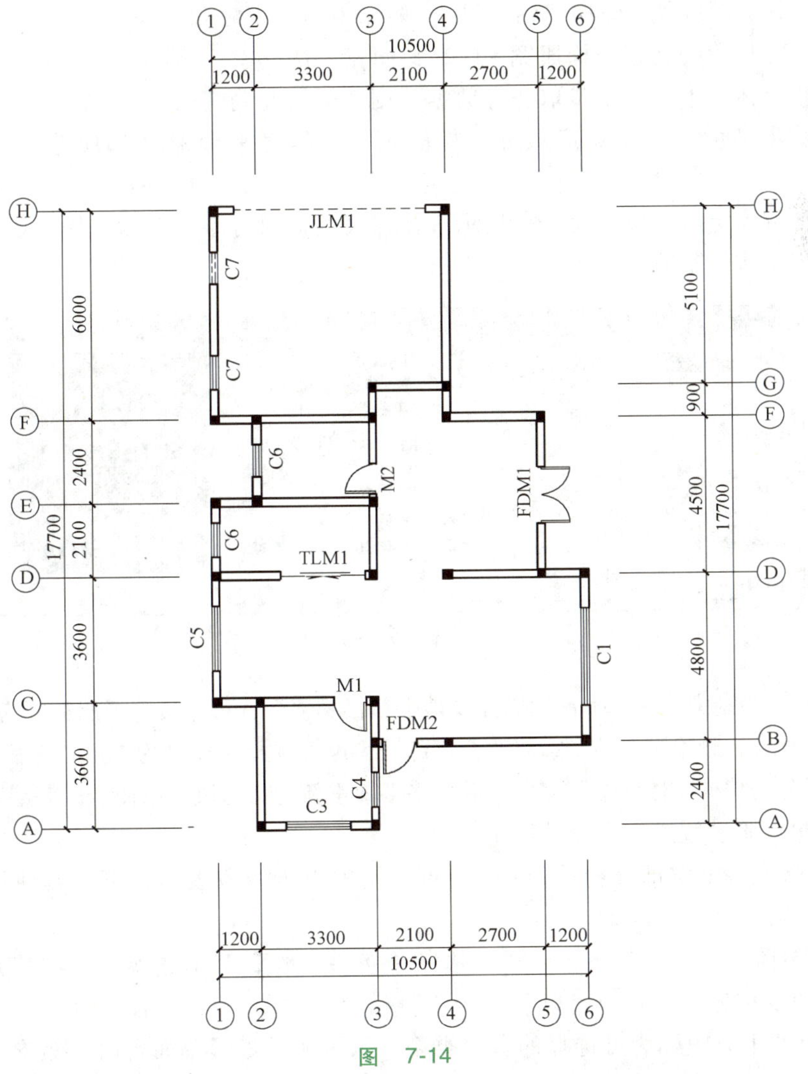

图　7-14

（4）绘制楼梯　关于楼梯的绘制，天正建筑的菜单栏中提供了“楼梯其他”菜单选项，在其下拉菜单中提供了绘制各种楼梯的多种方法，可直接绘制直线梯段、弧形梯段、任意梯段和扶手，可直接绘制双跑楼梯、多跑楼梯、双分平行楼梯、交叉楼梯、剪刀楼梯、三角楼梯等，也可直接绘制电梯、扶梯、台阶、坡道、散水等构造部分。各类型楼梯的绘制都是以相关参数来确定楼梯的尺寸、位置和构造形式，绘制方式较为相似，现以最常见的双跑楼梯为例，如图 7-15 所示。

在天正建筑菜单栏中选择“楼梯其他”菜单选项，并在其下拉菜单中单击“双跑楼梯”命令按钮。在弹出的“双跑楼梯”窗口中选择所需楼梯参数。

楼梯高度：楼梯高度应与层高一致，高度确定后踏步总数、一跑步数、二跑步数、踏步高度、踏步宽度等自动生成，若所需数据与默认生成数据不同，也可根据实际情况直接输入数值确定。

梯间宽：指楼梯间两墙体之间的净距，可单击按钮 梯间宽< 在图中直接选取；也可以经计算后直接输入，梯间宽=楼梯间轴线尺寸-两侧半墙厚度之和。

梯段宽：指梯段的宽度，梯段宽=1/2(梯间宽-井宽)。

上楼位置、休息平台、踏步取齐等数据根据实际情况确定。

注意：踏步高度、踏步宽度尺寸、梯段宽度、休息平台宽度都应符合建筑设计规范要求。

楼梯各参数确定后，根据命令栏提示直接在模型空间对应位置插入楼梯模块即可，一般以楼梯左上角点作为基准点。

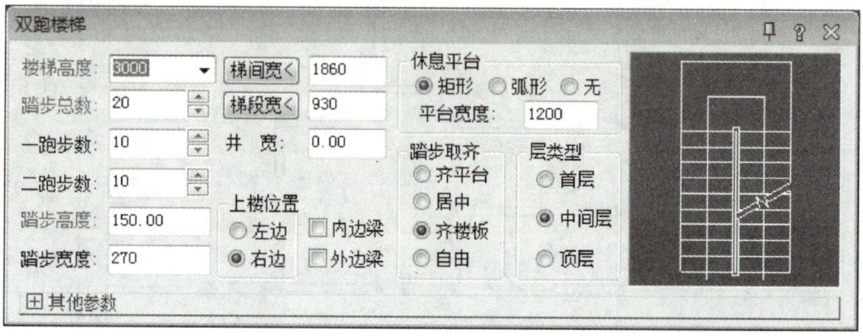

图 7-15

在图 7-16 的绘制中，一层平面图因涉及地下室楼梯部分，可直接选择层类型为中间层，插入楼梯后将构件炸开，删除多余踏步，修改标注部分；也可选择层类型为首层，然后直接补充绘制通向地下室部分的楼梯。楼梯绘制完成之后可将楼梯重新定义为块，以便于后期绘图编辑。

（5）绘制台阶、坡道、平台等细部

1）绘制采光井上空部分：采光井上空部分一般以折线段表示，可直接使用直线工具或多段线工具绘制。

2）绘制台阶。在天正建筑菜单栏中选择“楼梯其他”菜单选项，并在其下拉菜单中单击“台阶”命令按钮，则将弹出以下“台阶”窗口，如图 7-17 所示。

弹出窗口的下方图标为可选择的台阶类型，依次为：矩形单面台阶、矩形三面台阶、矩形阴角台阶、弧形台阶、沿墙偏移绘制、选择已有路径绘制、任意绘制；台阶类型可选择普通台阶或下沉式台阶，基面为平台面或外轮廓面。

选择矩形单面台阶、普通台阶和基面为平台面，然后在上方涉及参数中输入台阶总高、踏步宽度、踏步高度、踏步数目、平台宽度等数据。当参数确定完毕后，根据命令栏提示，

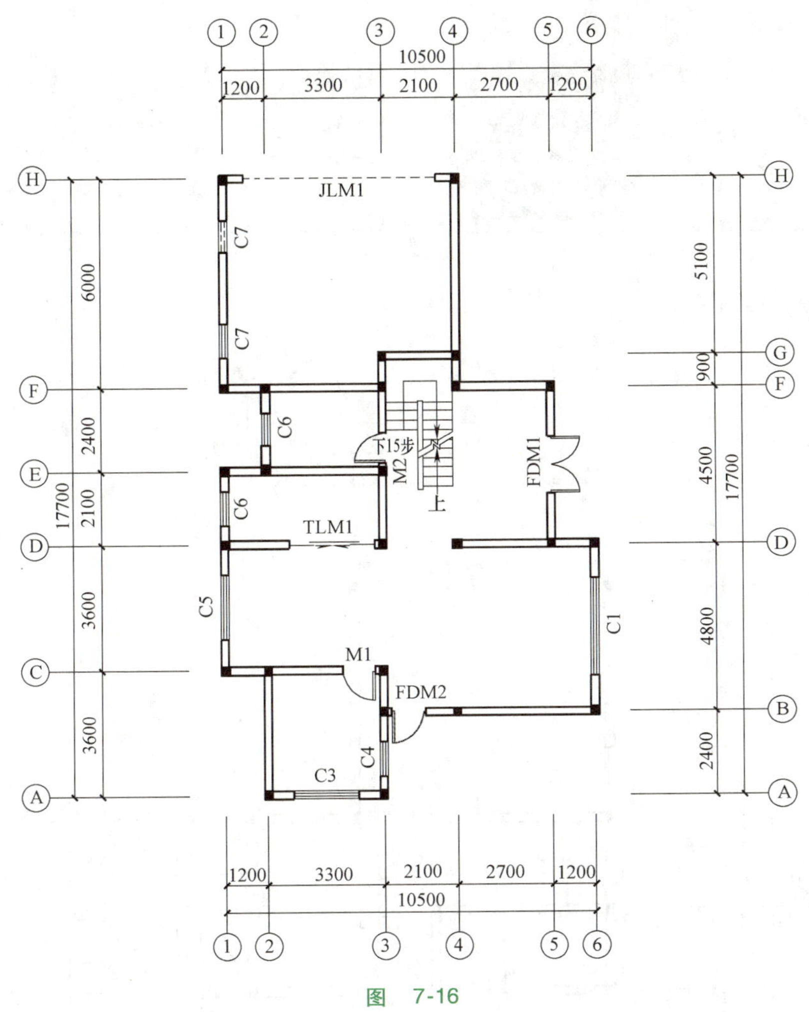

图 7-16

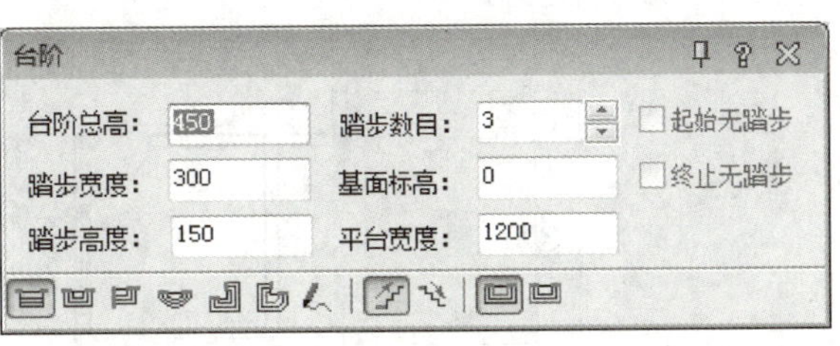

图 7-17

指定台阶的两个控制点，最后右击确认绘制完成。

3）绘制坡道。在天正建筑菜单栏中选择“楼梯其他”菜单选项，并在其下拉菜单中单击“坡道”命令按钮，则将弹出以下“坡道”窗口，如图 7-18 所示。在窗口中输入坡道长度、高度、宽度、边坡宽度、坡顶标高等参数后根据命令栏提示调整基点，插入坡道，完成绘制。

4）绘制散水。在天正建筑菜单栏中选择“楼梯其他”菜单选项，并在其下拉菜单中单击“散水”命令按钮，则将弹出以下“散水”窗口，如图 7-19 所示。

绘制时，先完成散水宽度、室内外高差、偏移距离等参数的输入，当散水参数设置完成后，可根据需要采用搜索自动生成、任意绘制、选择已有路径生成三种方式绘制。

5）绘制暗沟。可使用“直线”“多段线”“偏移”等命令完成绘制。

6）绘制木平台。可使用“多段线”“矩形”“图案填充”等命令完成绘制。

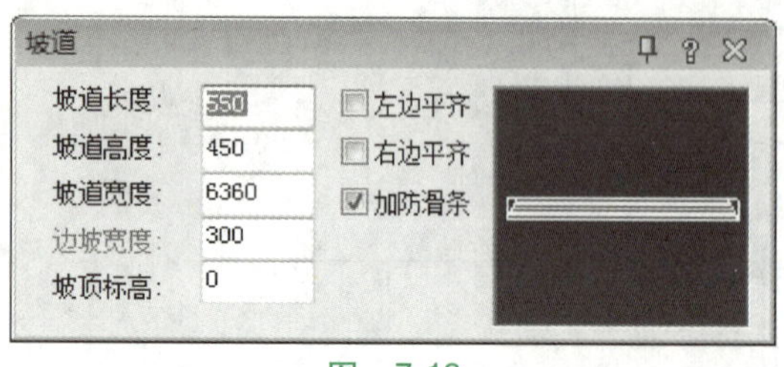

图 7-18

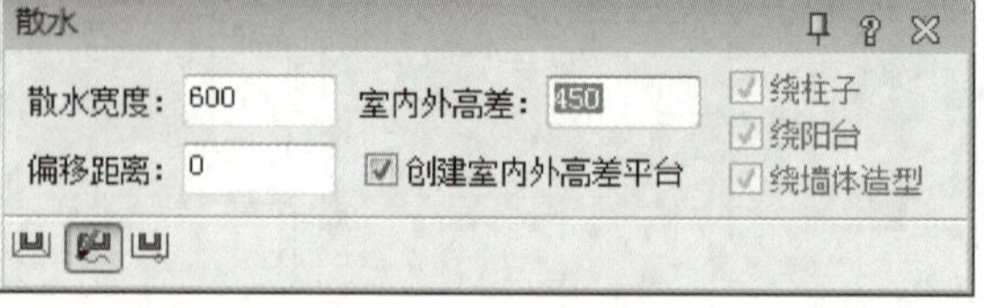

图 7-19

绘制完成后如图 7-20 所示。

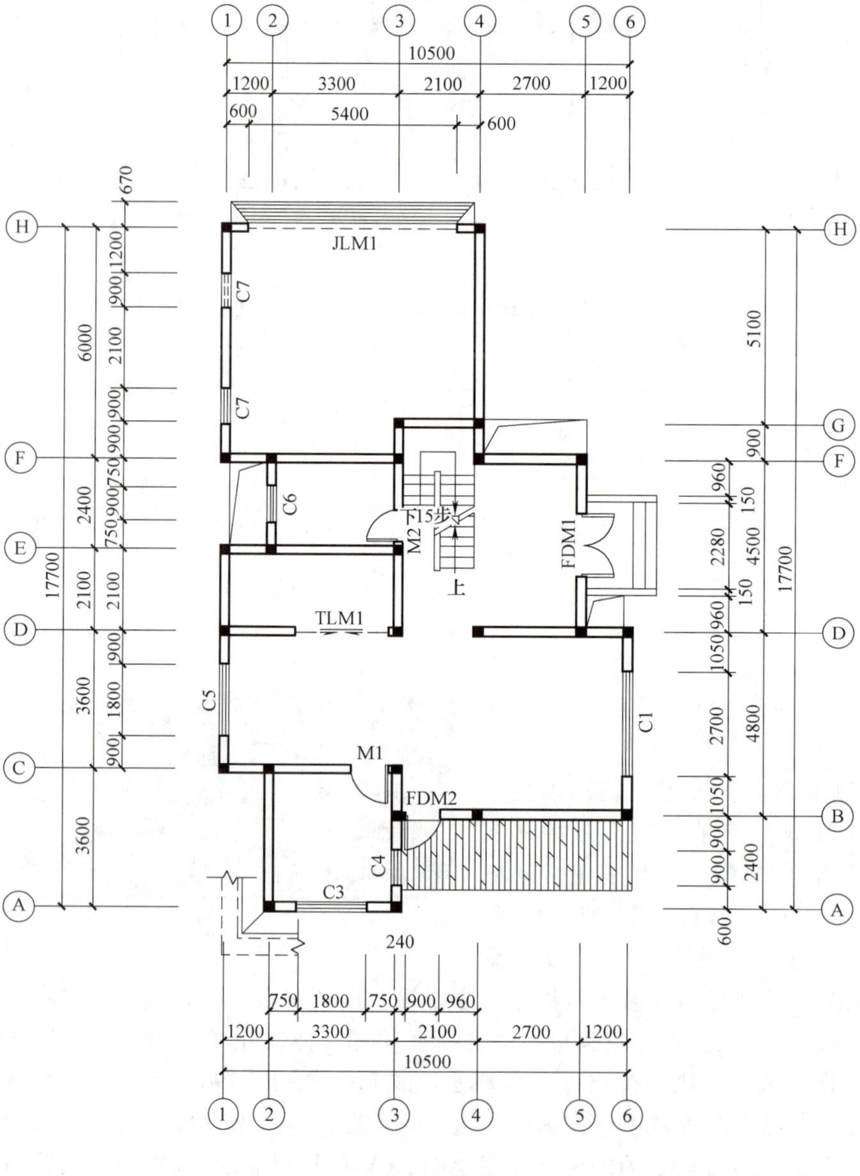

一层平面布置图 1:100

图 7-20

（6）文字标注、符号标注　天正建筑提供了文字表格和符号标注模块用于文字和符号的标注，模块下方有多种文字和符号的编辑形式，其中文字表格模块下有文字样式、单行文字、多行文字、曲线文字等多种形式；符号标注模块下有坐标标注、标高标注、箭头标注、引出标注、索引符号、剖切符号、画指北针等多种类型。各标注方式都以相关参数进行标注控制，现以图 7-7 的绘制为例，进行单行文字、索引符号和剖切符号标注。

1）单行文字。在天正建筑菜单栏中选择“文字表格”菜单选项，并在其下拉菜单中单击“单行文字”命令按钮，则将弹出“单行文字”窗口，如图 7-21 所示。在该窗口中文本框部分输入所需标注文字，并在下方文字样式、对齐方式、转角、字高等参数选项或文本框中，根据需要完成所需参数输入，参数确定后根据命令栏提示在模型空间点取插入位置，完成文字标注。

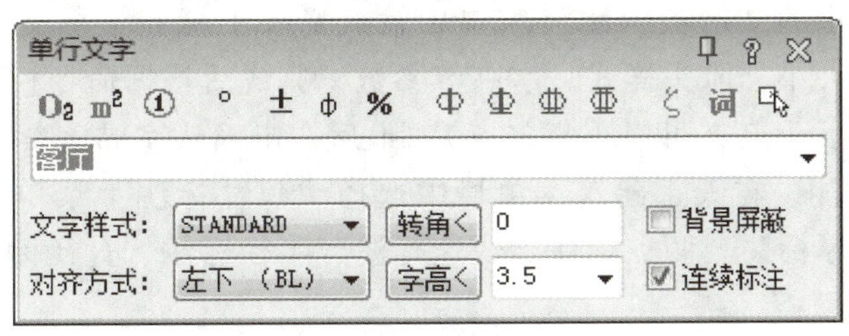

图　7-21

已完成的单行文字若需修改，可直接双击需修改文字，在弹出的窗口中直接进行编辑，完成后右击确认。

2）索引符号。在天正建筑菜单栏中选择“符号标注”菜单选项，并在其下拉菜单中单击“索引符号”命令按钮，则将弹出“索引符号”窗口，如图 7-22 所示。在窗口中确定索引文字和标注文字的相关参数，然后按照命令栏的提示，先点取索引节点的位置，选取索引节点的范围，然后单击选取确定转折点的位置、文字索引号的位置，最后右击确认完成索引标注。

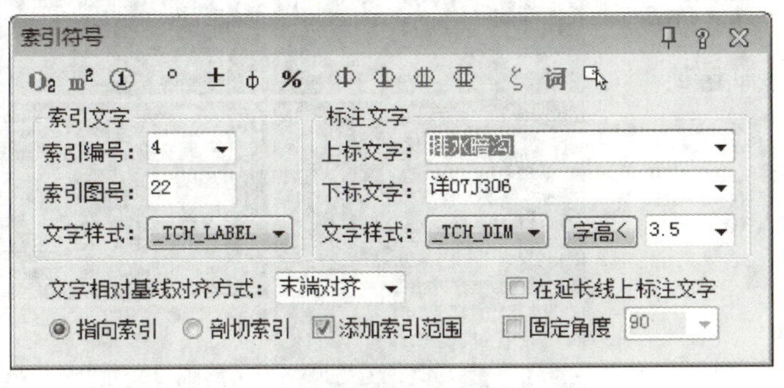

图　7-22

3）剖切符号。在天正建筑菜单栏中选择“符号标注”菜单选项，并在其下拉菜单中单击“剖面剖切”命令按钮，则将弹出“剖切符号”窗口。在弹出窗口中确定剖切编号、文字样式、字高等参数后，根据命令栏提示绘制转折剖切线。命令栏提示：

请输入剖切编号<1>：（输入编号后右击确定）

点取第一个剖切点<退出>：（拾取第一个点）

点取第二点剖切点<退出>:（拾取相应点）

点取下一个剖切点<结束>:（拾取相应点）

点取下一个剖切点<结束>:（拾取相应点后右击结束）

点取剖视方向<当前>:（单击剖视方向确定，绘制完成）

4）标高标注/箭头引注。在天正建筑菜单栏中选择“符号标注”菜单选项，并在其下拉菜单中单击“标高标注”/“箭头引注”命令按钮。

标高标注：在弹出的“标高标注”窗口中，可勾选手工输入选项，然后在表格楼层标高下空格中输入所需标高尺寸，在右侧可对标注样式、标注文字样式、字高、精度等参数进行编辑，完成后根据命令栏提示在模型空间点取标高点，点取标高方向，最后右击确认完成标注。

箭头引注：在弹出的“箭头引注”窗口中输入箭头上标和下标文字，并可调整文字样式、对齐方式、箭头大小、箭头样式、字高等参数，完成后根据命令栏提示在模型空间点取箭头起点、箭头直段下一点（可以重复多点），最后右击确认完成该操作。

（7）细部尺寸标注　在天正建筑菜单栏中选择“尺寸标注”菜单选项，根据所绘图纸细部特征，可选择墙厚标注、两点标注、快速标注、半径标注、直径标注、角度标注、弧长标注等标注方式。

（8）绘制卫生间、厨房布置　在天正建筑菜单栏中选择“图块图案”菜单选项，在其下拉菜单中单击“通用图库”命令按钮。在弹出的“天正图库管理系统”窗口中，选择二维图库下的平面→平面洁具与厨具→厨具/洗脸盆/大小便器/浴缸/其他等项目，并在预览中确定所需图库图块，双击确定插入，如图 7-23 所示。

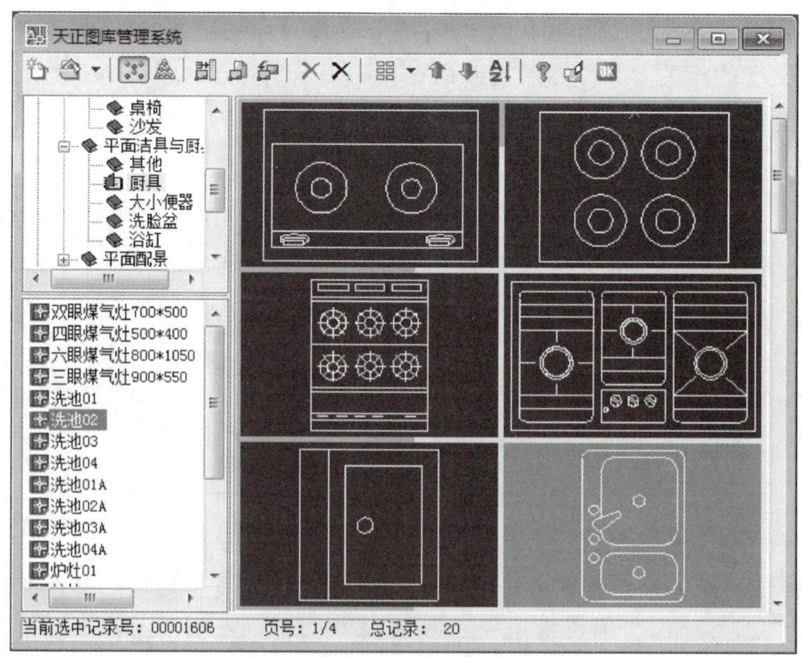

图　7-23

插入图块后，可在“图块编辑”窗口中编辑图块尺寸。

1）输入尺寸：直接输入长度和宽度确定所需图块尺寸。

2）输入比例：通过输入 X、Y、Z 轴缩放比例确定图块尺寸，可等比缩放，也可只在某一轴方向缩放。

编辑完成后单击“应用”开始生效，如图 7-24 所示。

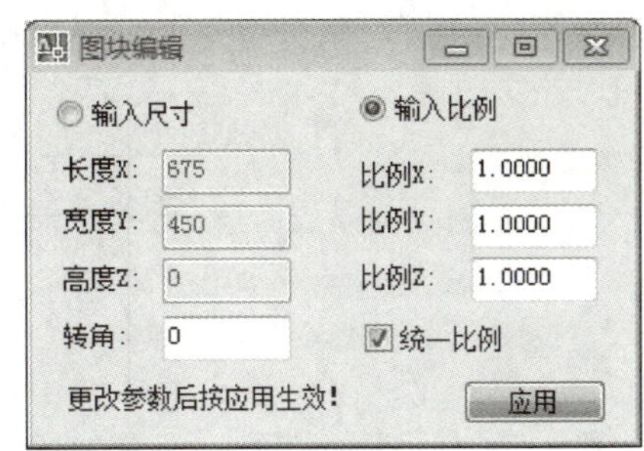

图 7-24

若后期绘图需使用新图库图案替代原插入图案，可在“天正图库管理系统”窗口中选择新图案，然后单击窗口上方的 ，确定替换规则后在操作区域单击原图案，原图案变为虚线即为选中状态，然后右击确认即可完成新选择图库图案替换原图案操作。

一层平面布置图绘制完成。

3. 任务实施要点

1）图纸绘制前应确定其比例，并在软件界面左下角比例图标部分选择所需比例。

2）轴网是图纸的基础，应确定其准确和完整性后再开始绘制其他部分。

3）进行文字、尺寸和符号标注时，若涉及详图等不同比例图纸绘制时，应及时修改界面左下角绘图比例，如图 7-25 所示。

4）绘图完成后应对比施工平面图深度要求，确定图纸达到深度要求。

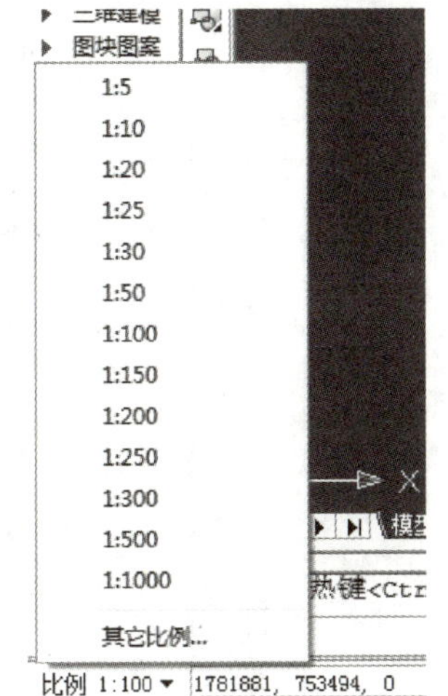

图 7-25

评价反馈

对“运用天正建筑 TArch 2014 绘制住宅建筑平面图”操作的评价见表 7-2。

表 7-2 对“运用天正建筑 TArch 2014 绘制住宅建筑平面图”操作的评价

序号	检测项目	评价任务及权重	自评	小组互评	教师评价
1	图形绘制的完整性	图形绘制是否完整，缺少 1 项扣 5 分（30 分）			
2	图形绘制的准确性	图形绘制是否准确，1 项不准确扣 5 分（30 分）			
3	图形布局	图形布局不美观，酌情扣 2~5 分（10 分）			
4	完成时间	规定时间内没完成每超过 10 分钟，扣 2 分（10 分）			
5	工作纪律和态度	团队协作能力差、不爱护仪器设备和环境，酌情扣 10~20 分（20 分）			
	任务总评	优□ 良□ 中□ 合格□ 不合格□			

能力拓展

在一层平面图的基础上，利用天正建筑完成二层平面图、三层平面图绘制。如图 7-26、图 7-27 所示。

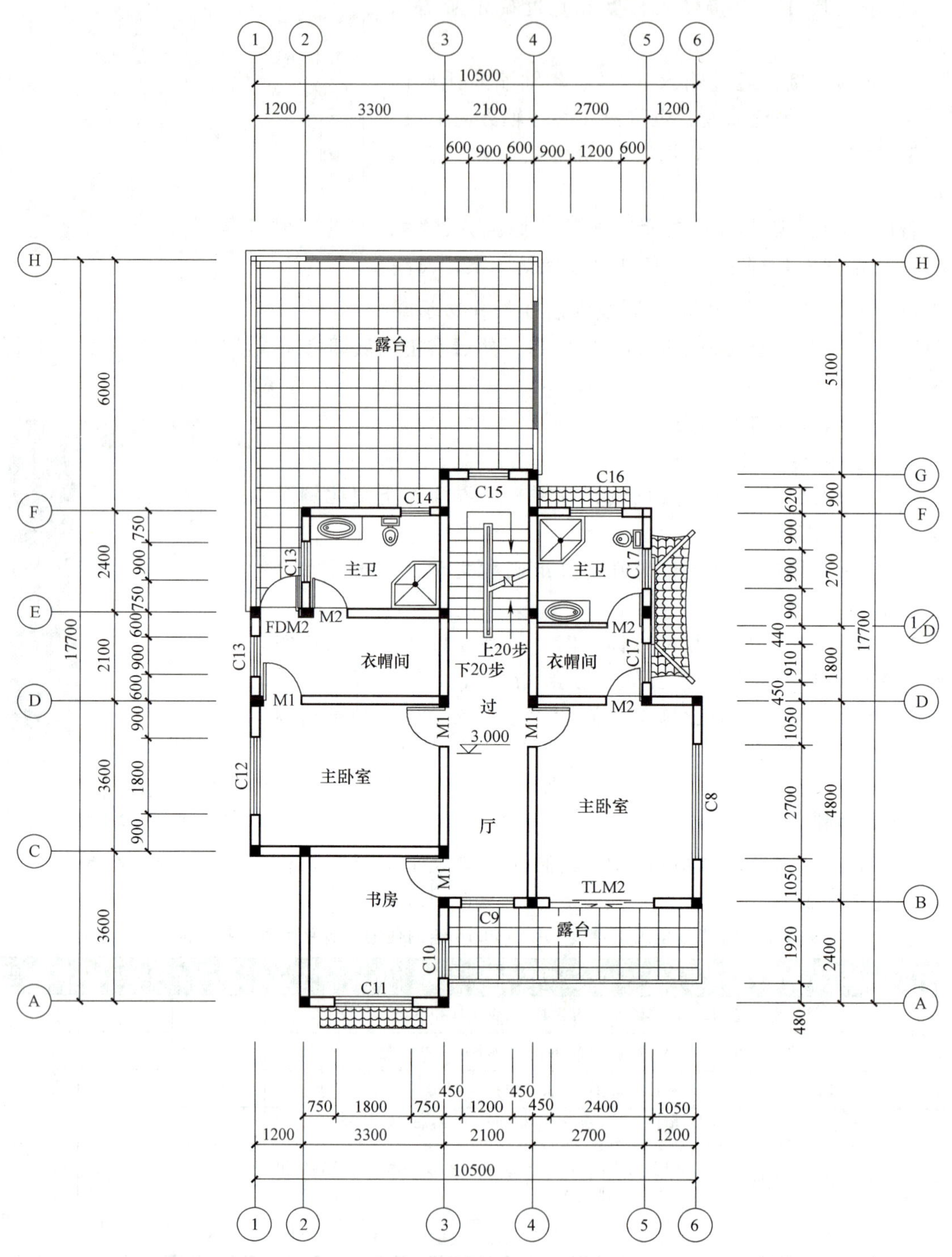

二层平面图 1:100

图 7-26

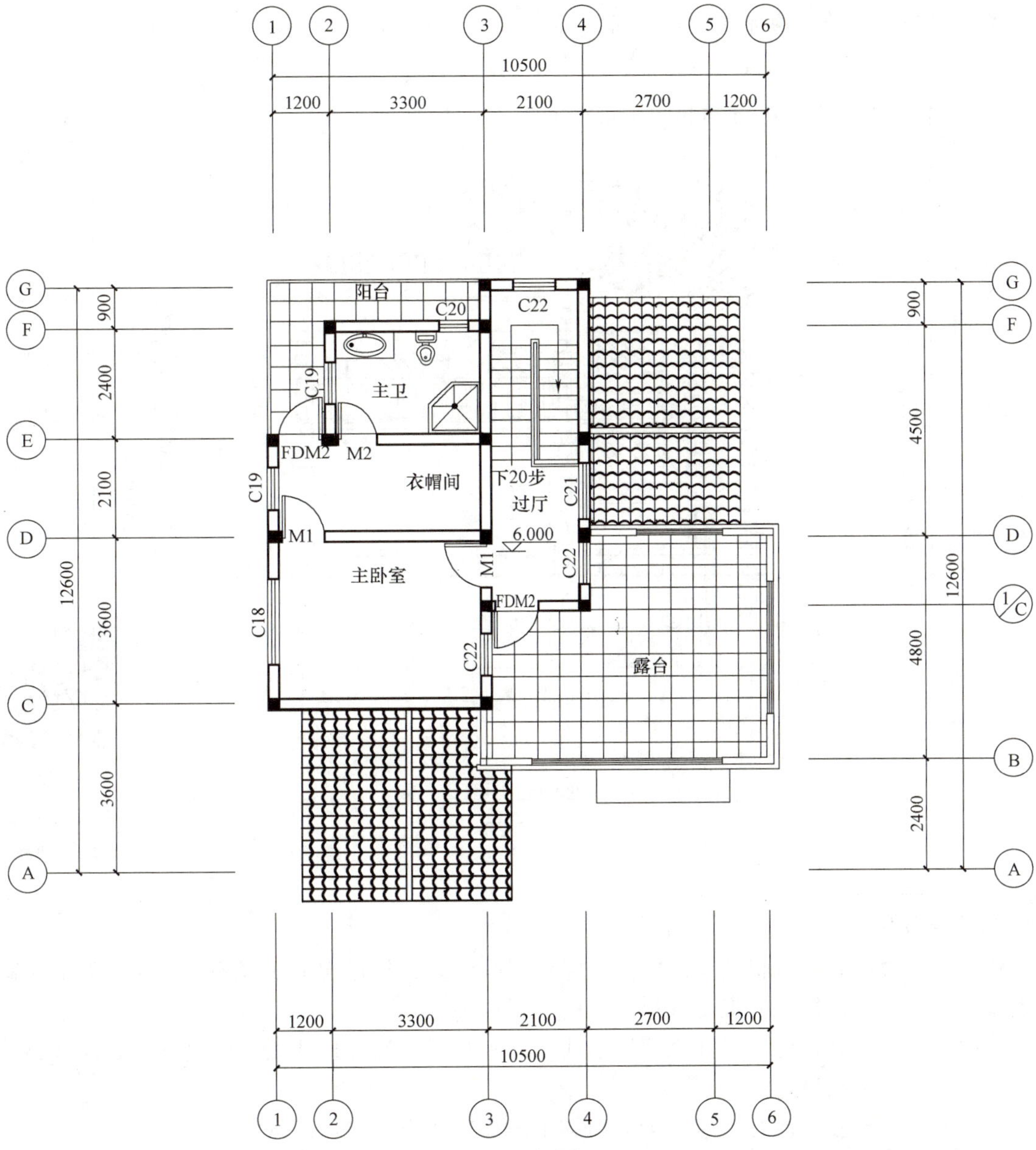

三层平面图1:100

图　7-27

任务 3　运用天正建筑 TArch 2014 绘制住宅建筑立面图

任务描述

了解建筑立面施工图深度要求。通过上机实践操作，完成建筑立面图绘制。掌握建筑立面施工图的深度要求，通过运用天正建筑提供的文件布图、立面、房间屋顶、文字标注、尺寸标注、符号标注等模块完成建筑立面图（见图 7-28）的绘制任务。

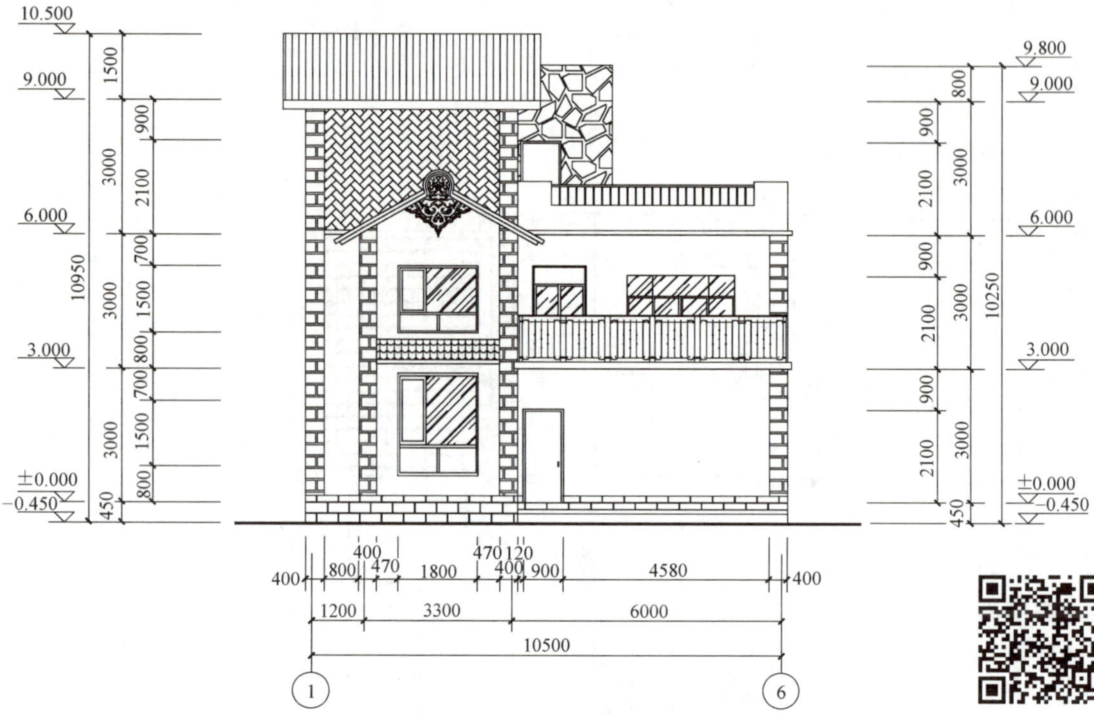

正立面图1:100

图 7-28

天正绘制住宅建筑立面图视频

 任务实施

建立工程模型时，可根据建筑类型、文件保存形式选择适当的楼层关联形式，但都应确保各楼层图纸的准确性，并保证各楼层之间的对应关系。

使用立面模块时，应注意插入图块形式、尺寸与所需尺寸样式之间的关系，确保调整出正确尺寸后再使用图块。

进行文字、尺寸标注时，应参考立面施工图深度要求以确保图纸完整性。

1. 总体绘图步骤

1）使用文件布图模块下工程管理工具建立新工程。

2）添加各楼层对应平面，建立楼层模型。

3）导出所需建筑立面。

4）使用立面模块进行图纸补充、修改。

5）添加文字、尺寸标注。

6）检查图纸，调整细部，完成图纸绘制。

2. 具体绘图步骤

（1）绘制住宅建筑立面图

1）运行天正建筑 TArch 2014，进入操作界面，打开已绘制完成的建筑平面图（包括一层平面图、二层平面图、三层平面图）。

2）新建工程项目。

① 单击菜单栏→“文件布图”→“工程管理”，弹出“工程管理”面板。面板下有图纸、楼层、属性三个下拉菜单，如图 7-29 所示。

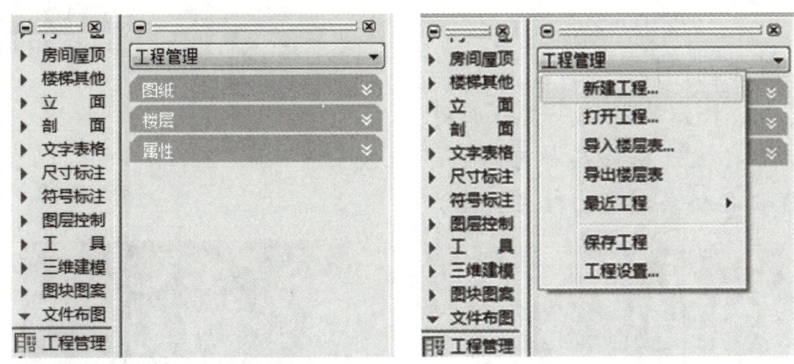

图　7-29

② 单击“工程管理”→“新建工程”。在弹出的对话框中自定义工程文件名称：如“建筑工程 . tpr”，并确定文件存储位置，如图 7-30 所示。

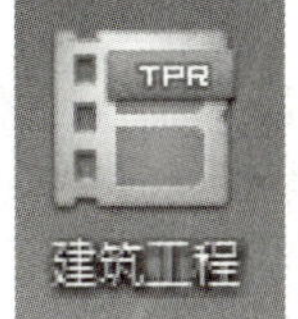

图　7-30

③ 此时“工程管理”面板的名称将改为“建筑工程”，单击下拉菜单中的“楼层”，在其表格中按要求输入层号、层高，单击文件项目对应空格区域可添加对应楼层的平面图，如图 7-31 所示。

针对图形文件保存方式不同，可选择不同方式添加对应楼层平面图。

a. 当各层平面图保存在不同图纸中时，可直接单击“文件”栏空格后方的“选楼层文件”图标（见图 7-31），在弹出的“选择标准层图形文件”对话框中找到楼层文件，单击“打开”按钮，如图 7-32 所示。

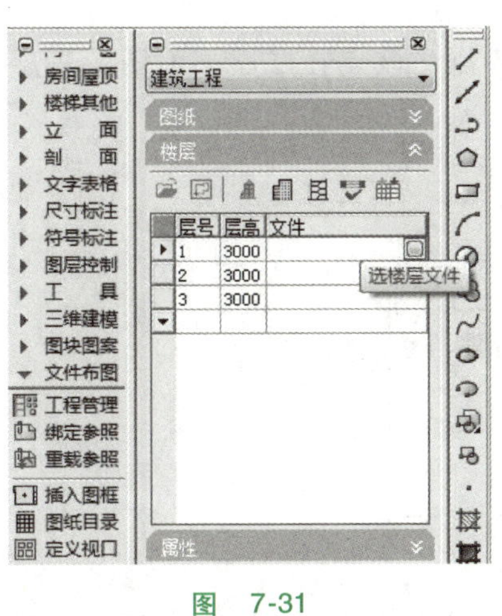

图　7-31

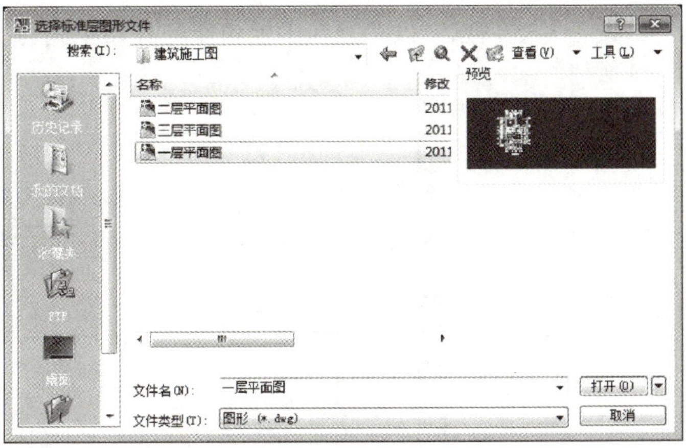

图　7-32

这种添加图形文件的方式应确定各层平面图位置对应，针对不同文件时难度较大，生成立面图时易各层错开，故较适合添加标准层文件，如图 7-33 所示。

b. 当各层平面图保存在同一文件中时，在单击“文件”栏下方空格后，再单击其左上方的“在当前图中框选楼层范围，同一文件中可布置多个楼层平面”图标 ，如图 7-34 所示。

根据命令栏提示选区楼层平面图，命令栏提示如下：

选择第一个角点<取消>：

另一个角点<取消>：(即框选一层平面图)

对齐点<取消>：(宜选择每层都可对应的柱或墙转角点，以便保证各楼层之间的对应关系)

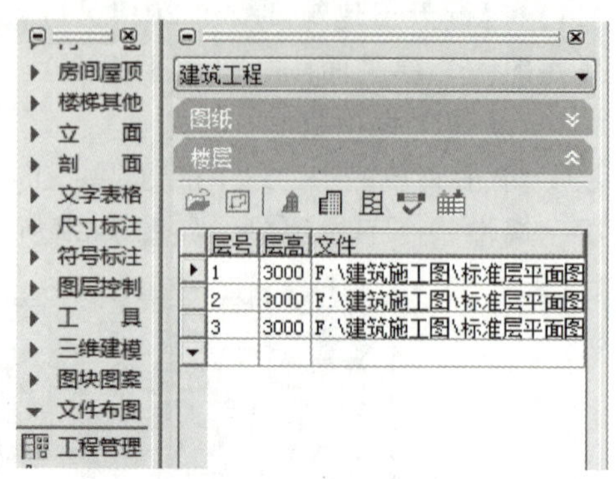

图　7-33

图　7-34

如图 7-35 所示，以Ⓒ轴和①轴相交处柱左下角点为对齐点，该点在二层平面图、三层

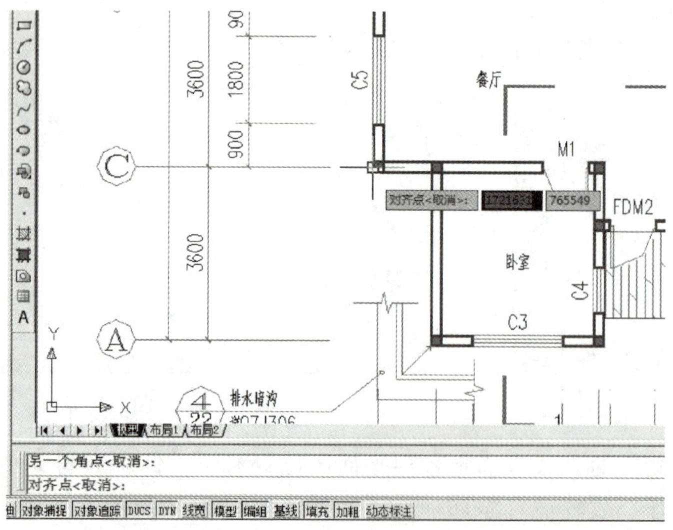

图　7-35

平面图中也可方便选取。

以同样的方式依次进行二层、三层平面图的选取，完成工程建立工作，如图 7-36 所示。

3）生成建筑立面。工程建立完成后，可直接单击“建筑立面”图标，之后根据命令栏提示完成建筑立面导出。以正立面图绘制为例，命令栏提示：

请输入立面方向或[正立面(F)/背立面(B)/左立面(L)/右立面(R)/]<退出>:(输入 F)

请选择要出现在立面上的轴线:(根据平立面对应关系选择对应正立面上出现的轴线,可选多条,轴线变为虚线为被选中状态,如图 7-37 所示,轴线①②③⑥被选中)

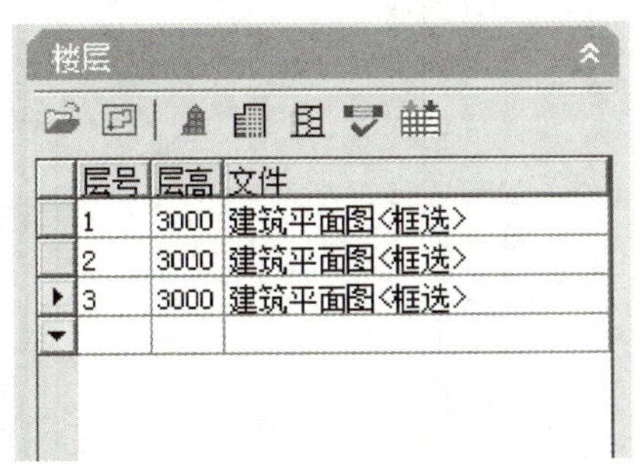

图　7-36

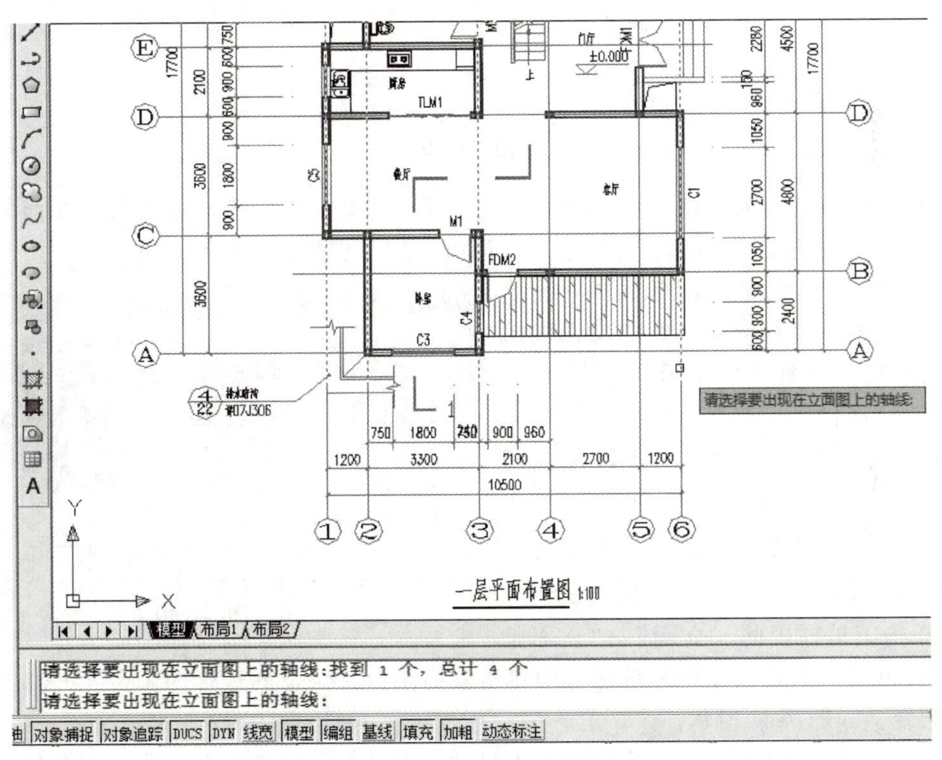

图　7-37

轴线选取完成后右击确认。将弹出“立面生成设置”对话框，如图 7-38 所示。

在该弹出对话框中进行基本设置，选择标注形式、是否绘制层间线，并根据该建筑的情况输入内外高差，确定出图比例。

单击“生成立面”按钮确定立面生成，并在弹出对话框中确定生成立面文件的图名、存储位置等内容。生成立面文件将自动打开为当前文件，如图 7-39 所示。

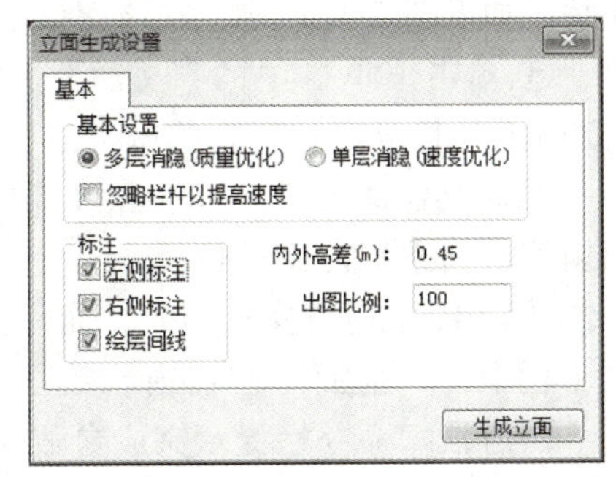

图　7-38

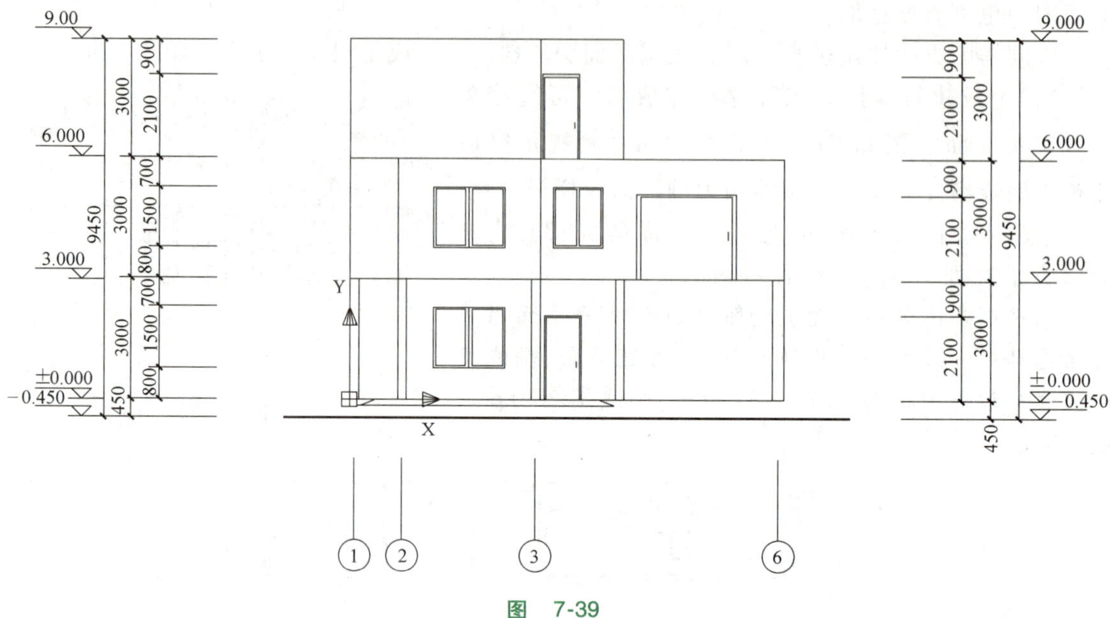

图 7-39

4）编辑建筑立面图。观察正立面图纸文件可知，生成立面已建立各层正立面模型，门窗、轴线、尺寸标注、标高部分都已生成，但大量细节仍需进行修改和补充。

① 单击菜单栏中的“立面”→“立面屋顶”。在弹出的“立面屋顶参数”对话框中确定适合参数，如图 7-40 所示。

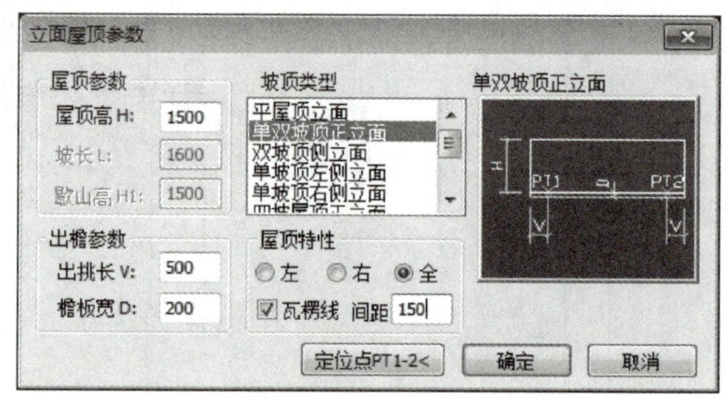

图 7-40

选择恰当的坡顶类型、确定屋顶高度、檐口出挑长度、檐板宽度、是否添加瓦楞线并确定其间距，单击“定位点”按钮（定位点PT1-2<），根据预览图示意选取对应的点 PT1 和 PT2。

② 单击菜单栏中的“立面”→“立面阳台”。在弹出的“天正图库管理系统”中单击立面阳台目录下的适合的阳台，并双击预览图块插入阳台，如图 7-41 所示。

在弹出的“图块编辑”窗口中选择输入尺寸，取消统一比例限制，输入阳台尺寸后插入图块，如下图 7-42 所示。在该窗口中也可选择输入比例，通过输入比例控制插入图块的尺寸。

③ 单击菜单栏中的“立面”→“立面门窗”。在弹出的“天正图库管理系统”中单击“立面窗”目录下的适合的窗类型，并在图块预览中选取所需的窗，如图 7-43 所示。

在选取合适的门窗后单击“替换”按钮，在图中选取被替换对象，右击确认，则图中门窗将被新选取门窗替代。

④ 当图中门窗样式不变，而需要修改尺寸等参数时，可先选中被修改对象，然后单击菜单栏中的“立面”→“门窗参数”。

然后根据命令栏提示完成参数编辑：

底标高<800>:（输入 600 后按回车键确认）

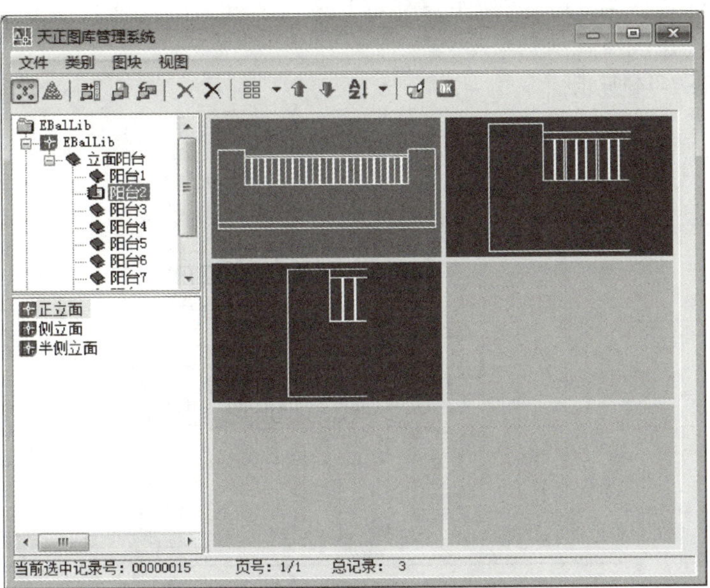

图 7-41

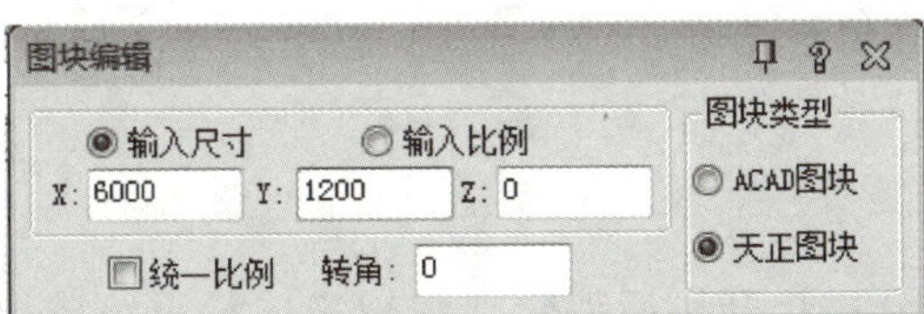

图 7-42

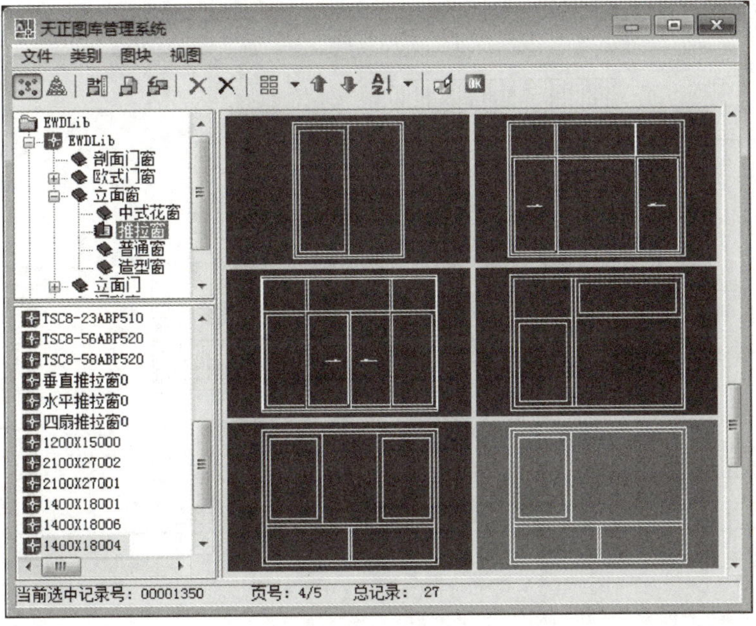

图 7-43

高度<1500>:(输入 2300 后按回车键确认)

宽度<1800>:(按回车键确认)

图纸完成如图 7-44 所示。

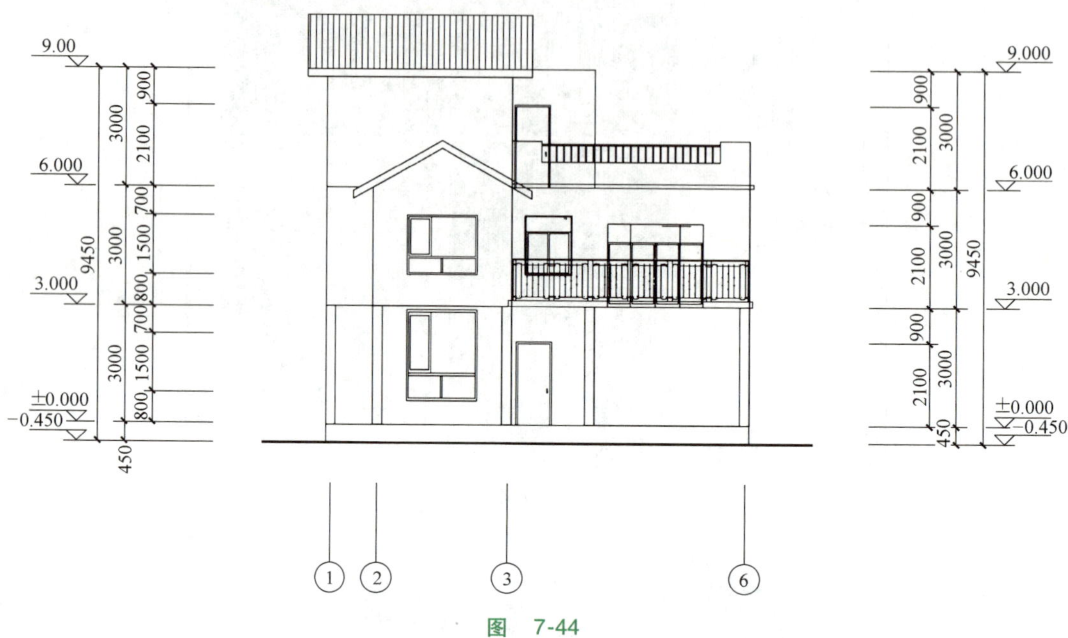

图 7-44

⑤ 其他细部修改。

a. 修改、删除多余部分：炸开块后编辑，编辑完成后重组成块。

b. 外墙装饰部分：使用填充命令完成外墙装饰。

c. 其他需修改细节。

完成情况如图 7-45 所示。

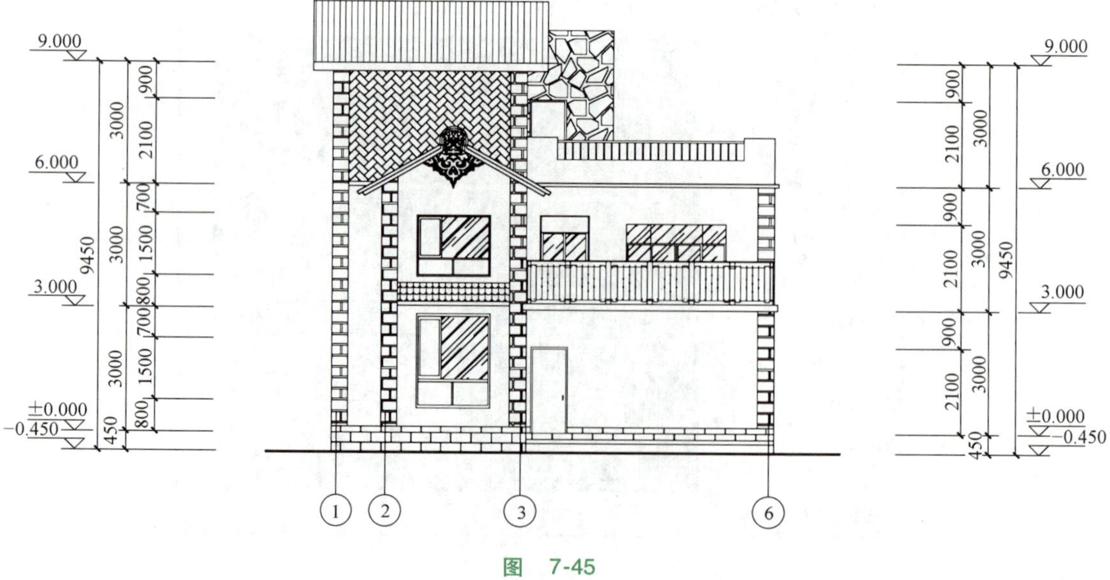

图 7-45

⑥ 添加文字和尺寸标注，完成正立面图绘制。

尺寸标注：单击菜单栏中的“尺寸标注”→“逐点标注”。

文字标注：单击菜单栏中的“文字表格”→“单行文字”。

（2）要点

1）建立工程模型时，应确保各楼层图纸的准确性及各楼层之间的对应关系，这是正确导出建筑立面的关键。

2）使用立面模块、补充修改图纸时，应配合利用 AutoCAD 命令，力求以最适合个人绘图习惯的方式准确、快捷完成图纸绘制。

评价反馈

对“运用天正建筑 TArch 2014 绘制住宅建筑立面图”操作的评价见表 7-3。

表 7-3　对“运用天正建筑 TArch 2014 绘制住宅建筑立面图”操作的评价

序号	检测项目	评价任务及权重	自评	小组互评	教师评价
1	图形绘制的完整性	图形绘制是否完整，缺少 1 项扣 5 分（30 分）			
2	图形绘制的准确性	图形绘制是否准确，1 项不准确扣 5 分（30 分）			
3	图形布局	图形布局不美观，酌情扣 2~5 分（10 分）			
4	完成时间	规定时间内没完成每超过 10 分钟，扣 2 分（10 分）			
5	工作纪律和态度	团队协作能力差、不爱护仪器设备和环境，酌情扣 10~20 分（20 分）			
	任务总评	优□　　良□　　中□　　合格□　　不合格□			

能力拓展

在建立的工程模型中，以同样的方式导出背立面图，完成背立面图的绘制，如图 7-46 所示。

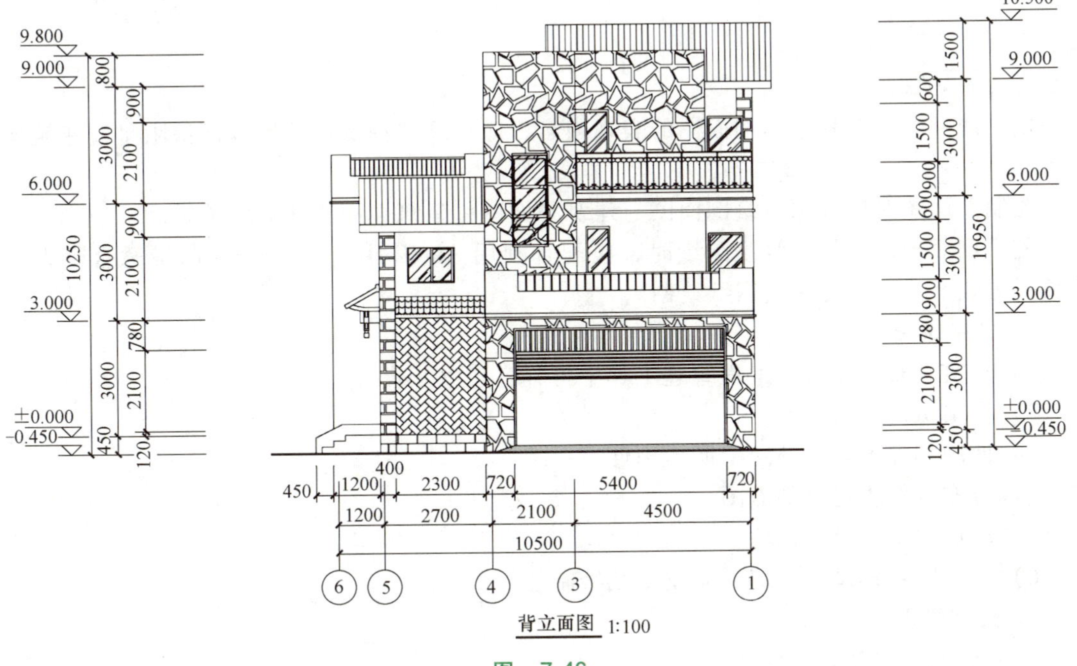

图　7-46

任务 4　运用天正建筑 TArch 2014 绘制住宅建筑剖面图

任务描述

通过上机实践操作，完成建筑剖面图绘制。掌握建筑剖面施工图的深度要求，通过运用天正建筑提供的文件布图、剖面、立面、文字标注、尺寸标注、符号标注等模块完成建筑剖面图（见图 7-47）的绘制任务。

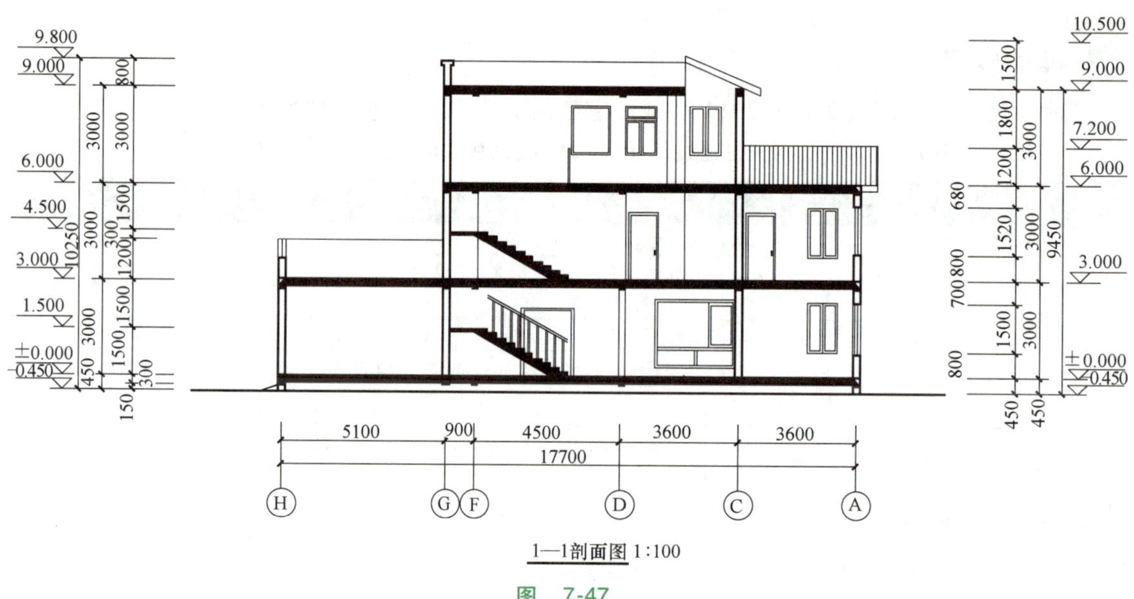

图　7-47

任务实施

剖切线的位置关系整个剖面图的表现内容，应合理选择剖切位置以便清晰呈现建筑构造特点。

绘制剖面图时应确保建筑剖面图与建筑平面图、建筑立面图的对应关系。

使用剖面模块、补充修改图纸时，应配合利用 AutoCAD 命令，力求以最适合个人绘图习惯的方式准确、快捷完成图纸绘制。

1. 总体绘图步骤

1）在文件布图模块下工程管理工具中打开已建立工程。

2）导出所需建筑剖面。

3）使用剖面模块填补图中所需构件。

4）补充、修改建筑剖面图。

5）添加文字、尺寸标注。

6）检查图纸，调整细部，完成图纸绘制。

2. 具体绘图步骤

（1）绘制住宅建筑剖面图

1）运行天正建筑 TArch 2014，进入操作界面，打开已绘制完成的建筑平面图（包括一层平面图、二层平面图、三层平面图）。

2）打开工程项目。单击菜单栏中的“文件布图”→“工程管理”。

单击“工程管理”图标后将调出“工程管理”面板，单击“工程管理”下拉菜单，选择“打开工程”，如图 7-48 所示。

在弹出窗口中选择已建立的工程管理文件：建筑工程 . tpr。窗口界面如图 7-49 所示。

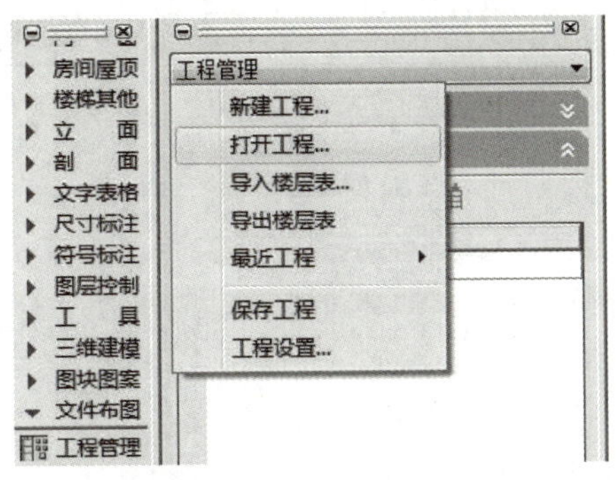

图　7-48

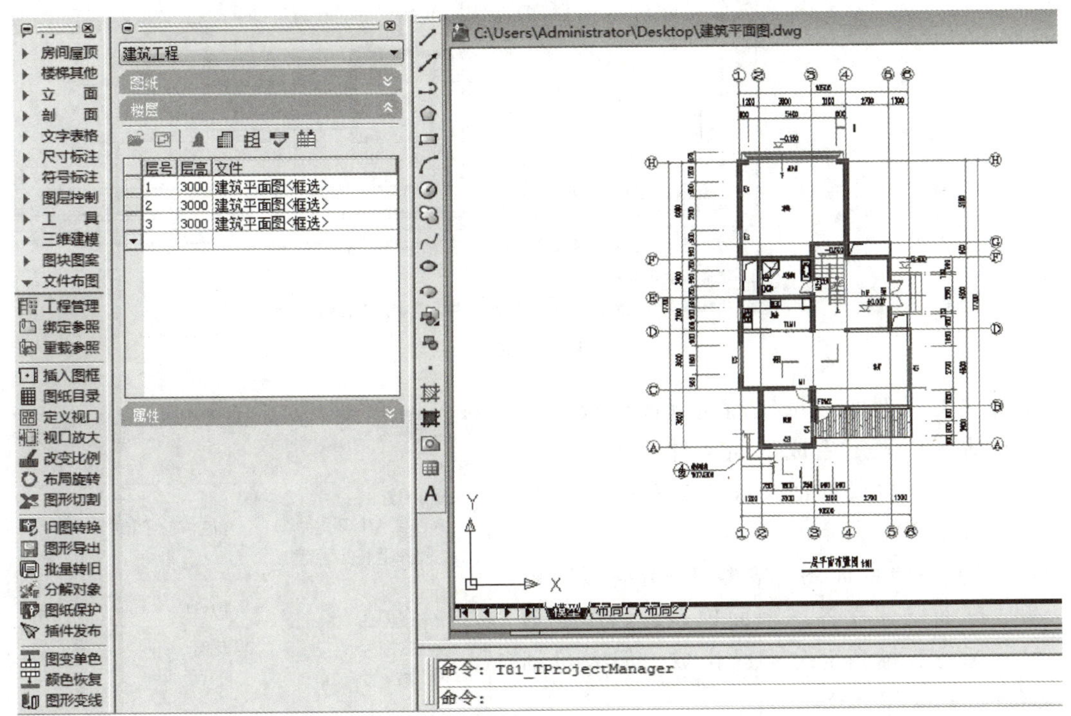

图　7-49

3）生成建筑剖面图。打开工程管理文件“建筑工程 . tpr”后，可直接单击“工程管理”面板“建筑剖面”命令按钮（ 㘡 ），并根据命令栏提示完成剖面图导出。以 1—1 剖面图为例，命令栏提示：

请选择一条剖切线：（单击一层平面图中的 1—1 剖切线）

请选择要出现在剖面图上的轴线：（根据平立面对应关系选择对应剖面图上出现的轴线，可选多条，轴线变为虚线为被选中状态，如图 7-50 中轴线Ⓐ、Ⓒ、Ⓓ、Ⓕ、Ⓖ、Ⓗ轴被选中）

轴线选取完成后右击确认，将弹出“剖面生成设置”对话框，如图 7-51 所示。

在该弹出对话框中进行基本设置，选择标注形式、是否绘制层间线，并根据该建筑的实际情况输入内外高差，确定出图比例。

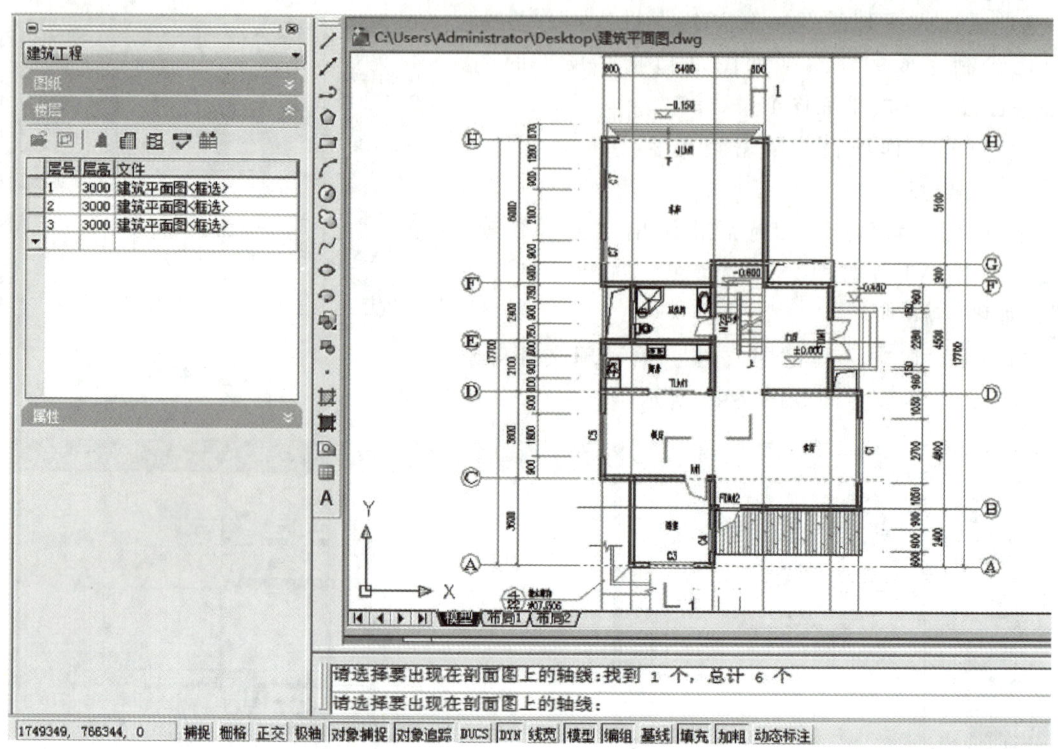

图 7-50

单击“生成剖面”按钮确定剖面生成，并在弹出对话框中确定生成剖面文件的图名、存储位置等内容。生成剖面文件将自动打开为当前文件，如图 7-52 所示。

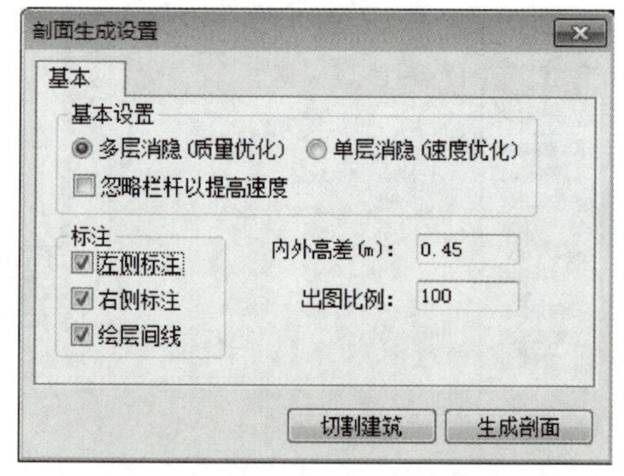

图 7-51

4）编辑建筑剖面图。观察 1—1 剖面图可知，生成剖面已建立各层剖面模型，门窗、轴线、尺寸标注、标高部分都已生成，但大量细节仍需进行修改和补充。

① 单击菜单栏中的“剖面”→“双线楼板”。然后根据命令栏提示完成参数编辑：

请输入楼板起点<退出>:（选取起点）

结束点<退出>:（选取结束点。选取过程中楼板线被红线覆盖表示选中该楼板线）

楼板顶面标高<3000>:（右击确定。若标高与默认高度不同可直接输入所需标高）

楼板的厚度（向上加厚输负值）<200>:（右击确定完成双线楼板绘制。若楼板厚度与默认高度不同可根据命令栏提示输入所需标高）

使用“双线楼板”命令完成其他楼板绘制，如图 7-53 所示。

② 单击菜单栏中的“剖面”→“加剖断梁”。然后根据命令栏提示完成参数编辑：

请输梁的参照点<退出>:（单击梁所在位置的对应轴线点作为参照点）

梁左侧到参照点的距离<100>:（输入 120，按<Enter>键确定）

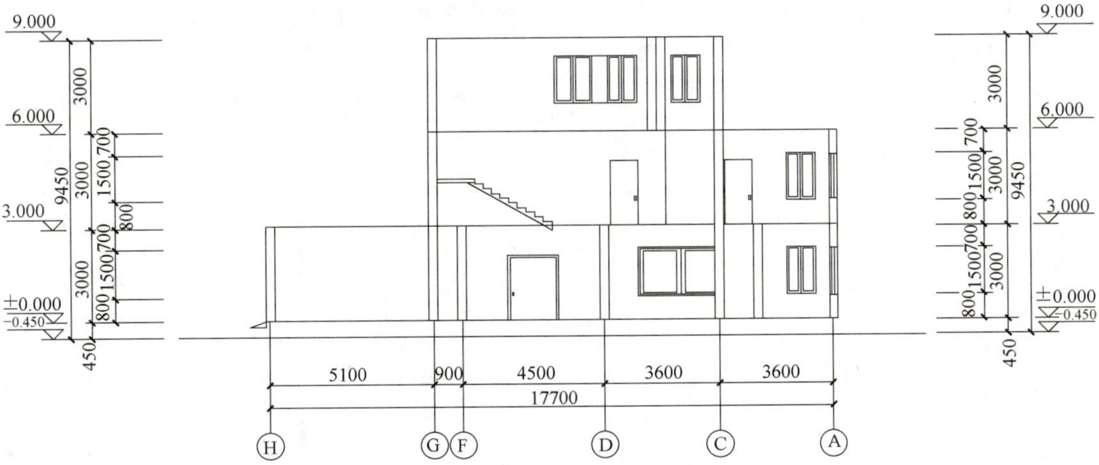

图　7-52

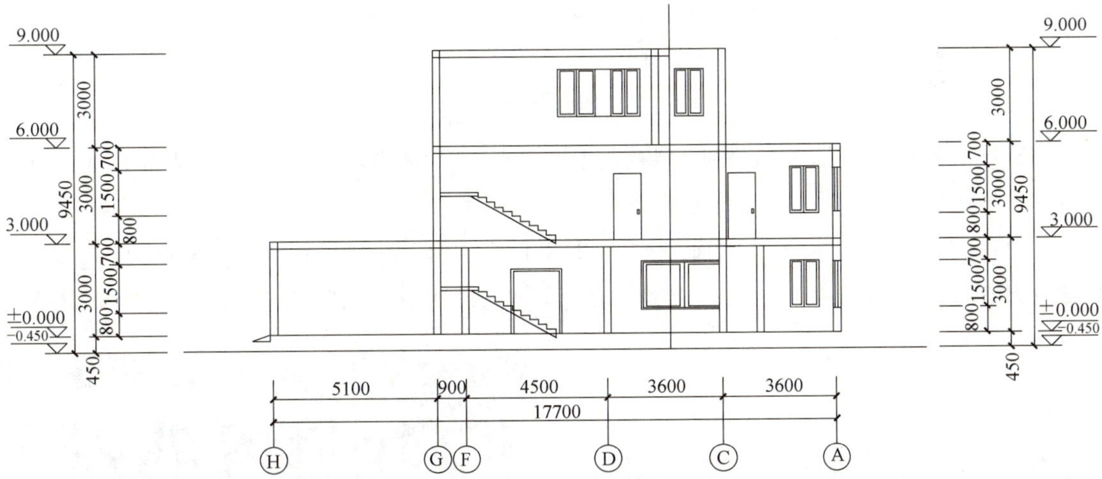

图　7-53

梁右侧到参照点的距离<100>：（输入 120，按<Enter>键确定）

梁底边到参照点的距离<300>：（输入 300，按<Enter>键确定）

其中梁的尺寸根据实际情况确定，各参数示意如图 7-54 所示。

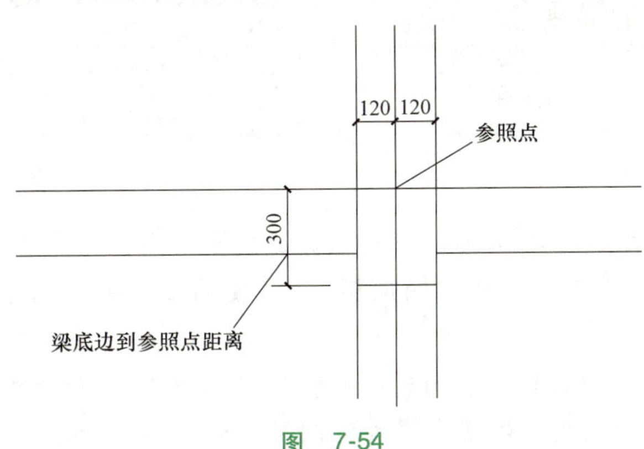

图　7-54

③ 单击菜单栏中的“剖面”→“剖面填充”。然后根据命令栏提示完成参数编辑：

请选取要填充的剖面墙线梁板楼梯<全选>:

选择对象：(框选需要填充的区域，其中虚线部分为被选取区域边界，如图 7-55 所示)

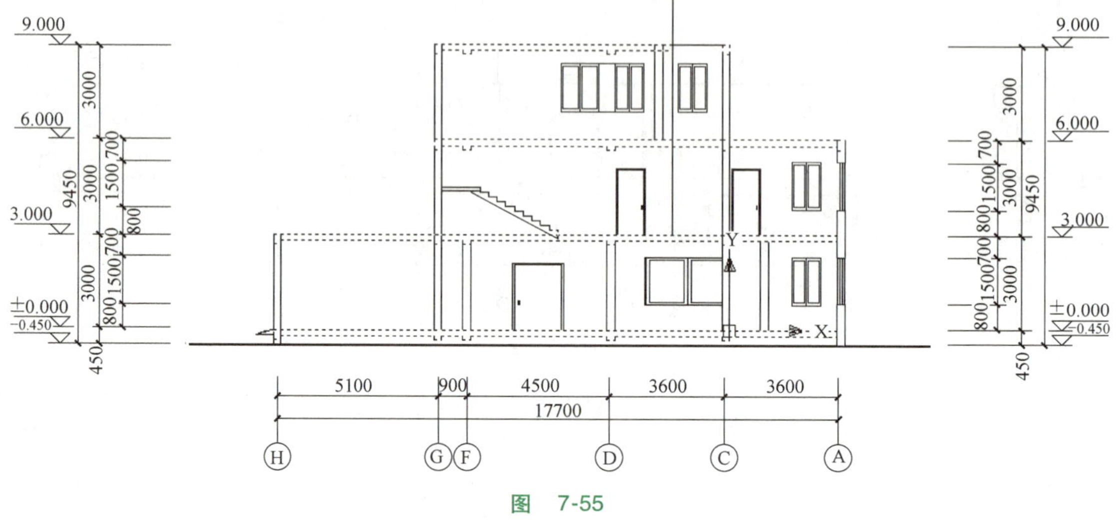

图 7-55

填充区域选取完成后右击确认，将弹出“请点取所需的填充图案”对话框，如图 7-56 所示。

若所需填充图案并未在显示窗口中，可单击“图案库”按钮（图案库L...），并在弹出对话框中通过单击“次页”按钮（次页N）选取，如图 7-57 所示。

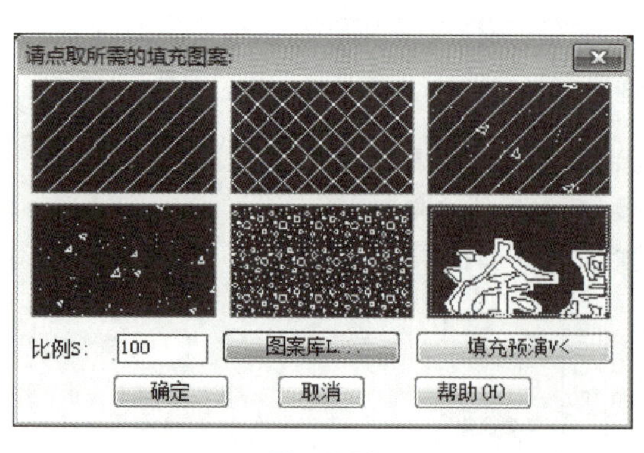

图 7-56

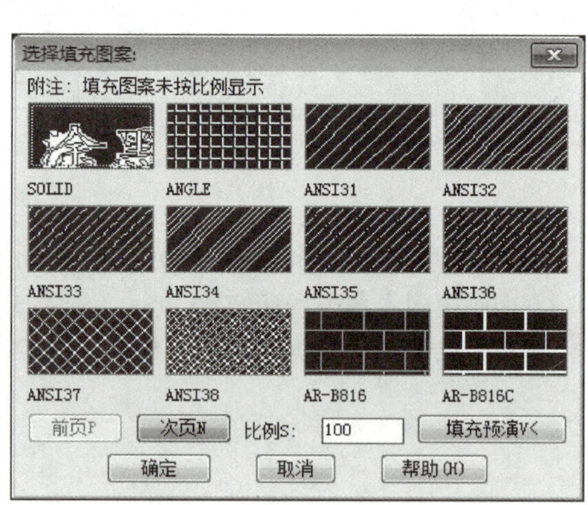

图 7-57

选取所需填充图案后，单击“确定”按钮完成剖面填充，如图 7-58 所示。

④ 单击菜单栏中的“剖面”→“向内加粗”。可使用该命令将图中墙线向内侧加粗，绘制出窗墙平齐的效果。

单击“向内加粗”命令按钮后，可根据命令栏提示完成参数编辑：

请选取要变粗的剖面墙线梁板楼梯线（向内侧加粗）<全选>:

图　7-58

选择对象：（框选需要加粗的剖面墙线，其中虚线为被选取状态，选取完成后右击确认）

命令栏提示：请确认墙线宽度（图上尺寸）<0. 40>：（输入所需尺寸后按<Enter>键确认）

图纸完成如图 7-59 所示。

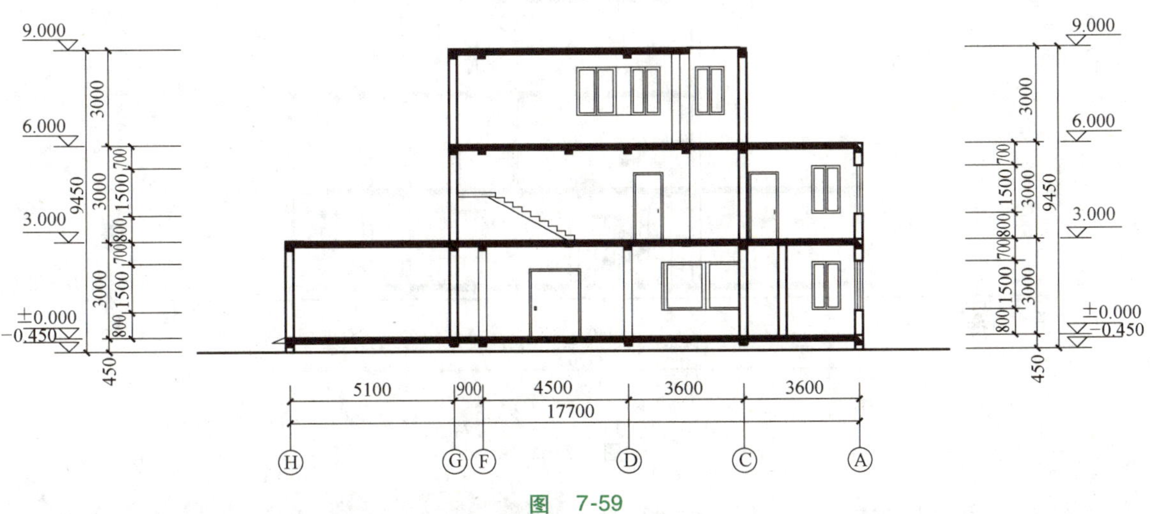

图　7-59

⑤ 单击菜单栏中的“剖面”→“参数楼梯”。由于一层平面图中插入楼梯图块曾被炸开修改，故剖面图中无法直接生成，以楼梯地上部分为例，使用“参数楼梯”可完成该楼梯部分绘制。

单击“参数楼梯”后将弹出“参数楼梯”窗口，单击“参数”按钮（参数...）可进一步编辑楼梯参数，如图 7-60 所示。

根据 1—1 剖面图的具体情况，选择楼梯为剖切楼梯、走向左高右低，并在参数扩展区域编辑楼梯梯段情况，具体数值可直接单击“提取楼梯数据”按钮（提取楼梯数据<），参考平面图中楼梯参数，可根据任务栏提示直接选择与对应平面楼梯，即二层平面图或三层平面图中的楼梯；也可直接单击对应按钮如“左休息板宽”（左休息板宽<），在命令栏提示下

直接输入尺寸或在图中选取对应尺寸。

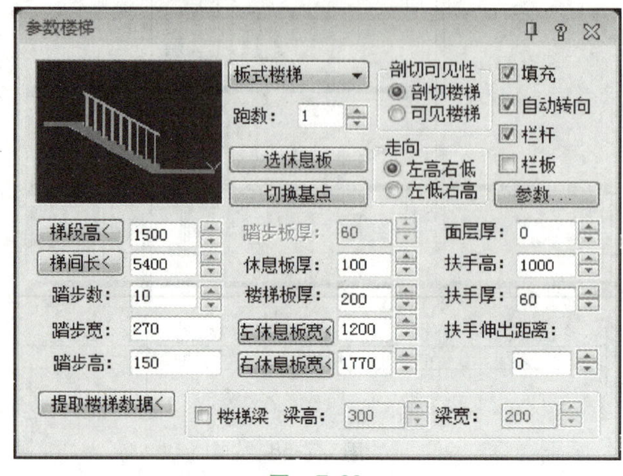

图 7-60

参数编辑完成后可使用基点直接将楼梯插入图中对应位置，如图 7-61 所示。

图 7-61

⑥ 单击菜单栏中的“剖面”→“剖面檐口”。在弹出的“剖面檐口参数”对话框中确定檐口参数、基点定位，并单击“确定”按钮在对应位置插入，如图 7-62 所示。

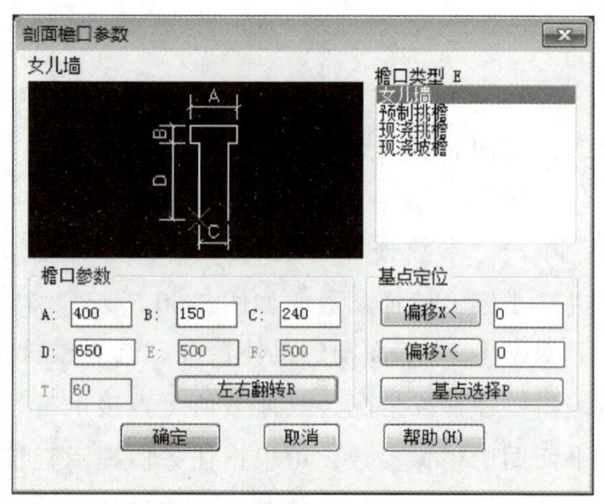

图 7-62

⑦ 其他细部修改。可使用天正建筑和 AutoCAD 工具补充、修改图中细节部分。如：单击菜单栏中的“立面”→“立面屋顶”；单击菜单栏中的“立面”→“立面门窗”；单击菜单栏中的“立面”→“门窗参数”。

图纸编辑完成后如图 7-63 所示。

⑧ 添加尺寸、标高标注，完成 1—1 剖

图　7-63

面图绘制，如图 7-47 所示。

尺寸标注：单击菜单栏中的“尺寸标注”→“逐点标注”。

标高标注：单击菜单栏中的“符号标注”→“标高标注”。

(2) 任务实施要点

1) 打开已建立的工程模型时，应确保各楼层图纸的准确性，并保证已绘制剖切线的位置的合理性。

2) 使用剖面模块时，应注意插入构件部分的参数选择，以及这些参数与平面图、立面图中的对应关系。

3) 进行文字标注、尺寸标注、检查图纸完整性时，应参考剖面施工图深度要求进行。

评价反馈

对“运用天正建筑 TArch 2014 绘制住宅建筑剖面图”操作的评价见表 7-4。

表 7-4　对“运用天正建筑 TArch 2014 绘制住宅建筑剖面图”操作的评价

序号	检测项目	评价任务及权重	自评	小组互评	教师评价
1	图形绘制的完整性	图形绘制是否完整，缺少 1 项扣 5 分(30 分)			
2	图形绘制的准确性	图形绘制是否准确，1 项不准确扣 5 分(30 分)			
3	图形布局	图形布局不美观，酌情扣 2~5 分(10 分)			
4	完成时间	规定时间内没完成每超过 10 分钟，扣 2 分(10 分)			
5	工作纪律和态度	团队协作能力差、不爱护仪器设备和环境，酌情扣 10~20 分(20 分)			
任务总评		优□　良□　中□　合格□　不合格□			

能力拓展

1) 在建筑剖面图的绘制过程中，除以上部分，天正建筑 TArch 2014 还提供了很多构件模块可供选用，其绘制方法相似，可根据命令栏提示进行绘图。

其他常用建筑立面模块：

菜单栏→“剖面”→“构件剖面”

菜单栏→“剖面”→“剖面门窗”

菜单栏→“剖面”→“门窗过梁”

菜单栏→“剖面”→“栏杆参数”

菜单栏→“剖面”→“楼梯栏板”

菜单栏→“剖面”→“扶手接头”

2）在建立的工程模型中，可尝试在其他合适位置绘制剖切线，并完成其对应剖面图绘制。

项目八

综合绘图

【项目概述】

通过前面项目学习了 AutoCAD 2014 和天正建筑 TArch 2014 绘制建筑施工图的命令和方法，若不进行归纳，学生难以把握。本项目以绘制某住宅的全套建筑施工图为驱动任务，综合应用前面所学的知识点，希望学生在教师指导下通过本项目的系统训练，激发学习专业的兴趣，通过系统理论学习之后能够与生产实践相结合，培养实践动手能力，为走向社会打下基础。

任务　绘制某住宅建筑施工图

任务描述

以某住宅的建筑施工图为任务，在教师指导下绘制出序号 1~14 要求绘制的内容，使学生掌握 AutoCAD 软件绘制建筑施工图的常规方法和作图技巧，强化学生能力培养。

任务实施

1. 写出设计说明（见表 8-1）

表 8-1　设计说明

一、设计依据

1. ××××规划局发给的《建设用地规划许可证》。
2. ××社区提供的设计要求和意见。
3. ××社区提供的现状地形图。
4. ××社区提供的现状各市政管线资料。
5.《民用建筑设计通则》GB 50352—2005。
6.《住宅设计规范》GB 50096—2011。
7.《城市居住区规划设计规范》GB 50180—1993。
8.《建筑设计防火规范》GB 50016—2014。
9.《全国民用建筑工程设计技术措施—规划 · 建筑 · 景观》(2009 版)。
10. 其他现行的国家及地方有关规范、标准、规程、规定。

二、工程设计项目概况

1. 本项目为××社区宅基地安置小区 B 户型。
2. 本工程拟建于××省××市，用地现状为山地，地界位于××经济开发区××村东山苹果园。
3. 本工程建筑面积：1441.8m^2；B 户型建筑面积：119.9m^2；建筑层数：六层；建筑高度：18.32m。
4. 按消防分类，建筑类别为二类。建筑耐火等级为二级。
5. 以主体结构确定的设计使用年限 50 年。
6. 结构类型：砖混结构；建筑物抗震设防烈度 8 度。
7. 建筑物屋面防水等级：二级。

三、设计标高

1. 高程系统为：黄海高程。
2. 本设计除竖向标高及总图尺寸以米(m)为单位外，其余尺寸均以毫米(mm)为单位。
3. 图中±0.000 相对应的绝对标高及室内外高差详见竖向图。
4. 施工图中的标高均为结构面标高。

四、节能设计

1. 本工程所在地××，所属的气候区为 VB 类气候区（温和地区），主要立面朝东西向，主要房间均能自然通风采光。气候在低纬度高海拔地理条件综合影响下，形成了低纬高原季风气候特点。四季温差较小，主导风向为西南风。本建筑不考虑采暖和空调装置。

2. 本工程采用的外墙材料为 240mm 厚烧结普通砖，其与混凝土浇筑的复合结构传热系数为 0.416W/(m^2 · K)；屋

（续）

面设有小平板架空隔热层，传热系数满足规范要求。

3. 外窗：本工程设计中多数采用气密性良好、传热性小的普通铝合金材料制作窗户，传热系数 $K=6.4\mathrm{W}/(\mathrm{m}^2\cdot\mathrm{K})$，气密等级：4 级。

五、消防设计

1. 本工程建筑耐火等级二级，根据《建筑设计防火规范》GB 50016—2014 进行消防设计。

2. 本工程建筑面积 1441.8m^2，一个单元分为一个防火分区。

3. 总图布局中，各单元之间防火间距均满足现行防火设计规范。

4. 本工程为六层一梯两户单元式住宅，每单元设一个自然采光疏散楼梯，满足防火设计规范。

5. 本工程墙、梁、楼板、楼梯等建筑构件均为不燃烧体，耐火极限均不低于 1h，满足防火设计规范。

六、无障碍设计

因本工程为××社区宅基地安置小区，经社区委员统计，××社区宅基地安置对象并无残障人士，加上工程所在地为山地分台式地形，根据实际情况出发，本工程综合楼暂不考虑无障碍设计。

七、主要工程做法及说明

7.1 屋面工程

1. 屋面为不上人屋面，屋面防水等级二级。屋面施工中严格遵照有关规定进行并与设备安装密切配合，以确保屋面施工质量及排水通畅，避免渗透现象。

2. 屋面防水为 SBS 改性沥青防水涂料，二布六涂。屋面与女儿墙或外墙的交接处，要求做泛水，防水层翻起高度不小于 300mm，原则上沿轴线设分仓缝兼做排气槽。

3. 屋面结构层采用 1∶4~1∶6 水泥炉渣（焦渣）作找坡层，应捣实，表面平整，最薄处 30mm。

4. 屋面雨水管做法详见西南 03J201—1-2-P49。

5. 屋面隔热层做法详见西南 03J201—1-2401a-P35。

6. 屋面防水材料质量需满足国家有关规范、规程。

7.2 墙体工程

1. 墙体厚度除注明者外，均为 240mm 厚烧结普通砖。砖强度等级及墙体砌筑砂浆强度等级见结构图纸；构造柱边宽度小于或等于 150mm 的门、窗垛采用同强度等级素混凝土浇筑。

2. 所选的墙体材料应严格按照有关规范、规程及该产品的施工要点、构造节点要求进行施工。

3. 女儿墙及凡是长度大于 5m 的墙体（墙端部无转角墙或无钢筋混凝土柱拉结时）须加设构造柱，构造柱做法详见结构统一说明；砌筑过高的墙体、不到顶的非承重墙，砌筑用料及锚固方法详见结构统一说明；钢筋混凝土墙、柱与砌体墙连接之处均设置拉接筋，其构造详见结构统一说明。砖墙的门窗洞口或较大的预留洞口，洞顶不到梁底的设混凝土过梁，过梁尺寸配筋另见结构施工图。

4. 墙身防潮层：

（1）室内标高高于室外标高时，所有砌体墙身在低于相应室内地面标高 0.06m 处铺设 20mm 厚防水砂浆防潮层（1∶2 水泥砂浆掺 3%防水剂）。

（2）室内相邻地面有高差时，在高差处墙身的外侧面加设 20mm 厚防水砂浆防潮层（1∶2 水泥砂浆掺 3%防水剂）。

（3）卫生间除门洞位置，地面与墙结合部位上卷以墙同宽 120mm 高素混凝土，混凝土强度同本层楼地面混凝土强度，并与楼板一次浇捣，不留施工缝。

5. 内墙：

（1）卫生间内墙面防水，需要从该房间的地板做至 1800mm 高。

（2）室内墙面、柱面粉刷部分的阳角和洞口的阳角应用 1∶2 水泥砂浆作护角，其高度不应低于 2000mm，每侧宽度不小于 50mm。

（3）凡风道、烟道等竖井内壁砌筑灰缝须饱满，并随砌随原浆抹光。

（4）所有埋入墙内、混凝土内的木制件，均须涂刷耐腐蚀涂料。

（5）墙体面层喷涂或油漆须待粉刷基层干燥后方可进行。

6. 外墙：

（1）刷涂料面层的外墙面防水设计：在打底的水泥砂浆上面，涂刷一层 1.5mm 厚聚合物水泥基复合防水涂料。粉刷 20mm 厚 1∶2.5 防水水泥砂浆（掺 3%防水剂）。面层粉刷采用 8mm 厚 1∶2.5 聚合物水泥砂浆。

（2）凡是凸出墙面的腰线、檐板、窗台等上部应做不小于 1%向外排水坡，下缘要做滴水。

7.3 防水工程

1. 地面、楼面防水：

（1）防水材料选用厚度：改性沥青防水涂料厚 3mm，合成高分子防水涂料厚 2mm。

（2）卫生间楼面防水材料为改性沥青一布四涂，并沿墙上翻 1800mm。

（3）阳台防水材料为合成高分子防水涂料一布二涂。

（4）阳台标高比同楼层地面标高低 40mm，并以 1%的排水坡度斜向地漏。

2. 屋面防水：屋面防水材料为改性沥青二布六涂，做法详见西南 03J201-1-2302-P27。

7.4 门窗工程

1. 铝合金窗立面分格及开启形式详见建筑施工图及门窗大样图，拉窗、推拉门用 90 系列。

（续）

2. 铝合金门窗型材及安装应符合《铝合金门》（98ZJ641）、《铝合金窗》（98ZJ721）的要求。并按要求配齐五金配件。铝合金门主要结构型材壁厚应不小于 2.0mm，铝合金窗主要结构型材壁厚应不小于 1.4mm。

3. 铝合金门窗框与墙体相连接处用 1：2 中膨胀低碱水泥砂浆填塞缝隙，在窗框料与外墙面接触处留 10mm×5mm 凹槽用耐候硅酮密封胶嵌缝。用冷沥青涂在框料的凹槽处作防腐处理，再用 1：2 水泥砂浆填实。

4. 门窗预埋在墙或柱内的木（铁）件应作防腐（防锈）处理。

5. 铝合金门窗一般为后安装施工，在建筑平、立、剖面图上标注的尺寸均为洞口尺寸。

6. 门窗立樘位置除图中注明者外，均居墙中。

7. 玻璃窗的强度及风压计算以及防火、防水等构造由有专业资质的设计单位及施工单位承担，所用材料须有产品检验合格证。

8. 各种密封胶不得互相代用，用于玻璃装配者，必须为结构硅酮密封胶；用于堵缝者，必须为耐候硅酮密封胶。

9. 门窗小五金：凡选用标准门窗均应按标准图配置齐全，非标准门窗按设计指定品种规格配置（由生产厂家配套，设计人认可）。

10. 外墙窗气密性要求：外窗在 10Pa 压差下，每小时每米缝隙的空气渗透量不应大于 $2.5m^3$ 且每小时每平方米面积的空气渗透量不应大于 $7.5m^3$（即不低于气密性能分级的 3 级）。

7.5 油漆及防腐措施

1. 避雷带表面镀锌；所有预埋件均作防腐防锈处理，金属构配件、预埋件及套管均刷红丹防锈漆二度。

2. 楼梯钢栏杆红丹打底黑色油漆两道，钢管扶手红丹打底黑色油漆两道。

3. 金属面油性调和漆，做法详见西南 04J312-3289-P43。

7.6 室内外装修

1. 外立面装修材料及颜色详见各立面标注。

2. 所有挑出构件檐口、门窗洞口上檐、雨篷等应做半圆凹槽滴水线，半径为 15mm。

3. 若有较高要求的装修，另行委托二次装修设计，但二次装修施工图须经设计单位各专业工程人员核对确保土建施工质量和室内外设计风格的统一无影响后，方可进行装饰工程施工。

4. 凡需装修吊顶的房间在浇制各层楼面板时，均在楼面板内预留Φ16 钢筋吊钩，伸入板内 200mm 与 2 根板底钢筋绑扎锚固伸出底 150mm，吊钩刷红丹防锈漆。

5. 楼梯踏步防滑条见西南 04J412-5-P60。

6. 楼梯间扶手见西南 04J412-4-P41，长度超过 500mm 的水平段的总高度 1050mm。

7. 外墙变形缝做法见西南 04J112-5-P45。

8. 外墙装修做法参见西南 04J516。

9. 外墙面乳胶漆质量需满足国家有关规范、规程。

10. 室内装修详见“室内装修用料表”和局部大样图。

7.7 要求施工特别注意事项

1. 砌体要求平整，灰缝均匀饱满，所有墙、柱、楼（地）面、顶棚等抹面及面层粉刷要求平整、洁净并符合有关工程施工及验收规范要求。

2. 外墙线脚、飘板、窗楣、窗台底及雨篷底边线均应做滴水线。

3. 室内地坪先将原土平整，若有填土则应分层洒水夯实，若填砂则应用水冲实，然后捣制 100mm 厚 C15 混凝土垫层（包括门口踏步及散水），垫层分缝不大于 6m×6m，缝宽 20mm。

4. 各设备专业预留洞与预埋件详见各设备专业图纸，所有砌体、钢筋混凝土板，若有孔洞，必须在施工前配合有关专业图纸预留，不得事后打洞。若确因特殊情况事后打洞，必须有可靠防水、防裂措施。

5. 设计图中的排水管及地漏位置仅为示意，具体另详见排水施工图。所有雨水管、排污管安装完毕后必须做灌水试验。若采用 UPVC 管应按有关技术规定施工。

6. 凡预埋铁件均须作防锈处理。外露铁构件经除锈后，均涂防锈漆一道，油面漆二道，颜色按图纸要求或同所在墙面的颜色。

7. 所有木构件均须作防腐及防白蚁处理。

8. 本施工图所用的建筑材料及装修材料必须符合《民用建筑工程室内环境污染控制规范》GB 50325—2010 的规定。

9. 本工程所有装饰材料及墙身、楼地面粉刷、油漆等均应先取样板（或色板）会同设计人、使用单位商定后方可订货施工。

10. 工程中所有橱窗、货架货柜、家具及厨具等一律由建设单位或使用单位自理，图中仅作位置示意。

11. 图中未详尽之处，需严格按照国家现行工程施工及验收规范执行。

7.8 其他

1. 卫生间等卫生洁具除注明者外均选用成品。其尺寸式样见设备图。

2. 沿建筑外墙四周设散水和排水暗沟见西南 04J812-（1）-P4 和西南 04J812-5（a）-P3。

3. 本工程施工时各工种之间应密切配合，凡管线安装均要求预留孔洞，不得事后穿墙凿洞。

4. 施工单位应严格按照图纸施工，若有不详之处，应与设计单位及时联系，未经设计单位同意，不得任意变更，须征得甲方及设计单位同意并书面认可。施工操作应严格按照国家颁发的有关工程施工及验收规范实施。凡本图纸所述施工要求不尽详细之处均按国家有关验收规范执行。

2. 绘制总平面图（见图 8-1）

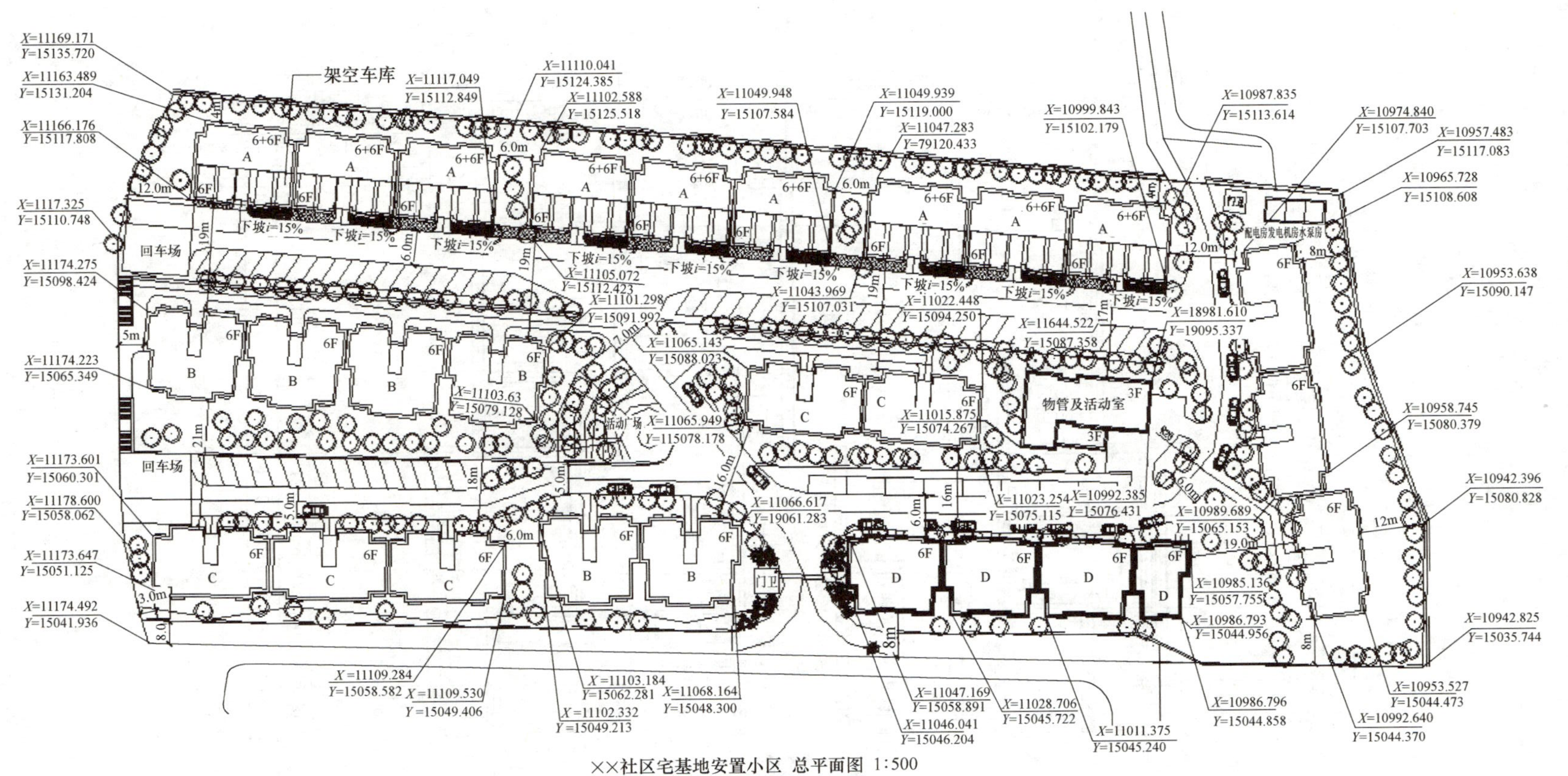

图 8-1

3. 绘制首层平面图（见图 8-2）

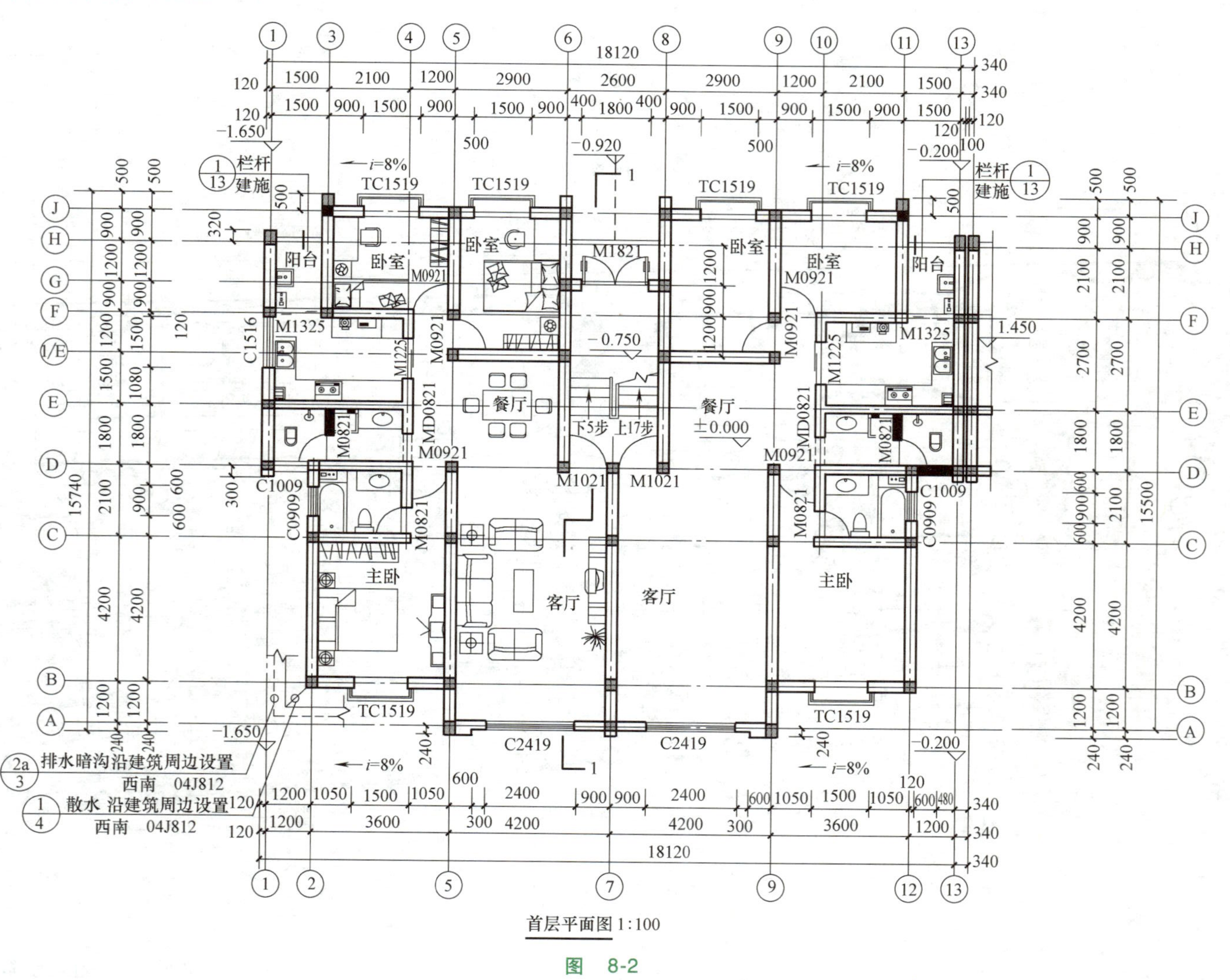

首层平面图 1:100

图 8-2

4. 绘制二层平面图（见图 8-3）

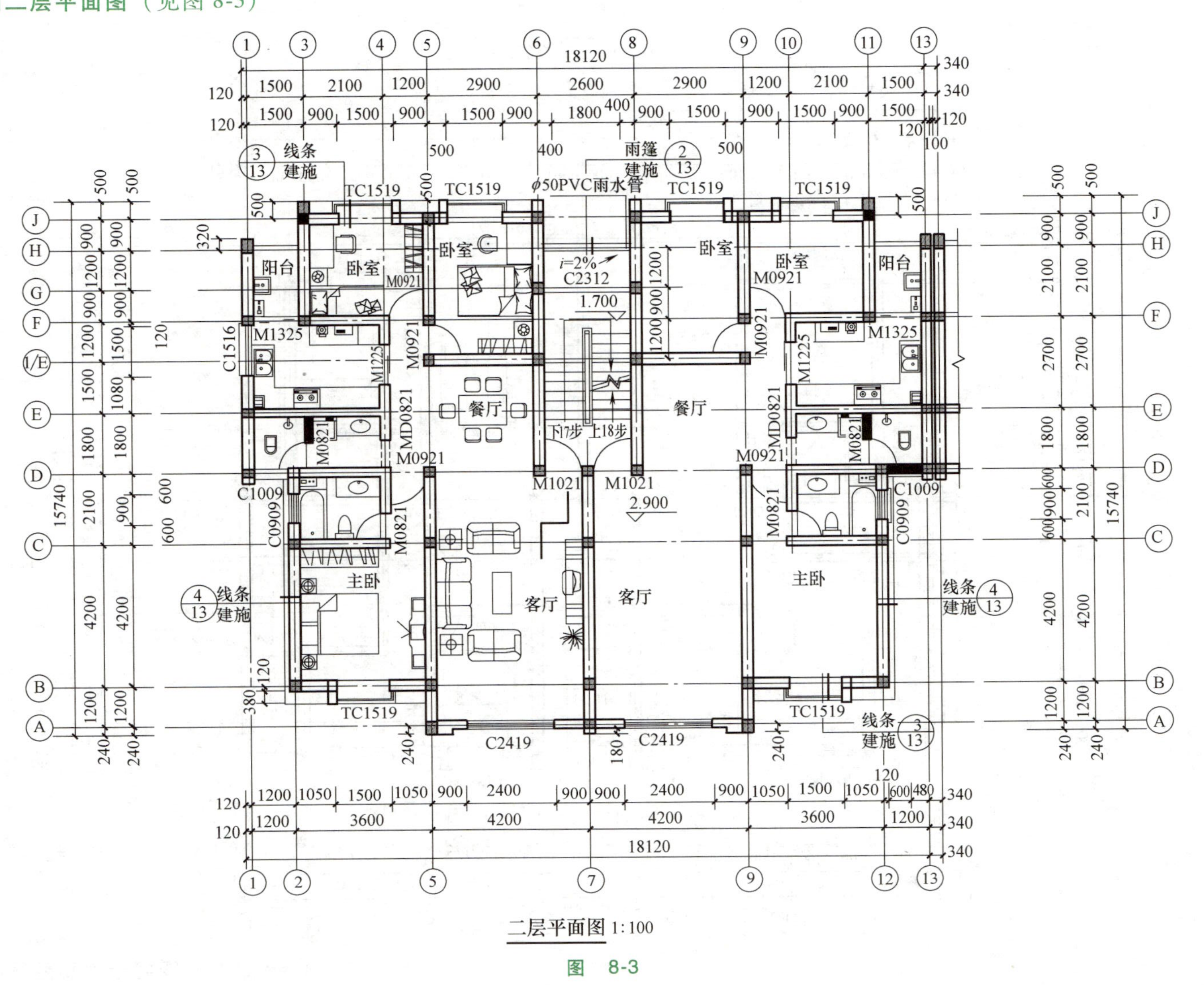

二层平面图 1:100

图　8-3

5. 绘制三至五层平面图（见图 8-4）

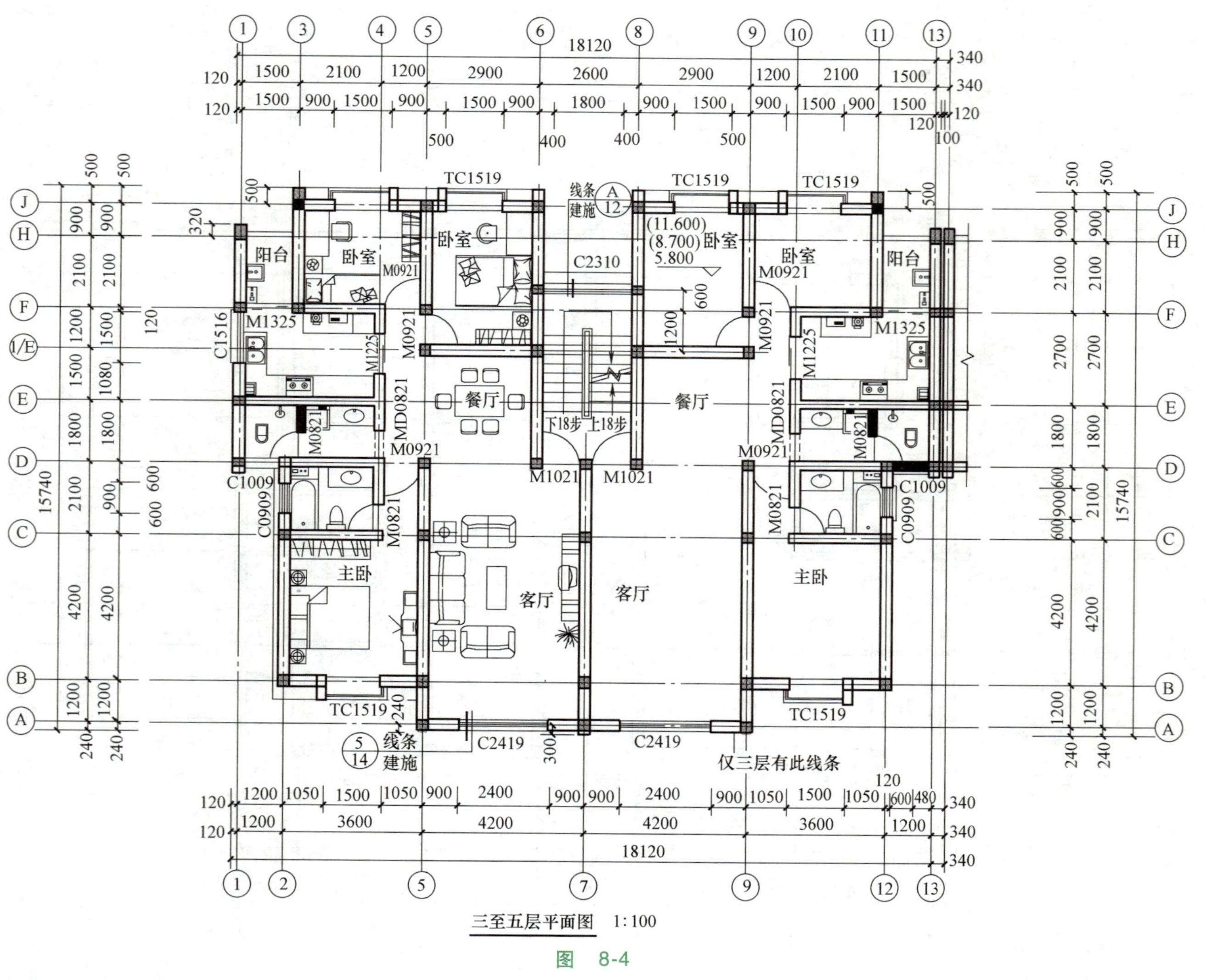

三至五层平面图 1:100

图 8-4

6. 绘制六层平面图（见图 8-5）

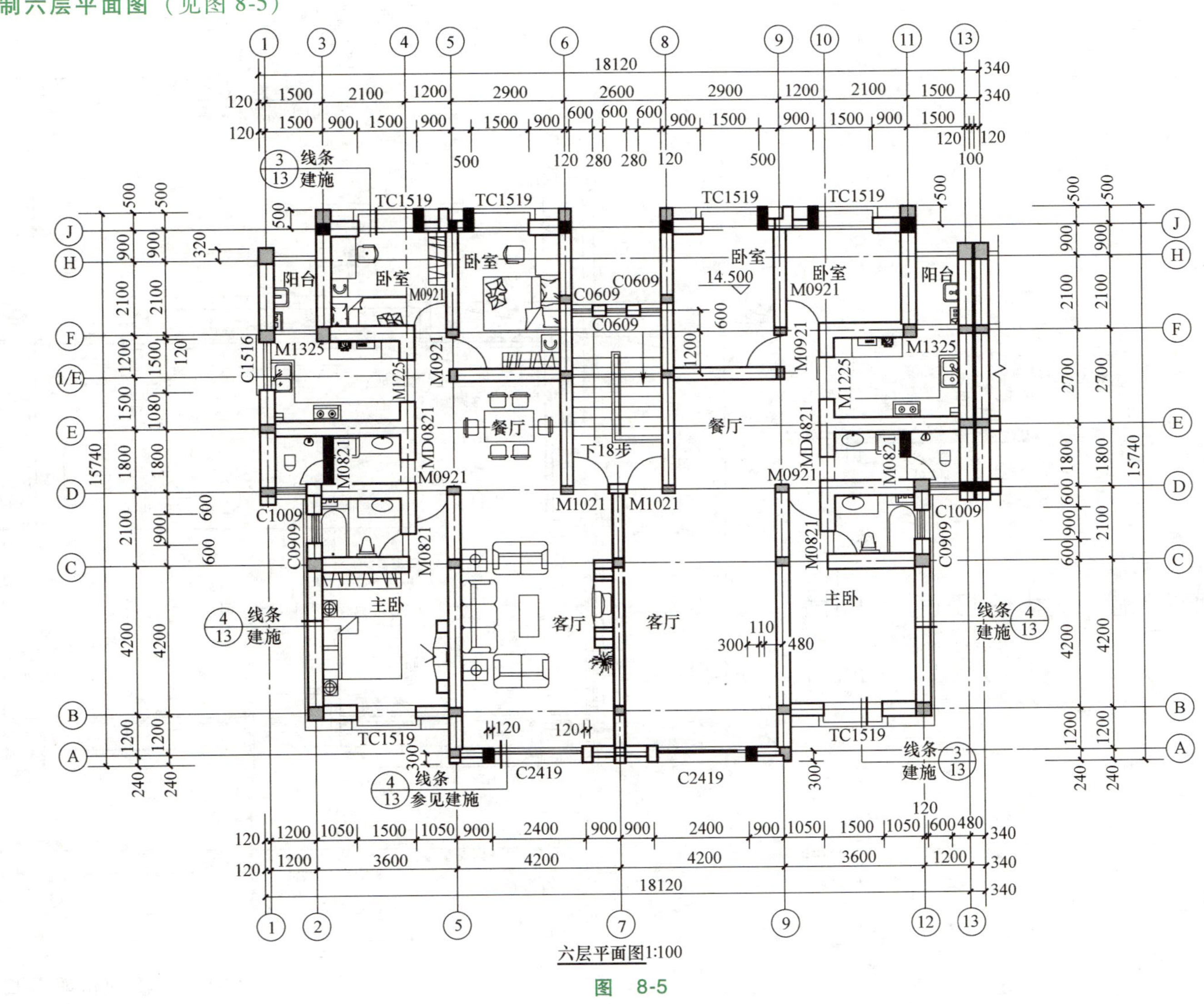

图 8-5

7．绘制屋顶平面图（见图 8-6）

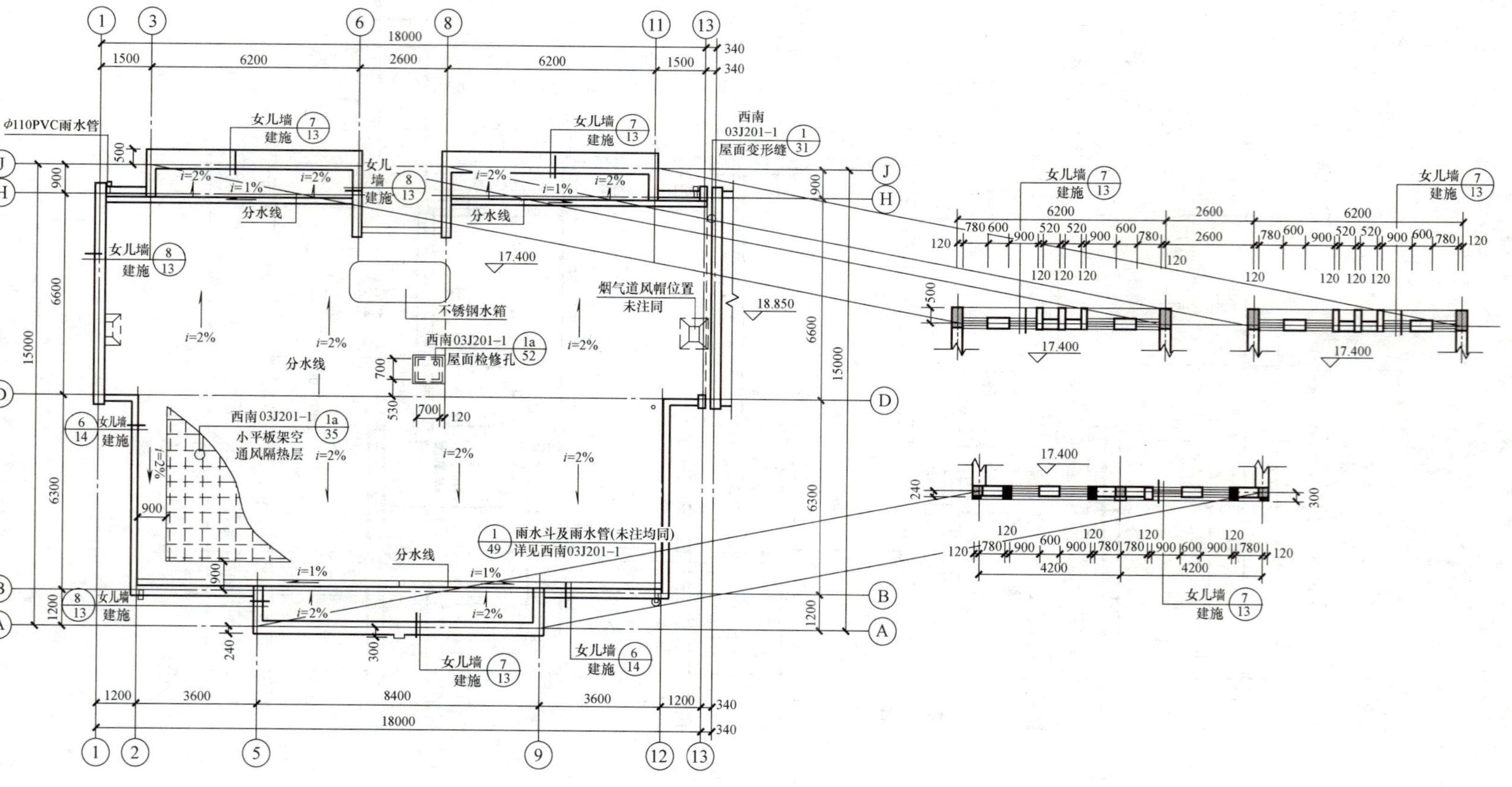

图 8-6

8．绘制①~⑬轴立面图（见图 8-7）

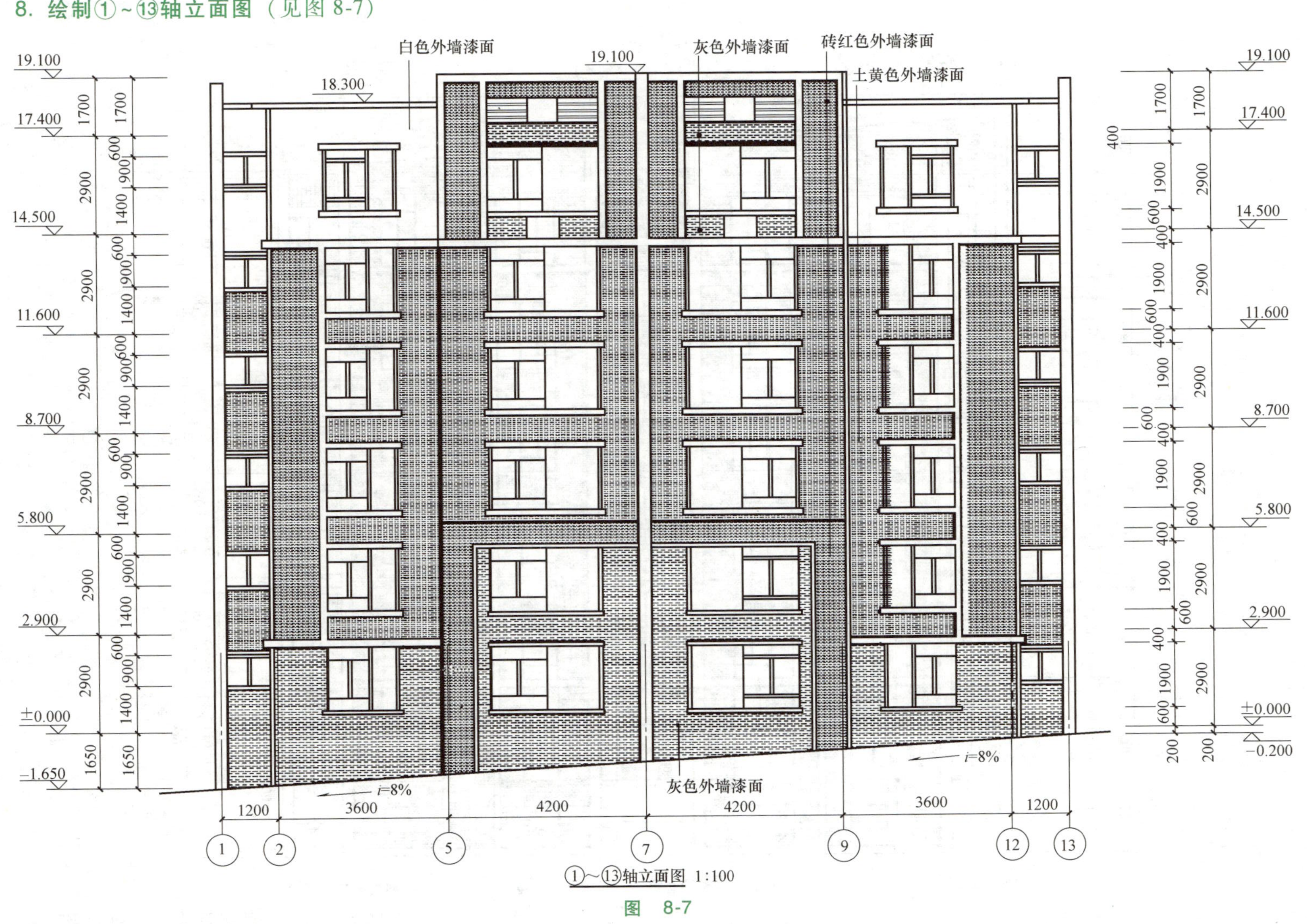

图 8-7

9．绘制⑬~①轴立面图（见图 8-8）

⑬~①轴立面图1:100

图 8-8

10．绘制Ⓙ~Ⓐ轴立面图（见图8-9）

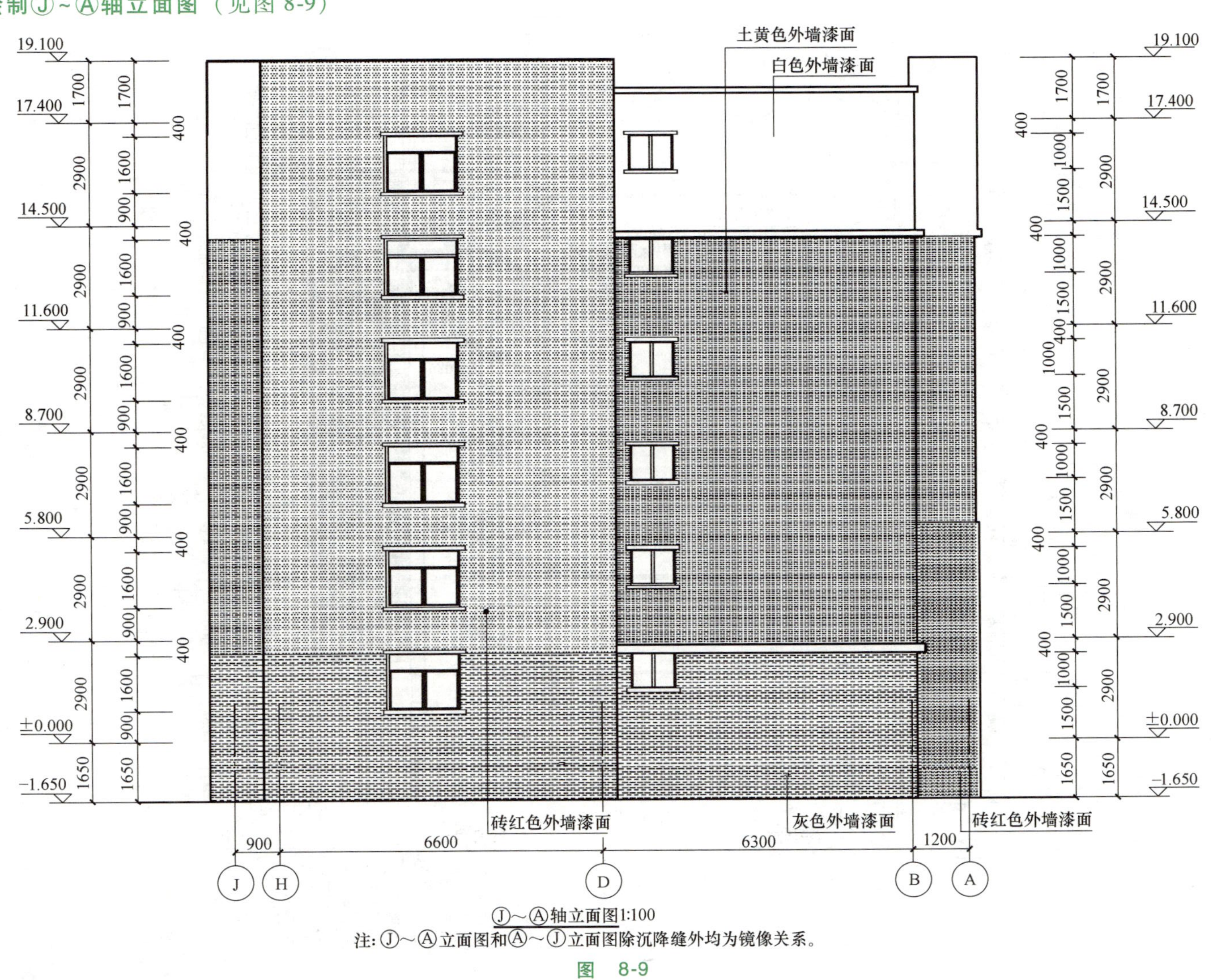

Ⓙ~Ⓐ轴立面图1:100

注：Ⓙ~Ⓐ立面图和Ⓐ~Ⓙ立面图除沉降缝外均为镜像关系。

图　8-9

11. 绘制 1—1 剖面图（见图 8-10）

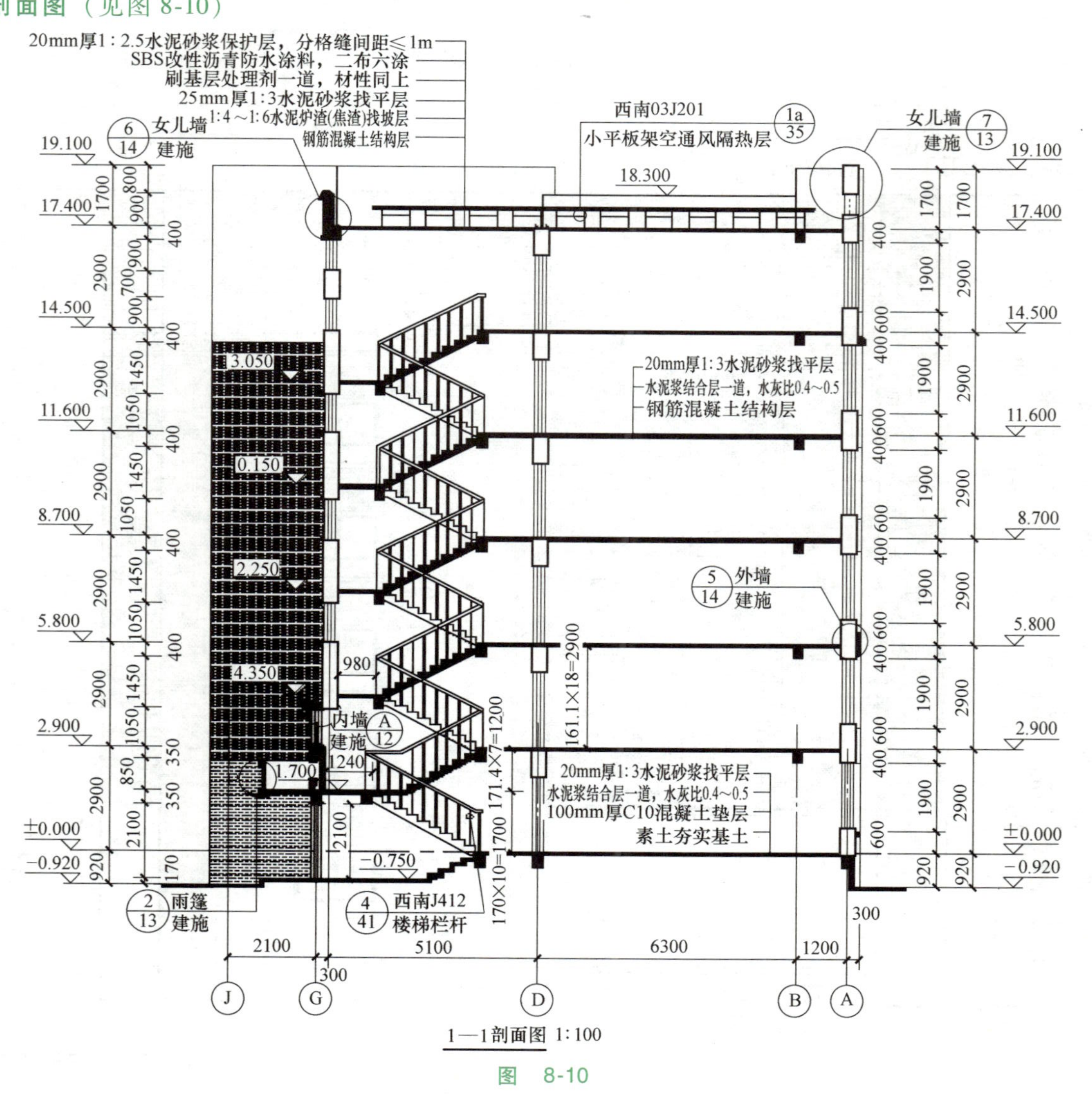

1—1剖面图 1:100

图 8-10

12. 绘制楼梯详图（见图 8-11）

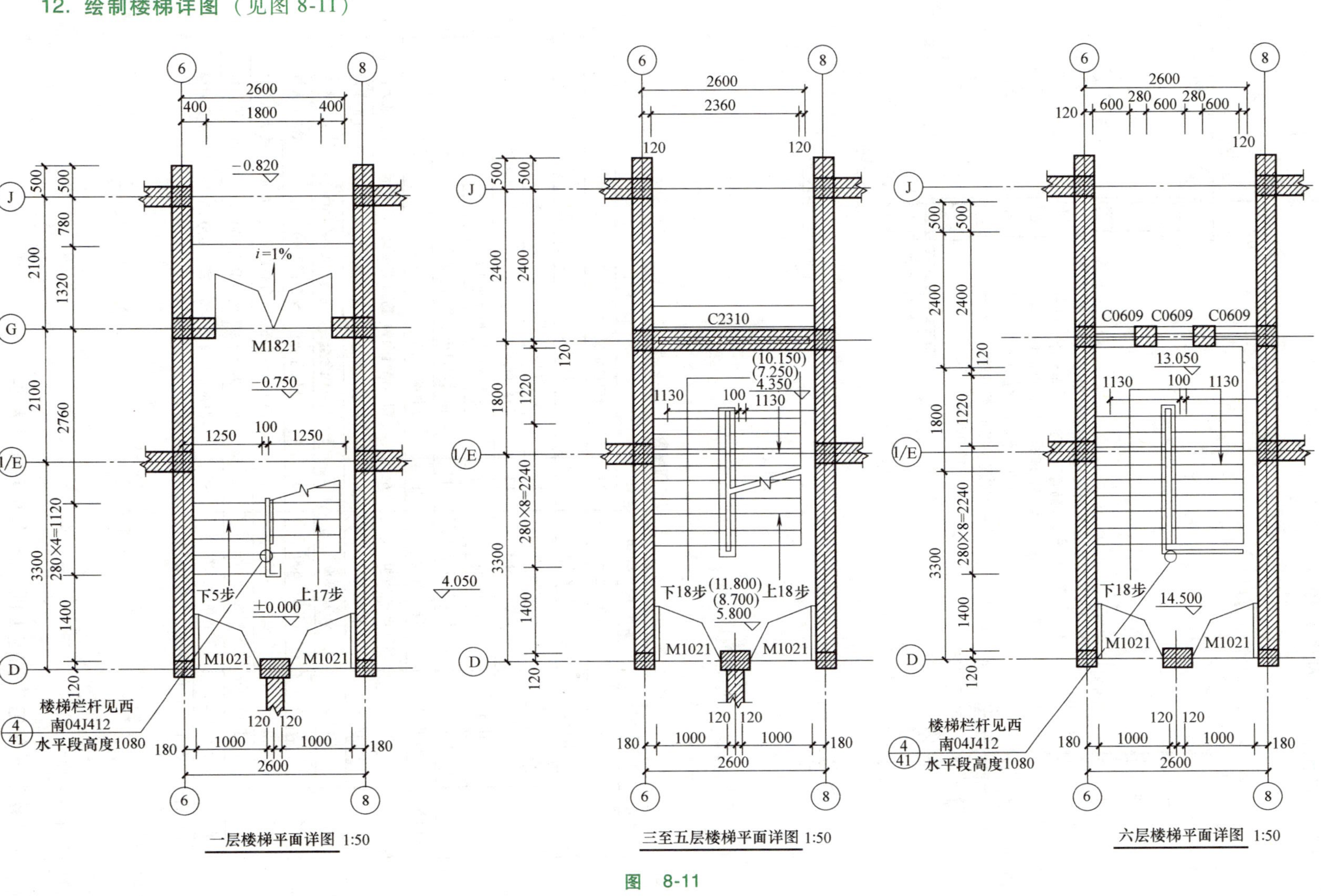

图 8-11

13. 绘制大样图（见图 8-12）

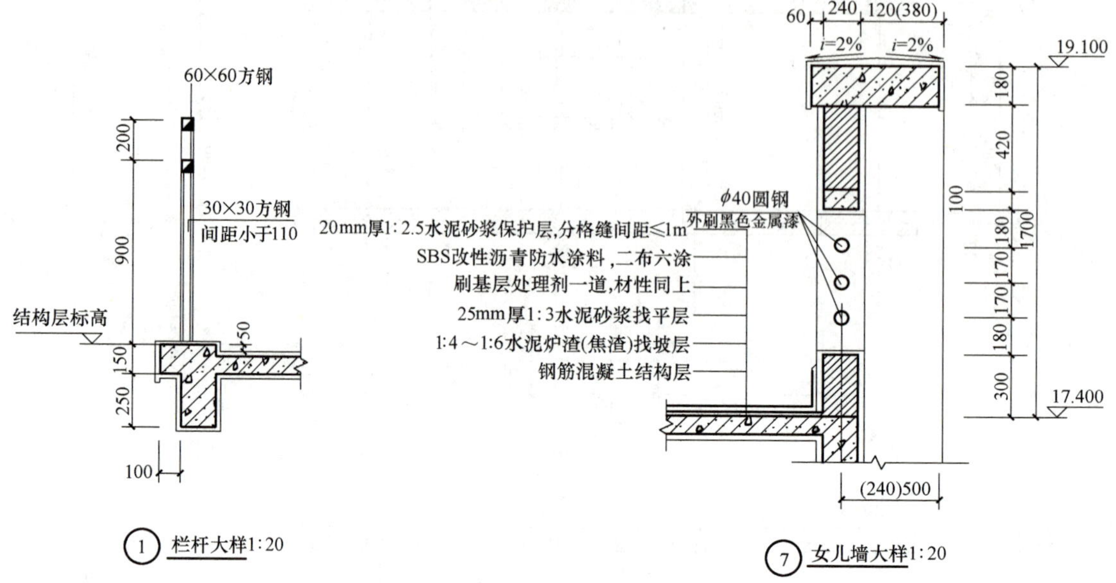

图 8-12

14. 绘制门窗表（见图 8-13）

门窗表

类型	设计编号	洞口尺寸/mm	数量(个)	备注
门	M0821	800×2100	24	用户自定义
	M0921	900×2100	36	用户自定义
	M1021	1000×2100	12	入户防盗门
	M1225	1200×2500	12	用户自定义
	M1325	1260×2500	12	玻璃推拉门 做法见大样
	M1821	1800×2100	1	单元入口电子呼叫防盗门
门洞	MD0821	800×2100	12	门洞
窗	C0609	600×900	6	白色铝合金窗 窗台高度见1—1剖面 做法见大样
	C0909	900×900	12	白色铝合金窗 窗台高度1400mm 做法见大样
	C1009	960×900	12	白色铝合金窗 窗台高度1400mm 做法见大样
	C1516	1500×1600	6	白色铝合金窗 窗台高度900mm 做法见大样
	C2310	2360×1050	4	白色铝合金窗 窗台高度见1—1剖面 做法见大样
	C3019	3000×1900	12	白色铝合金窗 窗台高度 600mm 做法见大样
凸窗	TC1519	1500×1900	36	白色铝合金窗 窗台高度 600mm 做法见大样

注：凡窗台高度低于900mm 的外窗，室内均加设1050mm 高方管制防护栏，白色油漆。

图 8-13

评价反馈

对“绘制某住宅建筑施工图”操作的评价见表 8-2。

表 8-2 对“绘制某住宅建筑施工图”操作的评价

项目名称：绘制某住宅建筑施工图　　学号：　　姓名：

<table>
<tr><th rowspan="3">评价项目</th><th rowspan="3">评价标准</th><th rowspan="3">评价依据</th><th colspan="3">评价方式</th><th rowspan="3">权重</th><th rowspan="3">得分小计</th><th rowspan="3">总分</th></tr>
<tr><th>自评</th><th>互评</th><th>教师评价</th></tr>
<tr><th>20 分</th><th>20 分</th><th>60 分</th></tr>
<tr><td>职业素质</td><td>1. 按时完成项目
2. 完成项目时遵守纪律
3. 积极主动、勤学好问
4. 组织协调能力（用于分组教学）</td><td>学习表现</td><td></td><td></td><td></td><td>0. 2</td><td></td><td rowspan="3"></td></tr>
<tr><td>专业能力</td><td>1. 完成项目成果的可用性
2. 完成项目成果的美观性</td><td>1. 作业完成情况
2. 实训项目完成情况记录</td><td></td><td></td><td></td><td>0. 7</td><td></td></tr>
<tr><td>安全及环保意识</td><td>1. 按要求使用计算机
2. 按要求正确开、关计算机
3. 实训结束按要求将凳子摆放整齐
4. 爱护机房环境卫生</td><td>操作表现</td><td></td><td></td><td></td><td>0. 1</td><td></td></tr>
<tr><td>教师综合评价</td><td colspan="8">

指导老师签名：　　　　　　　　日期：</td></tr>
</table>

注：将各项目考核得分按照各项目课时所占本门课程的比重折算到学生综合考核评价表中，可得出该生在整门课程的考核成绩。

附录

附录 A CAD 常用命令

1. 热键

序号	快捷命令	命令说明	序号	快捷命令	命令说明
1	Ctrl+N	建立新图(NEW 命令)	4	Ctrl+P	打印图形(PLOT 命令)
2	Ctrl+O	打开旧图形(OPEN 命令)	5	Ctrl+C	复制至剪贴板
3	Ctrl+S	快速存图(QSAVE 命令)	6	Ctrl+V	从剪贴板粘贴

2. 控制键

序号	快捷命令	命令说明	序号	快捷命令	命令说明
1	Enter 键	结束命令,提示和数据的输入,将光标移到下一行头	3	Esc 键	用来退出对话框,中断命令和程序的执行
2	Spacebar 键	输入空格字符或结束命令和数据的输入	4	Tab 键	用来顺序选择对话框内的构建,循环选择对象捕捉模式

3. 常用功能键

序号	快捷命令	命令说明	序号	快捷命令	命令说明
1	F1 键	用来弹出 Help 窗口	6	F6 键	控制状态行上光标当前位置坐标显示的跟踪状态
2	F2 键	用来切换图形窗口和文本窗口			
3	F3 键	用来打开或关闭对象捕捉功能	7	F7 键	打开或关闭栅格显示
4	F4 键	数字化仪在图形输入板描图方式和屏幕指点方式之间的切换	8	F8 键	打开或关闭正交方式
			9	F9 键	打开或关闭网格捕捉方式
5	F5 键	在绘制等轴测图时轮流选择作图的左、右和顶面	10	F10 键	打开或关闭极轴追踪方式
			11	F11 键	打开或关闭对象捕捉追踪方式

4. 快捷键

序号	快捷命令	命令说明	序号	快捷命令	命令说明
1	Alt+TK	快速选择	15	Ctrl+S	保存文件
2	Alt+NL	线性标注	16	Ctrl+U	极轴模式控制(F10)
3	Alt+VV4	快速创建四个视口	17	Ctrl+V	粘贴剪贴板上的内容
4	Alt+MUP	提取轮廓	18	Ctrl+W	对象追踪式控制(F11)
5	Ctrl+B	栅格捕捉模式控制(F9)	19	Ctrl+X	剪切所选择的内容
6	Ctrl+C	将选择的对象复制到剪贴板上	20	Ctrl+Y	重做
7	Ctrl+F	控制是否实现对象自动捕捉(F3)	21	Ctrl+Z	取消前一步的操作
8	Ctrl+G	栅格显示模式控制(F7)	22	Ctrl+1	打开“特性”对话框
9	Ctrl+J	重复执行上一步命令	23	Ctrl+2	打开“设计中心”
10	Ctrl+K	超级链接	24	Ctrl+3	打开工具选项板
11	Ctrl+N	新建图形文件	25	Ctrl+6	打开数据连接管理器
12	Ctrl+M	打开“选项”对话框	26	Ctrl+8 或 QC	快速计算器
13	Ctrl+O	打开图形文件	27	双击中键	显示里面所有的图像
14	Ctrl+P	打印当前图形			

5. 尺寸标注

序号	快捷命令	命令说明	序号	快捷命令	命令说明
1	DLI	直线标注	8	TOL	标注形位公差
2	DAL	对齐标注	9	LE	快速引出标注
3	DRA	半径标注	10	DBA	基线标注
4	DDI	直径标注	11	DCO	连续标注
5	DAN	角度标注	12	D	标注样式
6	DCE	中心标注	13	DED	编辑标注
7	DOR	点标注	14	DOV	替换标注系统变量

6. 临时捕捉快捷命令

序号	快捷命令	命令说明	序号	快捷命令	命令说明
1	END	捕捉到端点	6	TAN	捕捉到切点
2	MID	捕捉到中点	7	PER	捕捉到垂足
3	INT	捕捉到交点	8	NOD	捕捉到节点
4	CEN	捕捉到圆心	9	NEA	捕捉到最近点
5	QUA	捕捉到象限点			

7. 基本快捷命令

序号	快捷命令	命令说明	序号	快捷命令	命令说明
1	AA	测量区域和周长(AREA)	11	SC	缩放比例（SCALE）
2	ID	指定坐标	12	SN	栅格捕捉模式设置(SNAP)
3	LI	指定集体(个体)的坐标	13	DT	文本的设置(DTEXT)
4	AL	对齐(ALIGN)	14	DI	测量两点间的距离
5	AR	阵列(ARRAY)	15	OI	插入外部对象
6	AP	加载 * lsp 程序	16	RE	更新显示
7	SE	打开“草图设置”对话框	17	RO	旋转
8	ST	打开“文字样式”对话框(STYLE)	18	LE	引线标注
9	SO	绘制二维面(2D SOLID)	19	ST	单行文本输入
10	SP	拼音的校核(SPELL)	20	LA	图层管理器

8. 对象特性

序号	快捷命令	命令说明	序号	快捷命令	命令说明
1	ADC	设计中心<Ctrl+2>	7	LT	线形
2	CH	修改特性<Ctrl+1>	8	LTS	线形比例
3	MA	属性匹配	9	LW	线宽
4	ST	文字样式	10	UN	图形单位
5	COL	设置颜色	11	ATT	属性定义
6	LA	图层操作	12	ATE	编辑属性

（续）

序号	快捷命令	命令说明	序号	快捷命令	命令说明
13	BO	边界创建，包括创建闭合多段线和面域	22	REN	重命名
			23	SN	捕捉栅格
14	AL	对齐	24	DS	设置极轴追踪
15	EXIT	退出	25	OS	设置捕捉模式
16	EXP	输出其他格式文件	26	PRE	打印预览
17	IMP	输入文件	27	TO	工具栏
18	OP	自定义 CAD 设置	28	V	命名视图
19	PRINT	打印	29	AA	面积
20	PU	清除垃圾	30	DI	距离
21	R	重新生成	31	LI	显示图形数据信息

9. 绘图命令

序号	快捷命令	命令说明	序号	快捷命令	命令说明
1	PO	点	11	DO	圆环
2	L	直线	12	EL	椭圆
3	XL	射线	13	REG	面域
4	PL	多段线	14	MT	多行文本
5	ML	多线	15	T	多行文本
6	SPL	样条曲线	16	B	块定义
7	POL	多边形	17	I	插入块
8	REC	矩形	18	W	定义块文件
9	C	圆	19	DIV	等分
10	A	圆弧	20	H	填充

10. 修改命令

序号	快捷命令	命令说明	序号	快捷命令	命令说明
1	CO	复制	10	EX	延伸
2	MI	镜像	11	S	拉伸
3	AR	阵列	12	LEN	直线拉长
4	O	偏移	13	SC	比例缩放
5	RO	旋转	14	BR	打断
6	M	移动	15	CHA	倒角
7	Delete	删除	16	F	倒圆角
8	X	分解	17	PE	多段线编辑
9	TR	修剪	18	ED	修改文本

11. 视窗缩放命令

序号	快捷命令	命令说明	序号	快捷命令	命令说明
1	P	平移	4	Z+P	返回上一视图
2	Z+空格+空格	实时缩放	5	Z+E	显示全图
3	Z	局部放大			

附录 B 上机绘图专用周任务书

1. 实训目的

主要目的是深化学生对 AutoCAD 各种命令和参数的理解与运用，通过上机实际操作训练，使学生掌握 AutoCAD 各种命令的综合运用，为学生今后走上工作岗位能够结合专业知识使用 AutoCAD 软件绘制复杂的专业图形打下坚实的基础。

任务主要是以 AutoCAD 2014 为基础，通过学生自己绘制项目八中建筑施工图，使学生掌握 AutoCAD 绘制建筑工程图的基础知识、基本技能和基本流程，培养学生使用 AutoCAD 软件绘制专业工程图形的能力，提高学生的动手操作能力，培养学生的职业素质，为适应未来工程设计或管理等职业岗位奠定基础。

2. 实训要求

（1）纪律要求

1）每天必须按时上下课，遵守课堂纪律。

2）进入机房要遵守机房上机守则规定。

3）每天下课之前 10 分钟，由值日同学打扫机房卫生。

4）实训成绩由平时成绩和最后成果组成，各占 50%。

（2）绘图要求

1）图层设置：本次实训要求必须自己定义中文名称的图层（其他时候自定），将图形中相同属性的元素设置在同一图层。如门、窗、墙体、地板等图层，不得采用英文名称的图层（图块调用例外）或者无用的图层（必须删除），否则算作改图，无效。

2）图面布置：在选择恰当比例的情况下，不能出现图纸大面积空白或图线超出图框。简单图形不能采用对称或复制来充数，否则折减工作量，降低等级。

3）线型、线宽设置：设置恰当的线型和线宽，凸显整体效果。

4）文字标注：满足规范要求。

5）尺寸标注：满足规范要求。

6）电子文档请保存为 2014 以下版本。

7）完成后上交相对应的电子文档、图纸各一份。若电子文档与打印稿不完全对应，视为无效。

8）图纸不得与其他人雷同（雷同 50%算抄袭，记 0 分）。

3. 实训时间安排（见表 B-1）

表 B-1　实训时间安排

时间	周一	周二	周三	周四	周五
上午	8：10~11：50 布置任务	8：10~11：50 绘图实训	8：10~11：50 绘图实训	8：10~11：50 绘图实训	8：10~11：50 打印
下午	14：00~15：40 绘图实训	14：00~15：40 绘图实训	14：00~15：40 绘图实训	14：00~15：40 绘图实训	装订实训报告

4. 实训内容及要求

（1）本次实训成绩构成　本次实训成绩中教师评价占 30%；同学自评、互评占 70%。

（2）提交成果

1）电子文档，文件名统一格式为：班级+姓名+图纸名称。文件名不符合要求者，扣 5 分。

2）打印稿，统一提交给学习委员，收齐后交指导教师。

3）项目工作页。

5. 项目工作页（见表 B-2）

表　B-2

专　业		指导教师	
工作项目		工作任务	
知识准备	1. 建筑施工图中常用的绘图、编辑命令 2. 建筑施工图中常用的标注命令 3. 建筑施工图的绘制步骤与技巧 4. 打印输出的格式选择		
工作过程	1. 打开 CAD 软件 2. 打开常用绘图、编辑、标注、捕捉命令工具栏 3. 设置绘图环境 4. 对建筑平面图、立面图、剖面图、详图（大样图）进行宏观的分析 5. 按制图标准设置相应数量的图层 6. 按图层绘制建筑平面图、立面图、剖面图、详图（大样图） 7. 将完成的最终施工图打印输出		
注意事项			

（续）

	序号	评价项目及权重	学生自评	小组评价
教学评价	1	工作纪律和态度（20分）		
	2	提交成果（30分）		
	3	实践操作能力（30分）		
	4	熟练程度（20分）		
	小计			
	1	自评（30分）		
	2	互评（40分）		
	3	教师评价（30分）		
	总　分			

实训心得

参 考 文 献

[1] 杨李福，段准. 建筑 CAD [M]. 武汉：中国地质大学出版社，2008.

[2] 陈超. 建筑 CAD 项目工作手册 [M]. 北京：中国建筑工业出版社，2014.

[3] 王芳，李井永. AutoCAD 2006 建筑制图实例教程 [M]. 北京：清华大学出版社，北京交通大学出版社，2006.

[4] 张小平. 建筑工程 CAD [M]. 2 版. 北京：人民交通出版社，2011.

[5] 郭大州，姚艳红. 建筑 CAD [M]. 2 版. 北京：中国水利水电出版社，2012.

[6] 赖文辉. 建筑 CAD [M]. 重庆：重庆大学出版社，2012.

[7] 国家职业技能鉴定专家委员会，计算机专业委员会. AutoCAD 2002 试题汇编 [M]. 北京：科学出版社，北京希望电子出版社，2008.